新基建·数据中心系列丛书

数据中心
UPS系统运维

陶亚雄　汪俊宇　高善勃◎主编

U0197104

清华大学出版社
北　京

内 容 简 介

本书在介绍 UPS 基本知识的基础上,着重介绍了当前数据中心主要使用的双变换在线式 UPS 的电路组成和工作原理,重点讨论了蓄电池配置的计算方法和 UPS 针对不同负载的选型计算方法,尤其对数据中心 UPS 配电系统供电方案、UPS 的操作方法以及 UPS 主机和蓄电池组的巡检及维护方法进行了重点介绍。本书力求理论和实践相结合,书中所列 UPS 供电方案及运维保养方法普遍适用于当前主流的数据中心 UPS 供电系统。本书是关于数据中心 UPS 运维工作流程的指导性教材,对数据中心 UPS 运维管理从业人员大有裨益。

图书在版编目(CIP)数据

数据中心 UPS 系统运维 / 陶亚雄,汪俊宇,高善勃主编 . —北京:清华大学出版社,2022.10
(新基建·数据中心系列丛书)
ISBN 978-7-302-61325-1

Ⅰ.①数… Ⅱ.①陶… ②汪… ③高… Ⅲ.①数据处理中心—不停电电源—供电系统—运行②数据处理中心—不停电电源—供电系统—维修 Ⅳ.① TP308

中国版本图书馆 CIP 数据核字 (2022) 第 122359 号

责任编辑: 杨如林
封面设计: 杨玉兰
版式设计: 方加青
责任校对: 胡伟民
责任印制: 曹婉颖

出版发行: 清华大学出版社
  网 址: http://www.tup.com.cn,http://www.wqbook.com
  地 址: 北京清华大学学研大厦 A 座   **邮 编:** 100084
  社 总 机: 010-83470000   **邮 购:** 010-62786544
  投稿与读者服务: 010-62776969,c-service@tup.tsinghua.edu.cn
  质 量 反 馈: 010-62772015,zhiliang@tup.tsinghua.edu.cn
印 装 者: 天津安泰印刷有限公司
经 销: 全国新华书店
开 本: 185mm×260mm **印 张:** 17.5 **字 数:** 405 千字
版 次: 2022 年 10 月第 1 版 **印 次:** 2022 年 10 月第 1 次印刷
定 价: 65.00 元

产品编号:096121-01

编委会名单

主　　任

王　龙　张晨昱

专　　家

王其英　欧阳嘉述　邢建胜　邓乃章

编　　委

杨　瑞　张　波　张嘉伟　吴　卫　田小华
王叶楠　林光明　曹　坤　张慧勇　范增强

前　言

自"十三五"规划明确提出实施国家大数据战略以来，大数据产业已成为我国数字经济发展的重要引擎。数据中心是新基建的重要"数字底座"，是助推数字经济发展的重要力量。在国家战略的指引下，推进数据中心产业高质量发展是全行业"十四五"时期的重要任务。在全国数据中心建设数量快速增长的背景下，数据中心基础设施运维管理人才短缺的问题日趋严重，已成为制约行业发展的重要因素。为提升数据中心基础设施运维从业人员的整体技能水平，指导有关企业、教育机构的培训有效实施，由中国智慧工程研究会大数据教育专业委员会牵头，北京慧芃科技有限公司组织编写了"新基建·数据中心系列丛书"。

数据中心对系统连续稳定安全运行有着极高的要求，确保数据中心连续运行的两个最基本的条件是供电不中断和连续制冷，而 UPS 则是数据中心供电系统中不可缺少的设备，其在以服务器和网络系统为核心的数据中心中主要起到两个作用：一是应急使用，防止突然断电而影响 IT 系统正常工作，丢失数据，给设备硬件造成损害；二是消除市电上的电压浪涌、瞬间高电压、瞬间低电压、电线噪声和频率偏移等电源污染，改善电源质量，为 IT 系统提供高质量的电源。因此，UPS 直接关系数据中心电源系统可用性的高低，数据中心对 UPS 设备的运行维护也提出了更高的要求。

本书在介绍 UPS 基本知识的基础上，介绍了当前数据中心主要使用的双变换在线式 UPS 的电路组成和工作原理，重点讨论了蓄电池配置的计算方法和 UPS 针对不同负载的选型计算方法，尤其对数据中心 UPS 配电系统供电方案、UPS 的操作方法以及UPS 主机和蓄电池组的巡检及维护方法进行了重点介绍。本书是编者长期从事数据机房 UPS 系统的规划、设计及运维工作实践经验的总结，力求将理论性和实践性相结合，书中所列 UPS 供电方案及运维保养方法普遍适用于当前主流的数据中心 UPS 供电系统。本书是关于数据中心 UPS 运维工作流程的指导性教材，一定会对数据中心 UPS 运维管理从业人员大有裨益。

UPS 系统涉及的知识点和内容比较多，本书注重对读者实际工作能力的培养，书中的理论叙述以够用为度，很多知识点的论述并没有详细展开，读者可以自行对感兴趣的内容进行更深入的阅读和学习。

在本书的编写过程中，编者参阅了许多相关参考文献和资料，在此对参考文献的原编著者表示敬意和感谢！在书稿内容及格式方面，得到了王其英老师、郑学美高工和同事叶社文的指导和帮助，同事杨少林、兰凡璧在书中插图的绘制方面提供了大量帮助，清华大学出版社的编辑老师在书稿统校及时间把控上给予了指导和帮助，在此对他们一并表示感谢。

由于时间仓促和编者水平有限，书中的错误和不妥之处在所难免，希望广大读者批评和指正！

编者

2022 年 6 月

教 学 建 议

章号	学习要点	教学要求	参考课时（不包括实验和机动学时）
1	• UPS 的定义和作用 • UPS 的分类 • UPS 的发展 • UPS 的技术指标	• 重点掌握 UPS 的定义、高频机的特点以及 UPS 的负载功率因数的含义 • Delta 变换式 UPS 的工作原理比较抽象，可做一般了解	3
2	• 运算放大器 • 电压比较器 • 逻辑门电路及触发器	• 对本章内容做一般性了解	4
3	• 双变换在线式 UPS 的电路构成 • 双变换在线式 UPS 的工作原理 • 整流电路的常用器件 • 整流电路的基本形式 • 逆变电路的常用功率开关器件 • 逆变电路的基本形式 • 脉宽调制技术（PWM） • UPS 其他主要电路	• 掌握双变换在线式 UPS 的电路构成 • 掌握双变换在线式 UPS 的工作原理 • 了解整流电路和逆变电路的常用器件 • 了解整流电路和逆变电路的基本形式 • 了解脉宽调制技术（PWM） • 了解 UPS 有哪些其他主要电路	6
4	• 线性负载和非线性负载 • UPS 输出能力剖析（UPS 的负载功率因数与负载的输入功率因数匹配和不匹配等情况） • UPS 所带负载的容量的计算 • UPS 总容量的确定 • UPS 的选型 • 电缆的选择和接线 • 断路器的选择	• 了解线性负载和非线性负载的定义和特点 • 重点掌握 UPS 带不同性质负载时的带载能力的计算方法 • 掌握根据负载容量确定 UPS 总容量的方法 • 了解 UPS 选型的原则和方法 • 掌握根据 UPS 容量选择电缆及断路器的方法	6

章号	学习要点	教学要求	参考课时（不包括实验和机动学时）
5	• 阀控式密封铅酸蓄电池的分类 • 阀控式密封铅酸蓄电池的构造和工作原理 • 阀控式密封铅酸蓄电池的性能和基本参数 • 放电控制技术 • 充电控制技术 • 蓄电池容量的计算与选择 • 阀控式密封铅酸蓄电池常见的失效模式 • 阀控式密封铅酸蓄电池的使用与维护 • 新型电池	• 了解铅酸蓄电池的构造和工作原理 • 掌握常用阀控式密封铅酸蓄电池的性能和基本参数 • 掌握蓄电池的放电特性和放电终止电压的设定 • 掌握蓄电池的充电模式及电压设定 • 掌握恒功率放电曲线法和恒电流放电 • 掌握用曲线法计算蓄电池容量，并能正确选择直流断路器和连接电缆的规格 • 掌握蓄电池的维护方法，学会分析蓄电池常见故障原因 • 了解阀控式密封铅酸蓄电池常见的失效模式 • 了解电池家族的新型电池	8
6	• 可靠性的概念及计算公式 • 可用性的概念及计算公式 • MTTR 和 MTBF 的概念 • 冗余和分布式冗余的概念 • UPS 的供电方案（单机供电方案、热备份供电方案、并机供电方案、双汇流排或三汇流排供电方案）	• 掌握可靠性、可用性和冗余的概念和内涵 • 会计算串联系统和并联系统的可靠性 • 掌握各种 UPS 供电方案的配置架构和工作原理，重点掌握 2N 系统架构 • 了解各种 UPS 供电方案的优缺点	8
7	• 高压直流 HVDC 系统及其发展历程 • 240V HVDC 系统的组成及工作原理 • 传统 UPS 供电和理想高压直流 UPS 供电的对比 • 240V 高压直流电源系统在数据中心的设计应用 • 巴拿马系统简介	• 了解高压直流 HVDC 系统及其发展历程 • 了解 240V HVDC 系统的组成及工作原理 • 了解高压直流供电的优缺点 • 了解 240V 高压直流电源系统在数据中心的设计应用方法 • 了解巴拿马电源的组成结构、工作原理及其优缺点	3
8	• UPS 运行保养的目的和原则 • UPS 运行维护保养的常用仪器、仪表和工具 • 爱克赛 9315 UPS 和施耐德 MGE Galaxy 7000 UPS 的一般操作和工作模式切换操作 • UPS 巡检和维护保养的内容 • UPS 常见故障处理	• 掌握 UPS 运行保养的目的 • 熟练使用 UPS 运行维护保养的常用仪器、仪表和工具 • 了解并掌握给定机型 UPS 的操作方法 • 掌握 UPS 工作模式切换操作的方法 • 掌握 UPS 系统（主机＋蓄电池）巡检的方法 • 掌握 UPS 系统的维护保养方法 • 了解并在一定程度上掌握 UPS 常见故障的判断、分析和处理方法 • 了解 MOP 文件和 EOP 文件	6

续表

章号	学习要点	教学要求	参考课时（不包括实验和机动学时）
9	●EPS 的概念和出现背景 ●EPS 的系统组成和工作原理 ●EPS 与 UPS 的差别 ●EPS 系统的设计 ●EPS 的维护 ●磁悬浮飞轮储能系统的概念、系统配置与解决方案 ●磁悬浮飞轮储能系统的运行参数 ●储能系统简介	●了解 EPS 的概念、系统组成和工作原理 ●了解 EPS 的应用范围 ●了解磁悬浮飞轮储能系统的概念、系统配置及优缺点 ●了解储能系统在数据中心的应用	2

目　录

第1章 概述

随着云计算和大数据的兴起，数据中心如雨后春笋般不断出现。数据中心对系统连续稳定安全运行有着极高的要求，而确保数据中心连续运行的两个最基本的条件是供电不中断和连续制冷。UPS是数据中心供电系统中不可缺少的设备，直接关系数据中心电源系统可用性的高低，数据中心对UPS设备的运行维护也提出了更高的要求。

1.1 什么是UPS

UPS（Uninterruptible Power Supply）中文译为"不间断电源"，是含有储能装置（通常是蓄电池）、以逆变器为核心部件、输出电压和频率只能在允许范围内波动的设备。

UPS系统由主机和蓄电池构成，它有三大基本功能：稳压、滤波、不间断。在市电供电时，它具有稳压器和滤波器的作用，可以消除或削弱市电的干扰，保证设备正常工作，同时向蓄电池充电；在市电中断时（例如事故停电），它就是不间断电源，通过蓄电池放电再经逆变器把直流电逆变成稳定无杂质的交流电，使负载维持正常工作，并保护负载软、硬件不受损坏。UPS设备通常对电压过高或电压过低的情况都能提供保护。

1.2 UPS在数据中心的地位和作用

随着互联网行业的快速崛起，企业对数据存储和处理方面都有了更高的要求。宕机会造成数据中心的业务中断，导致用户无法正常访问应用程序，会给企业业务方面造成巨大损失。据相关行业专家表示，数据中心停机在美国每分钟造成的平均损失约为8000美元。

在Uptime Institute发布的2020年度数据中心掉线调查报告中，供电、系统、网络、制冷这四大因素依旧是宕机的最常见因素。报告中的数据显示，在2020年发生的数据中心故障中，大约有37%与电源有关，22%与软件、系统有关，17%与网络有关，13%与制冷系统有关。在中国，大城市停电的次数平均为0.5次/月，中等城市为2次/月，小城市或村镇为4次/月。电网存在以下几种问题（市电供电异常）：断电、电压尖峰、电压瞬变、电线噪声（射频干扰和电磁干扰）、电压槽口、电压跌落、电压浪涌、欠电压、过电压、波形失真、频率偏移等。因此，从改善电源质量的角度来说，给计算机配备一台UPS是十分必要的。另外，精密的网络设备和通信设备是不允许电力有间断的，以服务器为核心的网络中心要配备UPS是不言而喻的，即使是一台普通计算机，其使用三个月以后的数据文件等软件价值也已经超过了其硬件价值，因此为防止数据丢失，为其配备UPS也是十分必要的。

UPS可以保障系统在停电之后继续工作一段时间，使用户能够紧急存盘，不致因停电而影响工作或丢失数据。UPS在计算机系统和网络应用中主要起到两个作用：一是应急使用，防止突然断电而影响正常工作、丢失数据，并给设备硬件造成损害；二是消除市电上的电压浪涌、瞬间高电压、瞬间低电压、电线噪声和频率偏移等"电源污染"，改善电源质量，为计算机系统提供高质量的电源。

总之，UPS电源是数据中心供电系统中不可缺少的设备。UPS相较于柴油发电机组，具有体积小、效率高、无噪声振动、维护费用低、可靠性高等优点，但其容量相对较小，适合作为市电停电后核心设备的临时供电支撑，应对长时间停电仍需要启动柴油发电机组，以保证整个数据中心的电力供应。

1.3　UPS 的分类

目前，UPS供电系统分为动态（飞轮储能式）UPS和静态（静止变换式）UPS两大类。动态UPS又分为飞轮储能式和磁悬浮储能式，静态UPS又分为工频机型UPS和高频机型UPS，高频机型UPS又分为传统变换式（还包括在线互动式和三端口等）、Delta变换式和高压直流UPS，具体如图1-1所示。

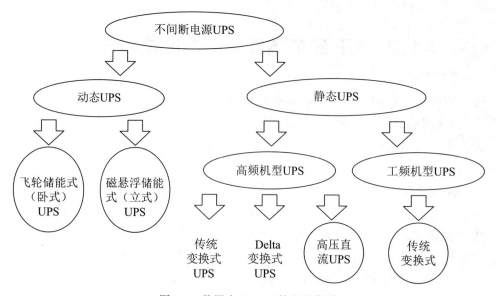

图1-1　数据中心UPS的主要类型

1.3.1　按动静分类

按 UPS 的动静分类，可将其分为动态 UPS 和静态 UPS。

动态 UPS 即飞轮式 UPS，是一种初期的 UPS。1967 年我国进口了一台"1900"计算机，配套的供电设备是一台 20kVA 容量的 UPS，这也是第一代 UPS，如图 1-2 所示。市电停电时，依赖飞轮的惯性带动发电机继续向负载供电，同时启用与飞轮相连的备用柴油发电机组。备用发电机组带动飞轮旋转并因此带动交流发电机向负载供电。由于飞轮的转速只有 1500r/min（频率为 50Hz 时）或 1800r/min（频率为 60Hz 时），因此飞轮的重量要非常大，例如上述 20kVA 的 UPS 需要配 5T 的飞轮，但停电后利用飞轮的惯性储能带动发电机只能继续向计算机供电 5s。这显然是不经济的。

为了进一步延长供电时间，后来采用图 1-3 所示的结构。市电经过整流后，一路给直流电动机供电，直流电动机带动交流发电机输出稳压稳频的交流电，另一路给蓄电池充电。市电中断时，依靠蓄电池组存储的能量维持发电机继续运行，使得负载供电不间断。

动态 UPS 体积大，重量大，噪声大，效率低，波形失真，切换时间长，后备时间短（5s）。

随着半导体技术的迅速发展，利用各种电力电子器件的静态 UPS 很快取代了早期的动态 UPS。静态 UPS 依靠蓄电池存储能量，通过静止逆变器变换电能，维持负载供电的连续性。相对于动态 UPS，静态 UPS 体积小，重量轻，噪声低，操控方便，效率高，后备时间长。以下所讲述的 UPS，若无明确说明，均指静态 UPS。

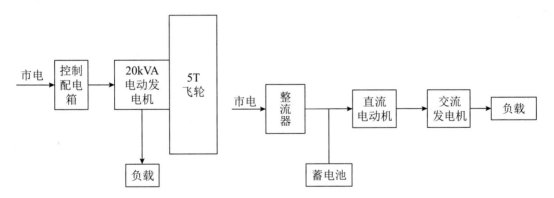

图 1-2　第一代飞轮式动态 UPS 示意图　　　　图 1-3　旋转发电机式动态 UPS 示意图

小知识 ▶

动态 UPS 有着很多鲜为人知的优点。近年来，动态 UPS 被国内外的数据中心、半导体芯片制造业、某些特种军用通信系统及政府的机要部门日益关注和选用，其优点为：

- 进一步提高了 UPS 的效率。相关资料显示，采用动态 UPS 可将 UPS 的效率从工频机静态 UPS 的 90% 左右提高到飞轮 UPS 的 98%。

- 可将故障率明显偏高的蓄电池部件从UPS中彻底取消。这不仅有助于提高UPS的可靠性，还可以大幅度减少电源值班人员的维修工作量。
- 动态UPS主要是金属结构，相对于静态UPS而言不容易受温度环境的影响，因此可靠性明显提高。
- 维护周期长，寿命长，减轻了维护人员的工作量。
- 与传统双变换在线式的静态UPS相比，飞轮UPS具有明显的技术优势，表1-1所示为目前动态UPS和静态UPS的大概对比。此外，动态UPS在技术性能上明显优于双变换在线式的静态UPS，主要表现在整机效率、输入功率因数、负载功率因数、允许的工作温度范围、无需电池组的维护和可靠性等方面。对于飞轮UPS供电系统而言，其平均整体效率要比工频机型静态UPS的效率高4%～5%。来自美国ActivePower公司的真空磁悬浮飞轮UPS的能效甚至可提高6%，在当今能源价格增幅较大和我国双碳目标的背景下，其节能降耗和绿化环保的效应尤为明显。采用飞轮储能的动态UPS可以更加节能的另一个原因是它自带风冷电扇，且无需配置要求环境温度小于25℃的电池组。

表1-1 飞轮式UPS和传统静态UPS的对比

比较项目	飞轮式UPS	传统静态UPS	备注
蓄电池组	无	需要	
能耗	能耗低，节能环保	普通	
效率	高，可达96%～98%	工频机型UPS：90%～91% 高频机型UPS：94%～95%	
价格	高	低	
维护	需专业工程师维护，耗时长	由本地普通工程师维护即可	
应用场合	目前在军工行业应用较多，传统行业应用较少	目前在各行各业中的应用很普及	
发电机	必须配置，对发电机有严格的要求，需15s内完成启动	可选配，在蓄电池后备时间内完成启动即可	对于冬天寒冷的天气条件，普通的民用发电机不能满足要求
可靠性	高	UPS主机可靠性较高，电池组故障率高，且需定期评估更换	UPS的故障率主要由电池组引起
先进性	更先进	技术成熟，目前主流应用	

1.3.2 按拓扑结构分

按照拓扑结构，UPS可分为后备式UPS和在线式UPS，其中在线式UPS又分为在线互动式、双变换在线式、Delta变换式几种。

1. 后备式 UPS

后备式 UPS 是静态 UPS 的最初形式，以市电供电为主，主要由充电器、蓄电池、逆变器及变压器抽头式调压稳压电源四部分组成。当市电供电正常时，UPS 把市电经简单稳压处理后直接供给负载；当市电供电中断时，系统通过转换开关切换为逆变器供电模式。后备式 UPS 的原理图如图 1-4 所示。

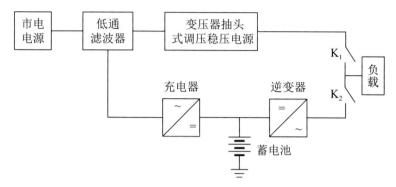

图 1-4　后备式 UPS 的原理图

逆变器并联连接在市电与负载之间，仅简单地作为备用电源使用，因此称为后备式。后备式 UPS 的工作原理具体如下：

（1）当市电供电正常时（市电电压在 176 ～ 264V，即 220V±20%），位于交流通道上的"变压器抽头式调压稳压电源"对电压波动较大的市电电压进行稳压处理，使电压稳定度达到 1±（4 ～ 10）% 以内。然后，在 UPS 逻辑控制电路的作用下，经稳压处理的市电电源经转换开关向负载供电（转换开关一般由小型快速继电器或接触器构成，转换时间为 2 ～ 4ms）；同时，由独立的充电器对蓄电池进行充电，以备市电中断时有能量继续支持 UPS 的正常运行。逆变器处于空载运行状态，不做任何电能变换。

（2）当市电供电不正常时（市电电压低于 175V 或高于 264V），在 UPS 逻辑控制电路的作用下，UPS 将按下述方式运行：

①充电器停止工作；

②K_1 断开，K_2 闭合，负载由市电供电转变为由逆变器供电；

③逆变器将蓄电池放出的直流电变换为 50Hz/220V 交流电，继续对负载供电。根据负载的不同，逆变器的输出电压可以是正弦波，也可以是方波。

后备式 UPS 的优点如下：

■ 具备自动稳压、断电保护等 UPS 最基础也最重要的功能；

■ 电路简单，成本低，可靠性高；

■ 整机效率高，可达 98%；

■ 输出能力强，对负载电流的波峰系数、浪涌系数、负载的输入功率因数、过载等没有严格要求。

后备式 UPS 的缺点：输出电压稳定精度较差，市电供电中断时输出电能有短时间的中断，并且受切换电流能力和动作时间的限制，增大输出容量有一定的困难。因此其适合于某些非重要的负载使用，如家用计算机、外设、POS 机等，稍微重要的用电设备不应选用后备式 UPS 电源。

2. 在线互动式 UPS

在线互动式 UPS 又称为并联补偿式 UPS，其由一个可运行于整流状态和逆变状态的双向变换器（逆变器 / 充电器）配以蓄电池构成。其中双向变换器根据工作模式可运行于整流状态或逆变状态：当市电输入正常时，双向变换器处于反向工作（即整流工作）状态，是一个充电器，给电池组充电；当市电异常时，双向变换器立即转换为逆变工作状态，是一个逆变器，将电池放电输出的直流电能转换为交流电输出。在线互动式 UPS 的原理图如图 1-5 所示。

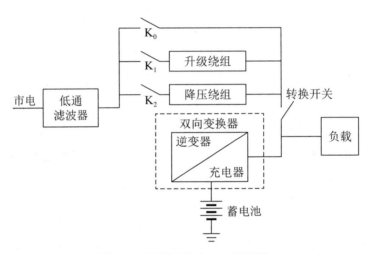

图 1-5　在线互动式 UPS 原理图

可以看出，双向变换器可以作为逆变器并联在市电与负载之间，起后备电源的作用，同时也可作为充电器给蓄电池充电。通过双向变换器的可逆运行方式与市电相互作用，因此称为互动式。

在线互动式 UPS 的工作原理具体如下：

（1）当市电正常时（市电电压在 $150 \sim 276\text{V}$，对于 220V 电压，即 $-30\% \sim +25\%$），市电电源经低通滤波器对从市电电网窜入的射频干扰（RFI）及传导型电磁干扰（EMI）进行适当衰减抑制后，将按如下调控通道去控制 UPS 的正常运行：

①当市电电压处于 $176 \sim 264\text{V}$ 时（即 $220\text{V} \pm 20\%$），在逻辑控制电路的作用下，将开关 K_0 置于闭合状态的同时，闭合位于 UPS 市电输出通道上的转换开关。这样，把一个不稳压的市电电源直接输出给负载。

②当市电电压处于 $154 \sim 176\text{V}$ 时（对于 220V 电压，即 $-30\% \sim -20\%$），由于市电输入电压偏低，在逻辑控制电路的作用下，将开关 K_0 置于分断状态的同时，闭合升

压绕组输入端的开关 K_1，使幅值偏低的市电电源经升压处理后，将一个幅值合适的电压经转换开关输出给负载。

③当市电电压处于 264 ～ 276V 时（对于 220V 电压，即 20% ～ 25%），为防止输出电压过高而损坏负载，在逻辑控制电路的作用下，将开关 K_0 置于分断状态的同时，闭合降压绕组输入端的开关 K_2，使幅值偏高的市电电源经降压处理为合适的电压后，再经转换开关输出到负载，从而使负载运行于安全电压。

④经过处理后的市电电源除了给负载供电以外，同时作为双向变换器的交流输入电源为电池组充电，以便在市电不正常时电池组能提供足够的直流能量。

（2）当市电输入电压低于 150V 或高于 276V 时，在逻辑控制电路的作用下，UPS 转为逆变工作模式：

①切断连接负载和市电旁路通道的转换开关；

②双向变换器由原来的整流工作模式转化为逆变工作模式，此时蓄电池进入放电工作模式，将存储的直流电能经逆变器转化为优质的交流电能输出给负载。

在线互动式 UPS 的优点如下：

- 效率高，可达 98% 以上；
- 电路结构简单，成本低，实施方便，易于并联，便于维护和维修，可靠性高；
- 输入功率因数和输出电流谐波成分取决于负载电流，UPS 本身不产生附加的输入功率因数和谐波电流失真；
- 输出能力强，对负载电流峰值系数、浪涌系数、过载等无严格限制；
- 双向变换器处于热备份状态时，对输出电压尖峰干扰有滤波作用，其性能满足某些负载要求，特别适用于网络中某些计算机设备采用分布式供电的系统。

在线互动式 UPS 的缺点：大部分时间为市电供电，输出电能质量差，市电供电中断时，存在一定时间的电能中断，且稳压性能不高，尤其动态响应速度慢，抗干扰能力不强，电路会产生谐波干扰和调制干扰。

3. Delta 变换式 UPS

Delta 变换式 UPS 又称为串并联补偿式 UPS，是一种新型的 UPS 结构形式，根据能量平衡原则进行调控。Delta 变换式 UPS 把交流稳压技术中的电压补偿原理应用到 UPS 主电路中，引入了一个四象限变换器（Delta 变换器）。当市电正常时，Delta 变换器一方面给蓄电池充电，另一方面可起到补偿电网波动和干扰的作用，在市电输出时，也能保证供给负载的电能质量。Delta 变换式 UPS 的原理图如图 1-6 所示。

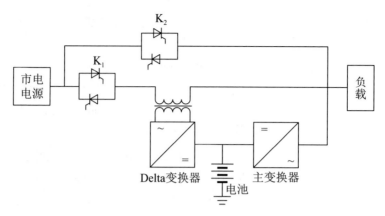

图 1-6　Delta 变换式 UPS 原理图

Delta 变换式 UPS 的工作原理具体如下：

（1）当市电正常时（电压波动范围小于 ±15%，频率波动范围小于 3Hz），Delta变换式 UPS 按如下方式工作：

①当市电输入电压等于主变换器输出电压时，Delta 变换器控制市电输入电流的幅值，以保证市电输入的有功功率等于负载所需的有功功率。此时，Delta 变换器和主变换器都不进行有功能量的转换。

②当市电输入电压低于主变换器输出电压时，Delta 变换器控制市电输入电流，使其幅值增大，以保证市电输入的有功功率等于负载所需的有功功率。此时，Delta 变换器输出正向电压以补偿市电电压与主变换器输出电压的差值，因此它从直流母线吸收一定的有功功率，连同市电有功功率一起送向负载端。负载吸收相应的有功功率，多余的有功功率经主变换器返回给直流母线。主变换器吸收的有功功率正好等于 Delta 变换器输出的有功功率，以维持直流母线能量平衡。

③当市电输入电压高于主变换器输出电压时，Delta 变换器控制市电输入电流，使其幅值减小，以保证市电输入的有功功率等于负载所需的有功功率。此时，Delta 变换器输出负向电压以补偿市电电压与主变换器输出电压的差值，因此它从市电吸收一定的有功功率传送到直流母线。这部分有功功率再由主变换器发出，连同剩余的市电有功功率一起送向负载端。这样既维持了负载端有功功率的平衡，也维持了直流母线有功功率的平衡。

④当蓄电池电压偏低需要充电时，Delta 变换器控制市电输入电流，使其幅值增大，使得市电输入的有功功率大于负载所需的有功功率。此时，除了供给负载有功功率外，剩余的有功功率通过主变换器被传送到直流母线上，对蓄电池进行充电。

⑤当蓄电池电压过高需要放电时，Delta 变换器控制市电输入电流，使其幅值减小，使得市电输入的有功功率小于负载所需的有功功率。负载除了吸收市电输入的有功功率外，还通过主变换器从直流母线吸收一定的有功功率，从而完成对蓄电池的放电。

⑥各种情况下负载所需的无功功率和谐波电流都由主变换器提供，市电输入功率因数高，谐波电流小。

（2）当市电出现故障时（电压波动范围大于 ±15%，频率波动范围超过 3Hz），Delta 变换式 UPS 按如下方式工作：

静态开关 K_1 和 K_2 都处于关闭状态，停止 Delta 变换器工作。此时，主变换器将蓄电池提供的直流电逆变成交流电，为负载提供电能，负载所需的全部有功功率、无功功率以及谐波电流均由主变换器提供。

不管市电供电正常与否，在运行过程中，如果 UPS 输出端出现过载或短路故障、主变换器或 Delta 变换器出现故障、系统温升过高等，则位于主供电通道上的静态开关 K_1、Delta 变换器及主变换器都立即进入自动关断状态。与此同时，位于交流旁路供电通道上的静态开关 K_2 立即进入导通状态。在此条件下，市电电源被直接送到用户的负载端。

Delta 变换式 UPS 的优点如下：

- 负载端电压由主变换器输出电压决定，不论有无市电都可向负载提供高质量电能。
- 当市电存在时，主变换器和 Delta 变换器只对输出电压的差值进行调整和补偿，主变换器承担的最大功率仅为输出功率的 20% 左右（相当于输入电压变化范围），所以整机效率高，功率裕量大，系统抗过载能力强，不再对负载电流峰值系数予以限制。
- Delta 变换器完成输入端的功率因数校正功能，使得输入功率因数可达 0.99，输入谐波电流下降到 3% 以下，整机效率在很大功率范围内可以达到 96%。

Delta 变换式 UPS 的缺点：主电路和控制电路相对复杂，可靠性较差。

4. 双变换在线式 UPS

双变换在线式 UPS 又称为串联调整式 UPS，目前大容量 UPS 大多采用这种结构形式。该 UPS 一般由整流器、逆变器、蓄电池和旁路等几部分组成，逆变器串联连接在交流输入与负载之间，电源通过逆变器连续向负载供电，这也是双变换在线式 UPS 的主要供电形式，其工作原理图如图 1-7 所示。市电正常时，市电经过整流器、逆变器向负载供电；市电不正常时，由蓄电池经逆变器向负载供电。

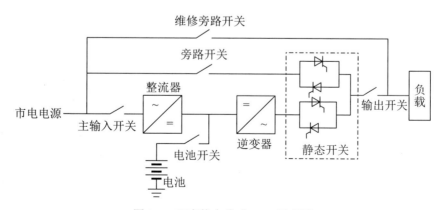

图 1-7 双变换在线式 UPS 原理图

双变换在线式 UPS 是目前市面上 UPS 电源的主流产品，其优点：性能好，电压稳定度高，功能强，转换时间接近 0ms，显著特点是能够持续零中断地输出纯净的正弦波交流电，能够解决尖峰、浪涌、频率漂移等电源问题，具有热备份连接和并联冗余连接的功能。其通常应用在关键设备与数据中心等对电力要求苛刻的环境中。

双变换在线式 UPS 的缺点：全部负载功率均由逆变器提供电源，UPS 容量裕量有限，输出能力不够理想，对负载的输出电流峰值系数、过载能力、负载功率因数等提出限制条件，应对冲击负载的能力较差，尤其是当容量在 10kVA 以下时，其整机效率不高，一般在 85% 左右。不过随着 UPS 的发展和高频机型 UPS 的出现，双变换在线式 UPS 的效率也有了较大的提升，一般可达到 95% 左右。

1.3.3　按外形结构分

按照 UPS 的外形结构，可将其分为塔式 UPS、模块化 UPS 和机架式 UPS。

1. 机架式 UPS

采用机架式设计的 UPS 的结构类似于服务器，如图 1-8 所示。其宽度为标准 19 英寸机架尺寸，最小高度仅为 1U，容量包括 1 ～ 6kW（中小功率），通过导轨安装在标准服务器机架上，与负载设备集成在一起，可以简明机房布局，节省占地面积和空间，提高空间利用率，易于安装、使用和维护，便于集中监控管理。其广泛采用磷酸铁锂电池包，体积更小、重量更轻、寿命更长；

图 1-8　机架式 UPS

具有 ECO 运行模式，高效节能，降低用户使用成本；采用先进的 DSP 数字控制技术，有效提升了产品性能和系统可靠性，并实现更高功率密度的集成和小型化；具有智能通信接口和标准的 RS-232 通信接口，可以远程在线调试并监控电源系统的运行，简化网络管理工作，并提高系统的可靠性。作为供电保障，短电源连接电缆和高可靠性已成为机架式 UPS 的重要优势。

机架式 UPS 电源为那些对电力环境要求苛刻的设备提供了更加灵活、可靠的电源保护，主要应用于安防系统集成集中供电的电源供给设备，可以使设备在机房有更好的环境且稳定性更高。

2. 塔式 UPS

塔式 UPS 落地安装，单独放置，需要安装和运行的空间，如图 1-9 所示。选择机架式 UPS 还是塔式 UPS 视 UPS 的容量、工作方式和摆放环境而定。

塔式 UPS 主要应用于大中型数据中心、调度中心、控制中心、管理中心等关键供电场景，为重要负载提供额定

图 1-9　塔式 UPS

电压为380V/400V/415V的交流不间断供电保护,具有可靠性高、效率高、功率密度高等优势,采用全数字控制及IGBT整流技术,可确保在任何工作条件下均有优异的输出质量;效率在20%负载时可达95%,在40%负载时可达96%,更加匹配数据中心真实业务场景;具有远程干接点和RS-232监控接口,可实时监测UPS的工作状态。

3. 模块化UPS

模块化UPS由机架、UPS功率模块、静态开关模块、显示通信模块以及电池组构成,其外观如图1-10所示。功率模块包括传统的UPS整流、充电、逆变以及相关控制电路等部分。静态开关模块是UPS处于过载时的共用供电通道,由双向可控硅和控制电路组成。显示通信模块则作为人机对话和网络化监控的平台。

UPS功率模块可并联,平均分担负载。如遇故障则自动退出系统,由其他功率模块来承担负载,既能水平扩展,又能垂直扩展。独特的冗余

图1-10　模块化UPS

并机技术使设备无单点故障,可以确保电源的最高可用性。所有的模块可以实现热插拔,各模块机架可完全分离,便于用户以后的扩容或减容,使用方便,可实现在线更换、在线维护,降低维护难度,减少维护时间。各模块之间的并联控制采用分散式逻辑控制方式,没有主机与从机之分,任何一个模块拔出或插入均不会影响其他模块的正常工作,按需构成$N+1$、$N+X$冗余系统,减小系统本身和负载的风险系数,使负载受UPS保护时间全面提升。

在华为行业数字化转型大会2020上,华为面向全球发布全新UPS功率模块,单模块功率密度达到100kW/3U,较业界主流水准提升了1倍。图1-11所示为华为模块化UPS及其大功率UPS功率模块。

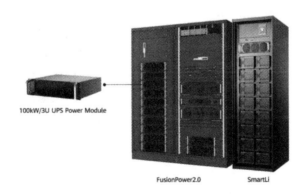

100kW/3U UPS Power Module

FusionPower2.0　　SmartLi

图1-11　华为模块化UPS及100kW大功率UPS功率模块

科华数据继2015年推出完全自主知识产权的核级UPS、2019年推出1.2MW超大功率模组化UPS后,也重磅发布了100kW、125kW大功率UPS功率模块。

1.3.4 按设计电路的工作频率分

按照 UPS 电路的工作频率，UPS 通常分为工频机和高频机两种机型。

1. 工频机型 UPS

工频机型 UPS 按传统的模拟电路原理设计，由可控硅（SCR）整流器、蓄电池、IGBT 逆变器、旁路和工频升压输出变压器组成。在 12 脉冲整流的工频机型 UPS 中，为了构成 12 脉冲整流，整流器的前端还会有移相变压器。因其整流器和变压器的工作频率均为工频 50Hz，所以叫工频 UPS。

1）工频机的结构特点

在工频机型 UPS 的电路中，主路三相交流输入经过换相电感接到由三个 SCR 桥臂组成的整流器之后变换成直流电压，通过控制整流桥 SCR 的导通角来调节输出直流电压值。由于 SCR 属于半控器件，因此控制系统只能控制开通点，一旦 SCR 导通，即使控制极驱动撤销，SCR 也无法关断，只有等到自然关断，所以其开通和关断均是基于一个工频周期，不存在高频开通和关断控制。SCR 整流器属于降压整流，因此直流母线电压只能比二极管三相不可控整流电压低，经逆变输出的交流电压比输入电压低。要使逆变器输出电压为额定的工作电压 380V/220V，就必须在逆变器输出端增加升压变压器。由于采用了全桥逆变器，如果要得到 220V 电压，逆变器输出端就要增加一个 △/Y 变压器，以产生隔离接地点（中性线）。因此，工频机输出变压器有两个功能：变压和产生隔离接地点。

2）工频机的认识误区

有些资料上宣称工频机型 UPS 的输出变压器能抗干扰，并具有滤波作用，这实际上是一个认识误区。

首先，输出变压器不具备抗干扰能力。对于 UPS 来讲，逆变器是不产生干扰的，而所谓的干扰只能来自于负载。负载对电源的要求是电源输出端的动态性能一定要好，即动态内阻一定要小，这样电源的输出才能适应负载的变化，不允许有惯性。而只有惯性环节才有抗干扰能力。变压器不是电抗器，在正常工作时是线性的，要不失真地传递信号，所以它不具备抗干扰能力。其次，对于各种形式的电压噪声、浪涌、尖峰等，由于其能量大、频率低,变压器会按照其固有的变比将其传导过去，因此也不存在滤波功能。

此外，输出变压器也不具备缓冲负载短路的功能，也不能提高 UPS 系统的可靠性和稳定性。相反，由于变压器自身产生功耗，因此会造成 UPS 设备内部的温升增大，这在一定程度上降低了系统的可靠性，而变压器和逆变器是串联关系，它本身也是一个故障点。在工频机型 UPS 多机并联时，会出现多个输出变压器的并联，而变压器的并联是电力行业应尽量避免的情况，因为变压器并联时会产生环流，环流的长期存在将导致设备发热和寿命缩短。

2. 高频机型 UPS

高频机型 UPS 在结构上通常由 IGBT 高频整流器、蓄电池、IGBT 逆变器和旁路组成，IGBT 可以通过控制加在其门极的驱动信号来控制其开通与关断。IGBT 整流器的开关频率通常在几千赫兹到几十千赫兹，甚至高达几十万赫兹，远高于工频机型 UPS 的工作频率（50Hz），因此称之为高频 UPS。

1）高频机的结构特点

高频机型 UPS 的整流属于升压整流，其输出直流母线的电压比输入的线电压的峰值高，一般典型值为 DC 700 ~ 800V，如果电池直接挂接母线，则所需配置的 12V 电池的数量最多将达到 67 节，这会给实际应用带来较大的安全隐患。因此，一般高频机型 UPS 会单独配置一个斩波器（蓄电池电压双向变换器），市电正常时斩波器把直流母线电压降到电池组电压，市电故障或电压超限需要蓄电池放电时，斩波器把电池组电压升到直流母线电压。由于高频机型 UPS 的直流母线电压为 700 ~ 800V，因此逆变器输出的相电压可以直接达到工作电压。由于高频机型 UPS 采用半桥逆变，因此要得到 220V 电压，逆变器输出不需要 △/Y 变压器，只需将逆变器中性线与输入零线进行等电位联结即可。

2）高频机的性能优势

高频机型 UPS 具有以下性能优势。

（1）输入功率因数高。

工频机型 UPS 一般在 200kVA 以下的输入电路中都采用标配的 6 脉冲晶闸管整流器，输入功率因数不超过 0.8，谐波电流 30% 以上。如果前面配置发电机，则发电机的容量至少是 UPS 功率的 3 倍；如果是单相小功率 UPS，则发电机的容量至少是 UPS 功率的 5 倍。

高频机型 UPS 的输入功率因数一般都在 0.99 以上，谐波电流小于 5%，前置发电机的容量约是 UPS 功率的 1.5 倍，这就大大缩减了投资和占地面积，尤其是对市电的利用比较充分，且对电网污染很少。

（2）效率高。

高频机型 UPS 本身的功耗低，在同样的指标下，例如要求输入功率因数为 0.9 以上时，工频机型 UPS 必须外加有源谐波滤波器或改为 12 脉冲整流加 11 次无源谐波滤波器，再加上输出变压器，这样就比高频机型 UPS 多了两个环节，因此工频机型 UPS 的效率至少要比高频机型 UPS 低 5%。例如，对于容量为 100kVA 的 UPS，每台高频机型 UPS 每年比工频机型 UPS 要少耗电 50 000kWh，这在当前国家"双碳目标"的背景下，对绿色数据中心的建设具有重要意义。

（3）对电网的适应能力强。

对包括 UPS 在内的稳压电源来说，后面的负载需要电压不变的稳定电源输入。如果市电电压非常不稳定，就需要在市电和负载之间增加一级稳压电源进行隔离，这一级稳压电源的输入端面对的是不稳定的市电输入电压，因此适应市电电压变化的范围越大越好。工频机型 UPS 由于是降压输入，因此适应不了大的电压变化范围，正常的适应范围大都在 ±10% 以内，有少数会达到 ±25%。由于整流器后面的直流滤波电容的标称电压一般为 450V，而在晶闸管异常整流器击穿时，整流后的 380V（1+25%）的峰值接近 670V，这么大的直流电压加在电容器上会使电容器发生爆炸。所以在供电条件不好的地方，通常需要加装稳压器，这就增加了功耗和投资。而高频机型 UPS 是升压输入，它的电子变压器在逆变器的前面，对市电的适应范围在 ±30% 以上。

（4）综合性能指标高。

同工频机型 UPS 相比，高频机型 UPS 没有输出变压器，节省了资源，减小了体积，减轻了重量，降低了自身功耗，提高了效率。

（5）对外干扰小。

UPS 有两种噪声：一种是机械噪声，主要来自于震动和气流的声音；另一种是电噪声。这两种噪声工频机型 UPS 都有。电噪声影响机器的稳定度，机械噪声影响人的身心健康，降低工作效率。高频机型 UPS 的电路工作在 20kHz 以上的频率，20kHz 是人的耳朵听不到的频率，这会使工作环境较为安静，人耳听到的主要是来自高频机风扇气流产生的噪声。高频机型 UPS 的输入功率因数高达 0.99 以上，几乎是线性，所以对外干扰几乎为零。

（6）全数字技术。

现在的工频机型 UPS 一般采用数字与模拟结合的技术，模拟技术的可靠性要比数字技术低。高频机型 UPS 采用的是全数字化技术，其可靠性很高。

（7）没有并机环流。

在实际应用中，UPS 经常需要进行并机工作，以向负载提供所需的电源。工频机型 UPS 的并机就是输出变压器的直接并联，即使是同容量、同型号的变压器的输出电压也不是完全一样的，由于存在电压差，就会导致出现并机环流。这个环流的路径上没有任何障碍，所以可以畅通无阻。不过，由于并联 UPS 的逆变器的输出电压相差甚微，因此并机环流一般不会很大，而且最大环流只出现在空载情况下，当加上负载时，这种环流会由电路自身调整到最小。

高频机型 UPS 由于没有输出变压器，因此并联时环流值较小，一般不予考虑。

3）高频机的使用误区

在实际应用中，有人将有无输出变压器作为区分工频机型 UPS 和高频机型 UPS 的标准，认为有输出变压器的就是工频机，而没有输出变压器的就是高频机，这就带来了高频机型 UPS 的使用误区。

（1）"灵活配置"输出变压器。

有的高频机型 UPS 生产厂商为了迎合那些对高频机型 UPS 心存疑虑而倾向于使用工频机型 UPS 的用户，在其高频机型 UPS 后面配上一个输出变压器，称这就是工频机型 UPS，而对于想购置高频机型 UPS 的用户，就把画蛇添足加上的变压器拿掉，告诉用户这就是高频机型 UPS，这虽不失为一种营销手段，但却误导了用户。实际上，高频机型 UPS 配上变压器仍是高频机型 UPS，加配的变压器实际上仅仅是 UPS 的负载，不仅多消耗了功率，且由于串联在 UPS 和负载之间，因而多了一个故障点，不知内情的用户反而是在花钱买故障。

（2）不合理加装输出变压器。

因为一些用户误认为工频机型 UPS 存在"输出变压器抗干扰、可以隔离直流电压使其不能加到负载端、可以提高 UPS 的可靠性甚至可以对抗电网的冲击变化及缓冲负载的突变"等诸多"优点"，他们会将输出变压器作为一项采购的技术要求写入标书，并在使用没有输出变压器的高频机型 UPS 配电系统的列头柜中加装变压器，以"改善"电源质量。

如图 1-12 所示为两种列头柜的结构原理图。

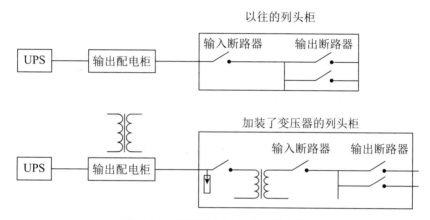

图 1-12 两种列头柜的结构原理图

加装了变压器的列头柜又增加了一个输入断路器和一级防雷器。这就带来了以下问题：

- 增加了无谓的设备投资，造成了浪费。
- 增加了 3 个故障点：防雷器、输出断路器和变压器，不仅降低了设备的可靠性，且防雷器的加入也起不到任何作用。
- 加大了机柜的自重，为机房地板乃至整个楼板的承重带来了麻烦，需要重新考虑机房的承重问题。如果没有这个变压器，一面列头柜的质量一般是 300kg 左右，通常 700kg 的地板承重就可以满足安全要求。而加了变压器后，不少机柜增加了大约 700kg 的重量，如果一个数据中心有几十个列头柜，则增加了几十吨的承重，这会导致因重新考虑承重而更改设计，进而增加投资，延长工程周期；而对于已经建好的数据中心机房，则要采取承重加固措施，而这是非常麻烦的工程。

目前，数据中心供电系统除了注重可靠性、可用性以外，双碳目标背景下的节能减排是数据中心建设和运营所面临的重大问题。对于在数据中心供电系统中大量配置的 UPS 来讲，其自身供电效率的高低在一定程度上决定了数据中心总体能耗的高低。传统的工频机型 UPS 由于效率低、体积大而笨重、能耗高、运行成本高，已逐渐不适应目前节能减排的需求。IGBT整流的高频机型UPS具有尺寸小、重量轻、运行效率高、性价比高等多方面优势，其技术和产品已经成熟，是当前数据中心机房节能、高效的理想选择，目前国内外主要的UPS制造厂商都推出了大功率的高频机型UPS。

1.3.5　其他分类方法

除了上述分类方法外，还有以下几种较为简单的UPS分类方法：

- 按功率分类：小功率UPS（<3kVA）、中功率UPS、大功率UPS（>10kVA）。
- 按输出电压的相数分类：单相、三相。
- 按输入输出的相数分类：单进单出、三进单出、三进三出。

根据设备的情况、用电环境以及想达到的电源保护目的，可以选择适合的UPS。例如，对内置开关电源的小功率设备一般可选用后备式UPS；在用电环境较恶劣的地方应选用在线互动式或双变换在线式UPS；而对于不允许有间断时间或时刻要求正弦波交流电供电的设备，就只能选用双变换在线式UPS。

1.4　UPS的技术指标

UPS的技术指标主要包括输入指标和输出指标，这两类指标反映了UPS的性能优劣，也是影响UPS价格的重要因素。

1.4.1　输入指标

1. 电压范围

电压范围说明UPS适应什么样的供电制式及其对电网电压的适应能力，一般为-15%～+10%。UPS输入电压的上下限表示市电电压超出此范围时，UPS就断开市电而由蓄电池供电。一般来讲，我们希望UPS能适应的输入电压的范围尽量大，这样可以在市电质量较差时为负载提供更好的供电保障。但实际上，这个指标并不是越大越好，因为UPS整流滤波电容的耐压值一般为450V，如果输入电压范围过大，例如输入电压升高20%，则输出电压会远高于电容的耐压值，很容易使电容击穿而导致整流器失控，造成严重损失。

2. 频率范围

频率范围说明UPS所能适应的输入交流电频率及其允许的变化范围，一般设为（50±（2.5～3））Hz比较合适。同样，这个变化范围也不是越大越好，因为在正常工作的情况下，UPS的输出电压频率总是跟踪输入电压频率，当市电频率在变化范围内时，UPS 逆变器的输出与市电保持同步；当市电频率超出该范围时，逆变器的输出不再与市电同步，此时，当 UPS 逆变器故障或过载时，将不能切换到旁路工作模式。

此外，输入频率范围越宽，对输出特性影响也越大，对负载是没有好处的，尤其是频率下移时对负载的影响就更大。有很多负载是非阻性的，即不是感性就是容性。

对于感性负载，比如有的负载有输入变压器，而一般用途的变压器都是按照额定频率（50Hz）设计的，如果输入频率太高，则由于铁芯内涡流的增大会使变压器的铁损增加、温度升高、绝缘下降，从而加速变压器的老化。感抗 X_L 与频率 f 成正比，而电感多用于滤波环节，所以输入频率高一点对滤波有好处，但不能太大，因为太大了会使电感上的电压降增大。

对于整流滤波负载，滤波电容容量的选择是按照额定频率（50Hz）设计的，容抗 X_C 与频率 f 成反比。如果频率降低太多，例如降低 20%，则容抗会相应增大 20%，这就等效于电容的容量降低了 20%，会使电容滤波后的电压纹波增大，影响后面负载的使用质量。

3. 输入功率因数

输入功率因数是指 UPS 中整流充电器的输入功率因数和输入电流质量，用于表征 UPS 对电网的有效利用能力、对电网和周围空间的干扰能力以及对前面配置的发电机组的要求等。输入功率因数越高，输入电流谐波成分含量越小，表示该 UPS 对电网的污染越小。一般来说，采用晶闸管整流（12 脉冲）的 UPS 的功率因数为 0.9～0.95（滞后），输入电流谐波含量在 25% 左右。采用输入功率因数校正技术，输入功率因数可达 0.96～0.99（滞后），输入电流谐波含量可达到 5% 以下。现在高频机型 UPS 的输入功率因数一般可做到 0.99 以上。

1.4.2 输出指标

1. 容量

容量是 UPS 的首要指标，是 UPS 向负载提供的可以长期工作的额定功率，其数值等于输出电压的有效值与输出最大电流有效值的乘积，也称为视在功率，单位是 kVA。作为电源，不仅要向负载提供有功功率，也要提供无功功率，因此 UPS 的容量用视在功率表示。

由于负载大部分是非线性的，因此在选择 UPS 确定其容量时，最好留有 20% 的余量。

2. 负载功率因数

UPS 的输出是容性的，UPS 的负载功率因数表征 UPS 带线性负载和非线性负载的能力，这一指标不一定越大越好。当 UPS 的负载功率因数与负载的输入功率因数匹配时，UPS 的输出能力达到最佳。例如，一台 UPS 的负载功率因数为 -0.9，表明 UPS 是专门

为输入功率因数为 -0.9 的感性负载设计的。工频机型 UPS 的负载功率因数一般为 0.8，由于现在服务器的输入功率因数都做到了 0.95 以上，所以目前主流的高频机型 UPS 的负载功率因数一般都在 0.9 以上，有的 UPS 厂商在产品介绍中将自己的 UPS 的负载功率因数标为 1。

在实际工作中，有些用户和一些资料上常把 UPS 的负载功率因数称为"UPS 的输出功率因数"，这是一种错误的称谓。对于 UPS 来讲，它只有一个功率因数，即输入功率因数。因为功率因数是表征负载性质的一个参数，一个电路或设备定型以后，其性质也就确定了，因此其功率因数（即输入功率因数）也就定了。这个功率因数决定了电路和设备的性质，任何电源和任何电路都是如此。电路有输入阻抗和输出阻抗，但没有输出功率因数。

认为 UPS 有"输出功率因数"并把负载功率因数称为"输出功率因数"的错误之处在于以下几点。

首先，这个所谓的"输出功率因数"不是唯一的，因为带什么负载就是什么功率因数。例如带电阻性负载，这个功率因数就是 1；带老的 IT 设备，这个功率因数就是 0.6～0.7；带新的 IT 设备，这个功率因数可能是 0.95 以上。这是因为这个功率因数是负载的输入功率因数，如图 1-13 所示。

交流输入　输入功率因数　UPS　负载功率因数-----输入功率因数　负载

图 1-13　功率因数示意图

其次，如果将其称为 UPS 的输出功率因数，则根据功率因数的定义，有 $F_o = \dfrac{P_o}{S_o}$，式中 F_o 表示输出功率因数，P_o 表示有功功率，S_o 表示视在功率。由于这个所谓的"输出功率因数"是 UPS 的参数，是一个与负载无关的参数，因此需在不带负载（空载）时计算和测量。在空载时，P_o 和 S_o 均为零，因此 $F_o = \dfrac{P_o}{S_o} = \dfrac{0}{0}$，而这是一个没有意义的数。实际上，这个"输出功率因数"也是无法用功率因数表去测量的。

之所以把负载功率因数作为 UPS 的一个指标，是因为这个参数是制造 UPS 的依据，这和制造其他商品一样，制造商必须做出一些常用规格的商品让顾客挑选。比如制造衣服时，服装厂需事先做出一批针对不同性别和不同型号的衣服，比如男装、女装，这就相当于 UPS 的负载功率因数，衣服的型号（例如 S、M、L、XL 等）就相当于 UPS 的容量规格（例如 10kVA、100kVA 等）。UPS 的制造与此类似，为了规模生产，UPS 厂商也要根据当前用电设备（例如 IT 设备）的形式、规模和特点，预先制造出一批或几批不同功率因数和功率规格的 UPS，以备市场现货销售。预选制造出一批或几批 UPS 的依据就是负载功率因数。当 UPS 的负载功率因数与负载的输入功率因数相等时，称为完全匹配，此时 UPS 可输出全部功率。遇到不匹配负载时，就必须降额使用。

有人认为计算机是容性负载，因为计算机电源的输入整流器后面有大容量的电容器，如图 1-14 所示。

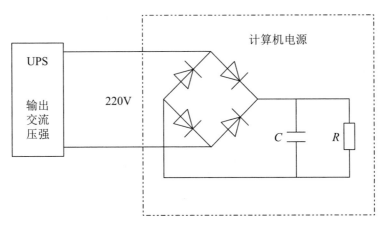

图 1-14　计算机电源原理框图

实际上，如果没有整流器，那么计算机就是名副其实的容性负载，因为整流器的存在而改变了电流波形，从而破坏了电压波形，所以计算机呈现出电感性负载的特征。所以以往凡是使用 220V 的电子设备都是典型的电感性负载。UPS 的输出阻抗是容性的，其负载功率因数的符号应该是"+"。但早期进入我国的所有 UPS 的负载功率因数都是 -0.8，其含义就是这台 UPS 是专为输入功率因数为 -0.8 的负载设计的。因为感性负载的功率因数是负值，所以 UPS 是按负载为感性而设计的，UPS 容性输出的无功功率正好补偿负载的感性无功功率。

3. 效率

效率是负载性质和负载量的函数，是满载（阻性）情况下 UPS 输出的有功功率与输入的有功功率之比。一般来说，UPS 的标称输出功率越大，其系统效率也越高。小容量双变换在线式 UPS（1 ～ 10kVA）的效率为 85% ～ 89%，中容量双变换在线式 UPS（10 ～ 100kVA）的效率为 89% ～ 92%，大容量双变换在线式 UPS（50 ～ 800kVA）的效率为 91% ～ 95%。目前高频机型 UPS 的效率可以达到 95% 以上，Delta 变换式 UPS 的效率可达到 96% 左右。后备式 UPS 和在线互动式 UPS 在市电供电正常时，其效率可达 95% ～ 96%，但处于电池提供能量支持逆变器向负载供电时，其效率与小容量双变换在线式 UPS 处于同一水平。

UPS 的效率高，意味着它的损耗小，机内温度低。带载率不同，UPS 的效率也不一样。

4. 电流峰值系数

电流峰值系数是非线性电流峰值与其均方根值（有效值）之比，常用来说明一个交流电源能够在不失真的情况下输出峰值负载电流的能力。比如正弦波形的峰值系数为 1.414，线性负载一般为 1.41 : 1，计算机负载一般为 2.4 : 1 ～ 2.7 : 1。

对于 UPS 来讲，电流峰值系数主要用于表征 UPS 带脉冲负载的能力，这个系数主要反映该 UPS 在带脉冲负载时的反应速度和调整速度，是 UPS 选型时要考虑的一个指标。这个比值越大越好，一般要求大于 3∶1。一般传统双变换在线式大功率 UPS 的电流峰值系数为 3∶1，高频机型 UPS 可以做到 5∶1。目前市面上的 UPS 基本上都能满足这一指标要求。

带非线性负载能力强的 UPS 带脉冲负载的能力不一定强。

5. 输出过载能力

UPS 后端的负载设备启动时，一般都有瞬时过载现象发生。输出过载能力表示 UPS 在整流逆变工作模式下可承受瞬时过载的能力与时间。超过 UPS 允许的过载量或允许的过载时间，UPS 一般会转到旁路工作模式，否则容易导致 UPS 损坏。UPS 的过载能力因 UPS 生产厂家与容量的不同而不同：对于大、中容量 UPS 而言，典型值为 125% 负载时 10min，150% 负载时 30 ~ 60s；对于小容量 UPS 而言，典型值为 110% 负载时 10min，130% 负载时 10s。

6. 切换时间

切换时间是指 UPS 从整流逆变模式切换到旁路工作模式或从旁路工作模式切换到整流逆变模式的时间。对于采用快速继电器或接触器作为切换装置的小容量 UPS（额定容量小于 10kVA）来说，切换时间的典型值为 4ms，波动范围为 2 ~ 6ms。对于采用静态开关的大、中容量 UPS 来说，由交流旁路供电切换到逆变器供电的时间几乎为零，由逆变器供电切换到交流旁路供电的时间一般小于 2ms，这个时间是非常短的，不会对用电设备造成断电。

7. 抗三相不平衡负载能力

带三相平衡非线性负载时，三相输出电压幅值差小于 ±1%，相位差小于 ±1°；带三相不平衡非线性负载时，三相输出电压幅值差小于 ±3%，相位差小于 ±2.5°。

8. 并机负载电流不均衡度

并机负载电流不均衡度是当两台及两台以上具有并机功能的 UPS 输出端并联供电时，并联的各台 UPS 电流值中与平均电流偏差最大的偏差电流值与平均电流值之比，其典型值为 2% ~ 5%。此值越小，说明并机系统中每台 UPS 所输出的负载电流的均衡度越好。

9. 输出电压

与输出电压有关的指标包括以下几种：

■ 标称输出值：单相输入单相输出（单进单出）或三相输入单相输出（三进单出）UPS 为 220V；三相输入三相输出（三进三出）UPS 为 380V，采用三相三线制或三相四线制输出方式。

- 输出电压可调范围：从额定值起最小可调范围。对大、中容量UPS而言，为 ±5%；对小容量单相UPS而言，为208/220/230/240V。

- 输出电压静态稳定度：UPS在稳态工作时受输入电压变压、负载改变及温度影响造成的输出电压大小的变化。对于中、大容量UPS而言，典型值为 ±1%；对于中、小容量UPS而言，典型值为 ±2% 或 ±3%。

- 输出电压动态稳定度：UPS在100%突然加、减载或者执行市电旁路与逆变器供电的切换时输出电压的波动值。对于中、大容量UPS而言，瞬态电压波动值应小于 ±5%；对于小容量UPS而言，瞬态电压波动值应在 ±6% ~ ±8%。

- 总谐波失真度（Total Harmonic Distortion，THD）：根据用途不同，输出电压不一定是正弦波，也可以是方波或梯形波。后备式UPS输出波形多为方波，在线式UPS的输出波形一般为正弦波。总谐波失真度一般是对正弦波输出UPS来说的，指输出电压谐波有效值的平方和的根与基波有效值的比值。带线性负载时，大、中容量UPS的电压总谐波失真度小于2%，小容量UPS的电压总谐波失真度小于3%。带峰值系数为3∶1的非线性负载时，大、中容量UPS的电压总谐波失真度小于5%，小容量UPS的电压总谐波失真度小于7%。

- 输出电压动态响应恢复时间：在输入电压为额定值、输出为线性负载、输出电流由零至额定电流（或相反）时，UPS输出电压恢复到稳压精度范围内所需的时间。对于大多数UPS来说，此值应该在 10 ~ 30ms。

- 输出电压频率：UPS所允许的市电同步跟踪范围。对于大、中容量UPS，通常为 50Hz± （0.5 ~ 2）Hz；对于小容量UPS，通常为 50Hz± （0.5 ~ 3）Hz。UPS所允许的市电同步跟踪速率，对于大容量UPS，通常为 0.1 ~ 1Hz/s；对于中、小容量UPS，通常为 0.1 ~ 3Hz/s。工作在逆变器输出状态时的频率稳定度，对于小容量UPS，通常为 50Hz±0.1Hz；对于大、中容量UPS，通常为 50Hz± （0.5 ~ 0.005）Hz。

1.4.3　其他指标

1. 保护功能

与保护功能有关的指标包括以下几种：

- 输出短路保护：负载短路时，UPS应立即自动关闭输出，同时发出声光报警。

- 输出过载保护：当输出负载超过UPS的额定负载时，应发出声光报警；超过带载能力时，转为旁路供电。

- 过热保护：UPS机内运行温度过高时，应发出声光报警，并自动转为旁路供电。

- 电池电压低保护：当UPS工作在电池逆变模式时，电池电压降至保护点时，发出声光报警，如果市电旁路有电，则转为旁路供电，否则UPS停止供电。

- 输出过/欠电压保护：当UPS输出电压超过设定的过电压阀值或低于设定的欠

电压阀值时，发出声光报警，并转为旁路供电。

■ 抗雷击浪涌能力：UPS应具备一定的防雷击和电压浪涌的能力。

2. 工作条件

与工作条件有关的指标包括以下几种：

■ 工作温度：指UPS工作时应满足的环境温度条件，一般为0～40℃。工作温度过高，不但会使半导体器件、电解电容的漏电流增加，还会导致半导体器件的老化加速、电解电容及蓄电池寿命缩短；工作温度过低，则会导致半导体器件性能变差、蓄电池充放电困难且容量下降等一系列严重后果。

■ 工作湿度：湿度是指空气内所含水分的多少，有绝对湿度（空气中所含水蒸气的压力强度）和相对湿度（空气中实际所含水蒸气与同温下饱和水蒸气压强的百分比）两种表示方法。UPS说明书给出的一般是相对湿度，通常为10%～95%，典型值为50%。

■ 海拔高度：UPS说明书中所注明的海拔高度是保证UPS安全工作的重要条件，UPS满载运行时海拔高度的典型值为1000m，某些高档UPS可达1500m。

3. 集中监控和网管功能

为满足对UPS运行情况的实时监测要求，当今的UPS一般都有如下控制功能。

1）配置通信接口

小容量的UPS应配置RS-232接口/SNMP适配器通信接口，中、大容量的UPS应配置RS-232、RS-485接口/SNMP适配器通信接口。利用RS-232、RS-485接口/SNMP适配器通信接口，可在UPS和监控平台之间实现数据通信。具体包括：

■ 遥测信号：输入电压、电流、频率、有功功率、视在功率和功率因数；输出电压、电流、频率、有功功率、视在功率和功率因数；交流旁路电压、电流和频率；蓄电池的充放电电压和电流等。

■ 遥信信号：输入电源故障、整流器故障、逆变器故障、交流旁路电源过/欠电压、直流总线电源过/欠电压、逆变器电源与市电电源同步/不同步、整流器/逆变器/变压器温升过高以及各种继电器开关的工作状态等信号。

■ 遥控信号：可编程的定时"自检测"电池管理、紧急停机、定时开/关机、自动拨号/短信/微信等信号。

2）提供配套的电源管理软件

用户在相应的网络管理平台上、个人计算机或手机上安装相应的电源管理软件或App后，就可以组成功能强大的网管智能化UPS系统。在此条件下，用户就能在终端上执行下述操作：

■ 调阅在UPS监控显示屏上观察到的所有信息；

■ 如UPS本身发生故障，可自动执行网络广播报警、电话拨号、自动发短信或微信等操作，以便通知值班人员到现场维修；

- 当遇到市电长时间供电中断时，按照用户预定的时序，对位于同一网管系统下的计算机／服务器分批执行有序的数据自动存盘和安全关闭操作系统；
- 专业人员可重新调节、设置／校正 UPS 的运行参数和报警阈值；
- 将"用户自定义"报警信号经 UPS 的通信接口传送到用户的远程集中监控系统。

1.5　UPS 的发展

UPS 不间断电源发展到现在，已经有了很多分支和种类，如 EPS、变频电源、逆变电源、工频机型 UPS、高频机型 UPS、模块化 UPS，等等。UPS 也经过了四代的发展，现在进入高频机时代。

- 第一代 UPS 电源——动态 UPS。利用机械惯性储能以及电动机、发电机的能量传输机制来提供短时间的不间断供电。这种早期产品体积庞大、造价昂贵、噪声巨大，犹如一个小型电厂。
- 第二代 UPS 电源——工频 UPS。有输出变压器，目前常用于功率较大、用电环境较差的场合。
- 第三代 UPS 电源——高频 UPS。高频机型 UPS 的出现进一步提升了功率密度，由于去掉了输出变压器，因此体积减小了 50%，重量也大为减少，从功能模块上提升了维护性，缩短了 MTTR。
- 第四代 UPS 电源——模块化高频 UPS。高频机技术的发展为 UPS 的模块化架构提供了技术可能，模块化的高频 UPS 得以实现。模块化技术使得 UPS 效率上了一个新台阶，同时采用了通信电源成熟的智能休眠功能，让 UPS 系统始终处于最佳效率点。

随着 IT 系统逐步走向集中管理（例如数据中心），UPS 的应用将呈现以下趋势：从单机向冗余结构变化，从注重系统的可靠性向注重系统的可用性变化，从单纯的供电系统向保证整个 IT 运行环境变化等。随着信息技术、电子技术、控制技术的发展，各种先进技术已广泛应用在 UPS 中，UPS 的技术将出现以下发展趋势。

1. 智能化

除完成 UPS 正常运行的控制功能外，可对运行中的 UPS 进行实时监测，对电路中的重要数据信息进行分析处理，从中得出各部分电路工作是否正常；在 UPS 发生故障时，能根据报警信息和监测数据及时进行分析，诊断出故障部位，并给出处理方法；及时采取必要的自身应急保护控制动作，防止故障扩大；完成必要的自身维护，具有交换信息的功能，可以随时向计算机输入或从联网机获取信息。

2. 数字化

采用最新的数字信号控制器（DSP）加以数字化的霍尔传感器，实现 UPS 系统的

100%数字化运行。

3. 高频化

第一代UPS的功率开关器件为可控硅，第二代为大功率晶体管或场效应管，第三代为IGBT（绝缘栅双极晶体管）。大功率晶体管或场效应管开关速度比可控硅要高一个数量级，而IGBT功率器件的电流容量和速率又比大功率晶体管或场效应管大得多和快得多，功率变换电路的工作频率高达50kHz。变换电路频率的提高，使得用于滤波的电感、电容以及噪音、体积等大为减小，使UPS效率、动态响应特性和控制精度等大为提高。

4. 模块化

模块化UPS可实现UPS内的多模块冗余并机运行，不需另外加设中央控制部件，负载均分，某一模块出现问题时，负载自动转移，维修可带电热插拔，大大提高了单台UPS的供电可靠性。

5. 集成化

电子技术和计算机技术的发展，使UPS的网络管理可实现远程监控，数字化电源控制技术使产品具备了定制功能，智能化的设计使其成为高度智能化的可监、可控和自适应的设备，UPS从过去的侧重电气性能指标、可靠性和质量方面，发展到统一标准、规范，进一步提高了UPS系统的可靠性、可用性、可管理性、可维护性和可扩展性。

6. 绿色化

各种用电设备及电源装置产生的谐波严重污染电网，而UPS是数据中心最大的谐波源。UPS除加装高效输入滤波器外，还需在电网输入端采用功率因数校正技术，这样既可消除本身由于整流滤波电路产生的谐波电流，又可补偿输入功率因数。目前主流UPS的输入功率因数提高到接近于1，对电网的污染已降到了近似阻性负载的水平。

习题

1. 什么是UPS？
2. 工频机型UPS和高频机型UPS的特点分别是什么？
3. 工频机型UPS的输出变压器的功能是什么？
4. 静态UPS分哪几种？
5. UPS的容量单位是什么？
6. 简述UPS的负载功率因数的含义。

7. 指出下列叙述中的错误。

一台输入功率因数为 1 的 UPS 的容量为 100kVA，输出功率因数为 80%，输出稳压稳频的正弦波电压，具有带感性负载的特点，可以提供 80kVA 的有功功率和 60kW 的无功功率。它的输出变压器就像接在逆变器和负载之间的一个 50Hz 滤波器，具有抗干扰的功能，是一台非常先进的产品。

第2章 UPS控制电路基础

在 UPS 电源的控制电路中，各种集成化的逻辑功能块的使用使得 UPS 电源的使用性和维护性得到极大的提高。特别是大批输入失调电压及输入偏置电流极低，且具有内部补偿功能、频响特性更好的运算放大器的出现，使得 UPS 电源控制电路的功能和性能都得到了极大的提高。本章主要介绍在 UPS 中常用的控制电路及器件。

2.1 运算放大器

运算放大器（简称"运放"）是一种高增益的直接耦合放大器，它具有极高的电压放大倍数，其典型的开环放大系数一般可达到 20 万倍左右。在实际电路中，通常结合反馈网络共同组成某种功能模块。这种器件一般具有两个输入端和一个输出端，其输出信号可以是输入信号加、减或微分、积分等数学运算的结果。由于早期应用于模拟计算机中用以实现数学运算，因而得名"运算放大器"，其电路符号如图 2-1 所示。其中，"+"代表同相输入端，"−"代表反相输入端。

运算放大器内含多级放大电路：输入级是差分放大电路，具有高输入电阻和抑制零点漂移能力；中间级主要进行电压放大，具有高电压放大倍数，一般由共射极放大电路构成；输出极与负载相连，具有带载能力强、低输出电阻等特点。运算放大器的应用非常广泛。

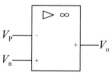

图 2-1 运算放大器
的电路符号

2.1.1 理想运算放大器

理想运算放大器是指它的各项性能参数指标都等于理想值的放大器。理想运算放大器的主要标志如下：

■ 开环电压增益系数无穷大；
■ 输入阻抗无限大；
■ 输出阻抗为零；
■ 输入失调电压为零；
■ 共模抑制比无限大；

■ 频率响应好，频带宽度无限大。

理想运算放大器的输入 - 输出特性应满足下述关系：

$$V_O = G_{OL}(V_P - V_n)$$

式中，G_{OL}——运算放大器的开环增益系数；

V_P——运算放大器同相端的输入电压；

V_n——运算放大器反相端的输入电压；

V_O——运算放大器输出端的输出电压。

理想运算放大器有以下两个重要的特性：

（1）由于运算放大器的开环增益系数 G_{OL} 为无穷大，所以 $V_P - V_n = \dfrac{V_O}{G_{OL}} = 0$，即对于理想运算放大器来说，其两个输入端之间的电压差等于零。

（2）由于理想运算放大器的输入阻抗为无穷大，所以对于理想运算放大器而言，其输入偏流和流入（流出）运算放大器输入端的信号电流都等于零。

然而对于实际的运算放大器而言，两个输入端都存在从微安到微微安数量级的微小输入电流。这个电流能引起运算放大器的不平衡，从而在运算放大器的输出端产生电压输出。当然输入偏流越低，运算放大器的不平衡也就越小。早期生产的运算放大器由于偏流较大，往往需要复杂的偏流调零电路。随着半导体制备技术的飞跃发展，目前生产的绝大多数运算放大器都不再需要附加特别的调零电路，所以使用起来相当方便。

2.1.2　反相比例放大器

反相比例放大器是一种特殊的运算放大器电路，它的输入信号 u_i 经电阻 R_1 送到运算放大器的反相输入端，同相输入端通过电阻 R_2 接地，负反馈电阻 R_F 连接在运算放大器的输出端和反相端，集成运算放大器工作在线性区，有"虚短"和"虚断"两个特性。这种放大器电路具有相当好的线性放大特性，一般只要在其输入端输入很小的电压或电流信号，就可在其输出端得到一个被线性放大的电压信号。

基本的反相比例放大器电路如图 2-2 所示，它工作在负反馈闭环控制模式，反馈电压的引入将大大减弱反相端的输入电压。通过对如图 2-2 所示电路的实际测量发现，反相端的电压几乎保持在 0V 左右。然而这个反馈电压并不能完全抵消运算放大器反相端的输入电压，因为假如反相端的输入电压完全被反馈电压所抵消，那么反相比例放大器输出端的电压将为 0，这样反馈电压也不复存在。因此，在反相比例放大器的反相输入端总存在一个很微小的、通常只有微伏数量级的电压变化。这个电压变化被增益很高的运算放大器放大后，就在反相放大器的输出端产生一个很大的电压变化。反相比例放大器的电压增益系数可由下式求得：

$$A_V = \frac{u_o}{u_i}$$

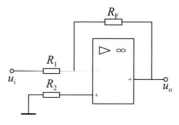

图 2-2 反相比例放大器

工作在负反馈闭环控制模式下的反相比例放大器的电压增益系数可由下式计算：

$$A_V = -\frac{R_F}{R_1}$$

其中"−"号表示输出信号与输入信号的反相关系。当电阻 $R_1 = R_F$ 时，$u_o = -u_i$，此时反相比例运算电路便成为"反相器"或"反号器"。在设计反相比例运算电路时，电阻 R_1 和 R_F 的数值可根据比例系数确定。

若输入电压已知，则反相比例放大器的电压输出便可用电压增益系数乘以已知的输入电压得到，即

$$u_o = -\frac{R_F}{R_1} u_i$$

电阻 R_2 称为静态平衡电阻，$R_2 = R_1 // R_F$。该电阻存在的意义在于平衡"+"向和"−"向的输入电流，使运放处于 $U_+ = U_-$ 状态。在实际电路应用中，这个平衡电阻尤为重要。

在进行输出电压的计算时，可先不考虑"−"号，因为负号"−"只表示输入电压与输出电压反相。这个基本的反相放大器是构成其他特殊放大器和交流放大器的基础。

由于运算放大器的输入阻抗很高，可认为是无穷大，因而对大多数实用电路来说，可认为在运算放大器的输入端既没有电流流入也没有电流流出。所以，全部的输入电流必然流经反馈电阻 R_F。运算放大器的反相输入端这一点的电压总是处于 0V，通常把这一点称为运算放大器的"虚地"。运算放大器的输出电压可看成是反馈电阻 R_F 两端的压降。

反相比例放大电路有如下特点：

（1）运放两个输入端电压相等并等于 0，故没有共模输入信号，这样对运放的共模抑制比没有特殊要求。

（2）反相端没有真正接地，故称虚地点。

（3）电路在深度负反馈条件下，电路的输入电阻为 R_1，输出电阻近似为零。

2.1.3　同相比例放大器

在运算放大器电路中，还有另一种常见的电路，叫作同相比例放大器。在这种电路中，输入电压信号 u_i 通过 R_2 加到同相（+）输入端子，这意味着与反相比例放大器电路相比，同相比例放大器的输出增益的值变为"正"，其结果是输出信号与输入信号"同

相"。反相输入端通过电阻 R_1 接地，并通过反馈电阻 R_F 引入反馈信号，故电路存在负反馈。运算放大器工作在线性区。有"虚短"和"虚断"两个特性。

同相比例放大器的主要优点是它有比反相放大器更高的输入阻抗。如图 2-3 所示，控制放大器增益系数的反馈电阻 R_F 仍加在放大器的反相输入端与其输出端之间，但它的输入电压 u_i 却是加在运算放大器的同相。因此，该电路的输出电压总是与输入电压同相位。

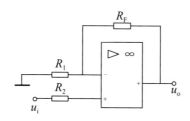

图 2-3　同相比例放大器

根据运算放大器的性能，可以推导出同相比例放大器的下述基本设计公式：

闭环增益系数 $A_V = \dfrac{u_o}{u_i} = 1 + \dfrac{R_F}{R_1}$

系数前面没有负号，表示输出信号与输入信号相位相同。

理想的输入阻抗为无穷大，实际的输入阻抗为

$$R_i = 2R_i // \frac{R_{il}}{A_V} \times G_{OL}$$

理想的输出阻抗为 0，实际的输出阻抗为

$$R_{out} = \frac{A_V}{G_{OL}} R_O$$

最佳反馈电阻 $R_F = \sqrt{\dfrac{R_{il} R_O}{2}} \, G_{OL}$

电阻 R_2 为静态平衡电阻，$R_2 = R_1 // R_F$，保证放大电路静态时，运放同相输入端和反相输入端的对地等效电阻相等，降低失调电流对电路运算误差的影响。

其中，G_{OL} 为运算放大器的开环电压增益系数，它是由运算放大器在开环工作时输出电压增量和输入差模电压增量之比来确定的：

$$G_{OL} = 20 \lg \frac{\Delta V_O}{\Delta V_i} \text{（dB）}$$

目前，常用的运算放大器的开环增益系数为 60 ～ 140dB。

R_{il} 为运算放大器的差模输入阻抗，它是由运算放大器在开环时两输入端之间差模电压变化量与由它所引起的输入电流变化量之比来确定的。目前，一般运算放大器的 R_{il} 为几十千欧到几兆欧。

2.1.4 电压跟随器

对于同相比例放大器，其闭环增益系数为 $A_V = \dfrac{u_o}{u_i} = 1 + \dfrac{R_F}{R_1}$，当电阻 $R_1 = \infty$ 时，$\dfrac{R_F}{R_1} \approx 0$，

$A_V = \dfrac{u_o}{u_i} = 1 + \dfrac{R_F}{R_1} = 1$，此时的同相比例运算电路被称为"电压跟随器"。

电压跟随器通常用于在输入级和输出级之间需要进行阻抗匹配或阻抗隔离的场合。运算放大器被用作电压跟随器既方便又简单。如图 2-4 所示，电压跟随器可分为同相电压跟随器和反相电压跟随器两种。

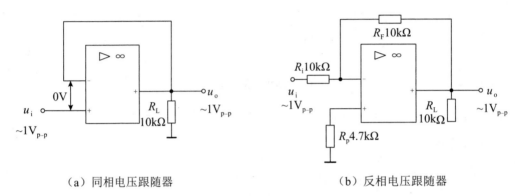

（a）同相电压跟随器　　　　　　　　（b）反相电压跟随器

图 2-4　电压跟随器

在同相电压跟随器的情况下，输出电压被直接反馈到运算放大器的反相输入端，它的反馈电阻等于零。对这种电路来说，它的输入电压被接到运算放大器的同相端。因此，按照同相比例放大器的增益系数公式，可得到下述公式：

$$A_V = 1 + \frac{R_F}{R_i} = 1 + \frac{0}{R_i} = 1$$

其中，R_i 为运算放大器的输入阻抗。由于反馈电阻 R_F 为 0，所以对理想的电压跟随器而言，其电压增益系数等于 1。换句话说，由于负反馈是 100% 的，因此电压跟随器的电压输出总是跟随输入电压而变化。其输入阻抗很高，输出阻抗很低，因此，电压跟随器有很强的负载驱动能力，用它作为电路之间的缓冲或隔离是很理想的。另外需要指出的是，由于运算放大器反相端的电压总是有力图保持与同相输入端电压相等的趋势，因此，电压跟随器两个输入端之间的电压差值总是近似为零。

对于反相电压跟随器，$R_i = R_F$，则

$$A_V = -\frac{R_F}{R_i} = -1$$

由于电路的输入阻抗等于输入电阻 R_i，因此反相电压跟随器电路大大降低了线路的输入阻抗，使得负载驱动能力下降。

2.1.5　电压加法放大器

　　根据叠加定理，当有多路信号输入时，反相和同相放大电路可构成加法电路。加法电路广泛应用于波形平移、极性变换和零点调节等电路中。利用基本的反相比例放大器，再另外加上几个输入电阻，就可以构成反相加法器或逻辑加法器。如图 2-5 所示，输入电压 u_1 和 u_2 分别通过输入电阻 R_1 和 R_2 连接到运算放大器的反相输入端，运算放大器的同相输入端接地，则这个电路的输出电压 u_o 被反相，其大小等于每个输入电压乘以它们各自的反馈电阻与输入电阻之比的代数和。反相加法器的输出电压 u_o 可表示为

$$u_o = -\left(\frac{R_F}{R_1}u_1 + \frac{R_F}{R_2}u_2 + \cdots + \frac{R_F}{R_n}u_n\right)$$

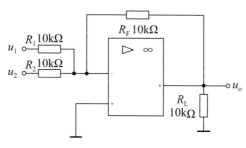

图 2-5　电压加法放大器

　　如果加法器中所有外接电阻都相等，即 $R_F = R_1 = R_2 = \cdots = R_n$，则电压加法放大器的输出电压可以简单地由各个输入电压的代数和来求得，于是输出电压 u_o 可以表示为

$$u_o = -(u_1 + u_2 + \cdots + u_n)$$

　　显然，只要将电压加法放大器中的反馈电阻 R_F 增大到大于输入电阻 R_1、R_2、$\cdots$、R_n，就可以构成具有放大特性的电压加法放大器。在加法器的某些应用场合，有时可能要求一个输入电压比另一个输入电压对加法器的电压输出有更大的影响，因而，要求加法器对每个输入电压有不同的增益。此时，只需将各输入电阻根据设计要求取不同的数值即可。这种电路一般称为比例加法放大器电路。

　　反相加法电路中，由于运放反相端为虚拟地，可保证输入信号间不会发生串扰。同相加法电路中，由于运放同相端电位不为 0，将会在输入信号间引入串扰，从而影响输出精度。为了尽可能减少输入间的串扰，R_1 和 R_2 的取值要尽可能大。也正因为如此，反相加法电路的应用更为广泛。

　　例　如图 2-6 所示为具有三个输入电压信号的比例加法放大器，由公式 $u_o = -\left(\frac{R_F}{R_1}u_1 + \frac{R_F}{R_2}u_2 + \cdots + \frac{R_F}{R_n}u_n\right)$，把图中数值代入，可得

$$u_o = -\left(\frac{R_F}{R_1}u_1 + \frac{R_F}{R_2}u_2 + \frac{R_F}{R_3}u_3\right) = -\left(\frac{10}{10}\times1 + \frac{10}{4.7}\times2 + \frac{10}{2.2}\times3\right) = -(1+4.26+13.64)$$

=-18.9（V）

该输出电压放大后被反相。

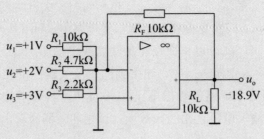

图 2-6   三个输入的比例电压加法放大器

2.1.6   电压差动放大器

电压差动放大器是一种将两个输入端电压的差以一固定增益放大的电子放大器，交流电压差动放大器常应用于 UPS 相位检测电路。差动放大器的一个重要特点是具有抑制共模干扰能力。实际应用中，电路既不可能完全对称，电流源的阻抗也不可能无限大，因此共模输入的变化或多或少会传递到输出端。电压差动放大器电路的主要用途就是在大的共模信号背景中提取并放大差模输入信号，因此被广泛应用于电桥电路中对不平衡信号的检测及对传感器输出信号的放大等场合。

对差动放大器的主要要求是：有较高的输入阻抗，有足够宽的共模输入范围和尽可能高的共模抑制比。根据差动放大器的输出端的配接情况，差动放大器有时是单端对地输出，有时则是双端对称输出。

图 2-7 所示是一种单端输出的电压差动放大器。输入信号 u_1 和 u_2 被分别送到运算放大器的反相端和同相端，这样，差动放大器的两个输入端被同时用来测定输入信号之间的电位差，其差模输入信号为 $u_{id}=u_2-u_1$。

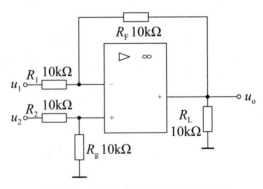

图 2-7   单端输出的电压差动放大器

由于该电路采用的是闭环控制模式，因此其输出电压 u_o 可以被看作一个反相放大器的输出电压和一个同相放大器的输出电压的叠加：

$$u_o = -\frac{R_F}{R_1}u_1 + \left(\frac{R_g}{R_2+R_g}\right)\left(\frac{R_1+R_F}{R_1}\right)u_2$$

若差动放大器的所有外接电阻都相等，则电压差动放大器就像是一个逻辑数字电路。当 $R_1=R_2=R_g=R_F$ 时，差动放大器的输出电压等于各路输入电压的差值：

$$u_o = u_2 - u_1 = -(u_1 - u_2)$$

因此这种电路通常被称为电压减法器。

对于双端输入的电压减法器来讲，其输出电压总是等于两个输入电压的代数和。同电压比较器相似，如果同相输入端电压的数值比反相输入端电压的数值小，则电压差动放大器的输出电压将是负值。反之，其电压输出为正值。

如果把电压差动放大器中的反馈电阻 R_F 增大到比输入电阻更大，就可构成具有放大功能的电压差动放大器，如图 2-8 所示。

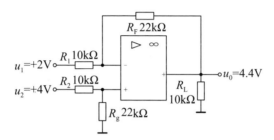

图 2-8　具有放大功能的电压差动放大器

根据公式 $u_o = -\dfrac{R_F}{R_1}u_1 + \left(\dfrac{R_g}{R_2+R_g}\right)\left(\dfrac{R_1+R_F}{R_1}\right)u_2$ 可求出该电路的输出电压。如果电路外接电阻 R_F 与 R_1 的比值等于 R_g 与 R_2 的比值，且有 $R_g \gg R_2$ 及 $R_F \gg R_1$（一般差动放大器的线路设计均满足这个条件），则差动放大器的电压输出为

$$u_o = -\frac{R_F}{R_1}u_1 + \left(\frac{R_g}{R_2+R_g}\right)\left(\frac{R_1+R_F}{R_1}\right)u_2 = \frac{R_F}{R_1}(u_2-u_1)$$

即电压差动放大器的电压输出等于电路的电压增益系数与两输入端间的电压差值的乘积。根据运算放大器的特性，可求得简单差动放大器的差模输入阻抗为 $R_{id}=2R_1$。

由于对一般的运算放大器来说，其共模输入阻抗远大于反馈电阻 R_F，故简单差动放大器的共模输入阻抗为 $R_{ic}=\dfrac{R_1+R_F}{2}$。

在设计电压差动放大器时，为了得到性能优良的电路结构，应注意以下事项：

- 为了能得到较大的共模抑制比，应选择共模抑制比较高的运算放大器元件，并严格选择电阻。
- 电压差动放大器的电压增益越低，匹配电阻时要求越严。如果电阻失配较大会导致差动放大器的共模抑制比明显下降。

电压差动放大器的最大优点是能够测定掩盖在大信号电压中的微小差值电压。但由于其输入阻抗很低，因此这种电路一般都需要用电压跟随器来进行缓冲或隔离。为了提高差动放大器的输入阻抗,可将两只同相放大器串联起来,组成所谓的同相串联型差动比例放大器。

上面讨论的都是输入信号是直流电压的情况。当输入电压为交流电压时,一般要求所有输入信号的工作频率和相位均相同,否则,差动放大器的输出波形会产生严重的畸变失真。当差动放大器输入端的电压出现相位差且差动放大器本身的增益比较高时,其输出端的电压波形往往会变成一串正负相间的方波。如图 2-9 所示是一个特例,这是一个反馈电阻 $R= \infty$ 的特殊差动放大器,其电压增益系数就是运算放大器的开环放大系数。当在其两输入端输入两个幅度和工作频率都相同但彼此之间有不同相位的正弦波时,差动放大器的两个输入端总会存在差动电压。由于开环差动放大器的放大倍数非常大,因此其电压输出总是处于 $\pm u$ 饱和状态。当电压 u_1 数值比 u_2 数值大时,差动放大器的输出为负饱和电压。反之,其输出为正饱和电压。只有当两个输入信号相位完全相同时,其输出端的电压才会变为零(由于共模抑制效应)。显然,可利用这样的电路来检测频率相同的两个信号间是否出现相位差。这就是 UPS 不间断电源相位检测电路的基本工作原理。

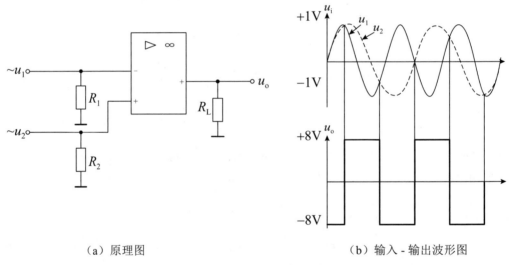

(a)原理图　　　　　　　　　　(b)输入 - 输出波形图

图 2-9　交流差动运算放大器

小知识 ▶

共模干扰和差模干扰

对于供电系统来说,共模干扰是指存在于相线 / 中性线与地线之间的干扰;差模干扰是指存在于相线与相线以及相线与中性线之间的干扰。

2.2　电压比较器

电压比较器可以看作放大倍数接近无穷大的运算放大器。图 2-10 所示是一个基本电压比较器。电压比较器的基本功能是比较两个电压的大小，输出电压只有高电平和低电平两个稳定状态，表示两个输入电压的大小关系：

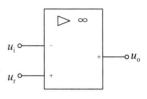

图 2-10　电压比较器

当"+"输入端电压高于"-"输入端电压时，电压比较器输出为高电平；

当"+"输入端电压低于"-"输入端电压时，电压比较器输出为低电平。

由于电压比较器的电路处于开环工作模式，因此它的放大倍数很大。只要在电压比较器的两个输入端之间出现任何微小的电压差，就会使得其电压输出达到饱和值。当反相端的输入电压相对于同相端的输入电压为正电压时，放大器的输出端将转向负饱和电压（$-V_{饱和}$）。同样，当反相端的输入电压相对于同相端的输入电压为负时，它的输出将转向正饱和电压（$+V_{饱和}$）。

电压比较器可工作在线性工作区和非线性工作区。工作在线性工作区时，其特点是虚短、虚断；工作在非线性工作区时，其特点是跳变、虚断。由于比较器的输出只有低电平和高电平两种状态，因此其中的集成运放常工作在非线性区。从电路结构上看，运放常处于开环状态，为了使比较器输出状态的转换更加快速，以提高响应速度，一般在电路中接入正反馈。

在 UPS 控制电路中，电压比较器经常被当作电平检测器来使用，一个不为零的特殊电平可用作电压比较器的参考基准电平。如图 2-11 所示是一个正电平检测器，它用运算放大器的反相端来测定变化电压——被测电平变化。同相端用一个电阻分压器网络来建立基准电压（u_{ref}）。电阻分压器 R_2 和 R_3 接在正电源（+9V）与地之间。基准电压的大小可由下式来确定：

$$u_{ref}= \frac{R_3}{R_2+R_3} \times （+V_{CC}）$$

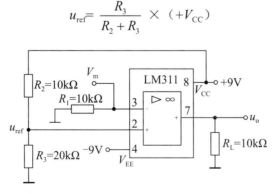

图 2-11　正电平检测器

例如，对于图 2-11，有

$$u_{ref}= \frac{R_3}{R_2+R_3} \times （+V_{CC}）= \frac{20k\Omega}{10k\Omega+20k\Omega} \times 9V=6V$$

同相端对地的电位为 +6V，只要反相端电压 V_m 低于 +6V，运算放大器的输出就为正饱和电压 +9V。一旦反相端的输入电压值大于同相端的参考基准电平 +6V，电压比较器的输出便转换成负饱和电压 -9V。这表明该电压比较器具有检测反相端的输入电平是否大于或小于 6V 的能力。

同理，如果把电阻分压器改接到负电源（-9V）与地之间，则如果仍将变化电压输入到电压比较器的反相输入端，就构成一个负电平检测器。在此情况下，u_{ref} 对地是 -6V 电平。若反相输入端的电压比参考电压 u_{ref} 高，则运算放大器的输出将是一个负饱和电压 -9V。一旦检测到反相端的电压比 u_{ref}（-6V）还低，电压比较器的输出便立即转换成正饱和电压 +9V。

电平检测器也可以设计成用同相端作为输入测定端，而将参考基准电压加到反相输入端。此时，与上面所讨论的检测器相比，输出电压的极性刚好相反。

可见，电压比较器是对输入信号进行鉴别与比较的电路，是组成非正弦波发生电路的基本单元电路。

对于后备式 UPS，在进行市电供电与逆变器供电之间相互转换的过程中，如果市电电源并未中断，但是由于某种突发原因（如大负载突然并入电网）使电网电压下降时，UPS 会自动转换到蓄电池逆变器供电状态。目前一般 UPS 的电压转换点定在 170V 左右（单相）。在对交流输入电压进行电平检测时，如果在控制线路中采用一般性能的电压比较器，则假如市电电压下降到 UPS 电源的自动转换切换点附近，就有可能产生 UPS 在市电供电与逆变器供电之间进行不正常地频繁切换的问题，这种频繁的切换运行会造成对下端负载供电的严重干扰。为了避免这种问题产生，一般会在 UPS 电源设计中采取下述技术措施：当市电电网电压从 220V 下降到 170V 时，UPS 电源自动从市电供电转换到逆变器供电，但当电网电压由低变高并上升到 170V 时，让 UPS 电源仍然处于逆变器供电状态，即不产生由逆变器供电到市电供电的任何转换动作，只有当电网电压上升到 180 ～ 185V 时，UPS 电源才重新恢复由市电供电。能完成上述转换功能的比较器有双极限电压比较器和具有滞后特性的电压比较器，下面分别进行介绍。

2.2.1 双极限电压比较器

双极限电压比较器如图 2-12 所示，被检测的正弦波信号被同时送到运算放大器 A_1 的反相输入端和 A_2 的同相输入端，将基准电压 u_1 送到运算放大器 A_1 的同相输入端，基准电压 u_2 被送到运算放大器 A_2 的反相输入端。若电压 $u_1 > u_2$，对运算放大器 A_1 来说，在 t_1 到 t_4 期间，送到反相端的正弦波电压值比加在同相端的基准电压 u_1 低，所以在运算放大器 A_1 的输出端将输出正饱和电压 u_3。同理，对运算放大器 A_2 来说，在 0 到 t_2 和 t_3 到 t_6 期间，送到它的同相端的正弦波电压值比反相端的基准电压 u_2 更高，因此，在运算放大器 A_2 的输出端将同样有正饱和电压 u_4 输出。来自运算放大器 A_1 的电压 u_3 和来自运算放大器 A_2 的电压 u_4 经由二极管 VD_1 和 VD_2 组成的与门输出，得到一串脉

冲宽度为 $t_1 \sim t_2$、$t_3 \sim t_4$、$t_5 \sim t_6$、…的正脉冲，如图 2-12（b）所示。这样一串脉冲仅在正弦波电压大于基准电压 u_2、小于基准电压 u_1 时才出现，从而构成所谓的双极限电压比较器。有了双极限电压比较器后，就可以对市电电网进行瞬时的电平检测。这是 UPS 电源能对市电电压变化产生快速反应的重要基础。

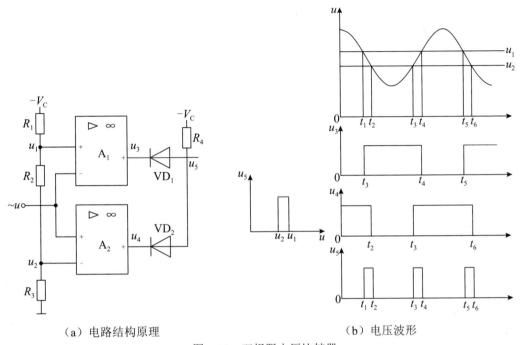

（a）电路结构原理　　　　　　　　　　（b）电压波形

图 2-12　双极限电压比较器

2.2.2　具有滞后特性的电压比较器

具有滞后特性的电压比较器是一种特殊比较器，其参考基准电平随比较器的输入电平变化方向的不同而有所改变，如图 2-13 所示。

当输入电压 u_i 从零上升至电压 u_x 时，比较器的电压输出将从高电平 V_o 下降至低电平 0V。继续增大输入电压 u_i，比较器的输出将一直维持在低电平状态。相反，假如降低输入电压 u_i，则当输入电压 u_i 下降到 $u_i=u_x$ 时，比较器的电压输出并不会上升到高电平 V_o。这一点是明显区别于一般的电压比较器的特殊功能。只有当输入电压 u_i 下降到 u_z 时，比较器的电压输出才重新返回高电平 V_o，即比较器的输入电压的上升转换点和下降转换点之间有一个电压差，这样在输入电压和输出电压变化之间就形成了所谓的滞后特性，如图 2-13（b）所示。

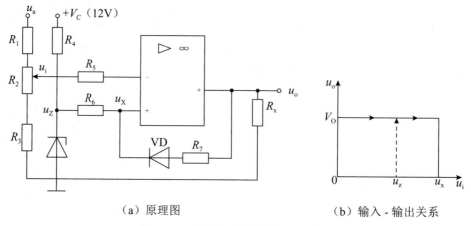

（a）原理图 （b）输入 - 输出关系

图 2-13　具有滞后特性的电压比较器

图 2-13（a）所示是实现具有滞后特性的电压比较器的工作原理。由电源 +V_C、电阻 R_4 和稳压二极管组成的稳压线路产生一个基准参考电压 u_z，电压 u_z 被送到比较器的同相输入端，被测信号 u_a 经电阻 R_1 和 R_3 及电位器 R_2 分压后，经电阻 R_5 被送到比较器的反相输入端，这样就在比较器的反相输入端输入一个 u_i 控制信号。当输入信号 $u_i < u_z$ 时，比较器的电压输出 $u_o = V_0$（12V 的高电平），这时二极管 VD 导通，比较器的同相输入端的参考基准电压从电压 u_z 上升到 u_x：

$$u_x = u_z + (\frac{V_c - u_x - 0.6}{R_6 + R_7})\ R_6$$

这意味着此时的电压比较器同相端的参考基准电位 u_x 比 u_z 要高出一个 Δu（$\Delta u = u_x - u_z$）。这时，只有当输入电压 $u_i > u_x$ 时，比较器的输出 u_o 才有可能从高电平转换到低电平（0V）。一旦比较器的输出电压变为 0V，二极管 VD 便从正向导通状态转为反向偏置状态，这时比较器同相输入端的参考基准电压将从 u_x 重新返回 u_z。因此，当输入电压 u_i 从大往小变化，下降到 $u_i = u_x$ 时，电压比较器的电压输出将一直维持在原来的低电平上，并且不发生任何变化。只有当输入电压下降到 $u_i < u_z$ 时，电压比较器的输出才重新回到高电平 V_0 的状态。具有类似滞后特性的电压比较器有很多种，上述电路仅是一个实例。

电压比较器可用作模拟电路和数字电路的接口，还可以用作波形产生和变换电路等。例如，通过将滞回电压比较器的输出信号通过 RC 电路反馈到输入端，即可组成矩形波信号发生器，然后经过积分电路产生三角波，三角波通过低通滤波电路来实现正弦波的输出。利用简单电压比较器可将正弦波变为同频率的方波或矩形波。在中、小型正弦波脉宽调制型 UPS 电源中，各种形式的正弦波发生器得到了广泛应用。

2.3 逻辑门电路和触发器

数字电路可以分为组合逻辑电路和时序逻辑电路两类。其中组合逻辑电路的特点是任何时刻的输出信号仅仅取决于输入信号，而与信号作用前的电路原有状态无关，在电路结构上单纯由逻辑门构成，没有反馈电路，也不含有存储元件。时序逻辑电路在任何时刻的稳定输出不仅取决于当前的输入状态，而且还与电路的前一个输出状态有关。时序逻辑电路主要由触发器构成，而触发器的基本元件是逻辑门电路，因此，不论是简单还是复杂的数字电路系统都是由基本逻辑门电路构成的。

2.3.1 逻辑门电路

数字系统的所有逻辑关系都是由与（AND）、或（OR）、非（NOT）三种基本逻辑关系的不同组合构成的。能够实现逻辑关系的电路称为逻辑门电路，常用的门电路有与门、或门、非门、与非门、或非门、三态门和异或门等。逻辑门电路的输入和输出信号只有高电平和低电平两种状态：用 1 表示高电平，用 0 表示低电平，这种情况称为正逻辑；反之，用 0 表示高电平，用 1 表示低电平，这种情况称为负逻辑。本书讨论正逻辑的情况。

组合逻辑电路的输入和输出关系可以用逻辑函数来表示，通常有真值表、逻辑表达式、逻辑符号和波形图四种表示方式。

（1）真值表是根据给定的逻辑关系，把输入逻辑变量各种可能取值的组合与对应的输出函数值排列成表格，它表示了逻辑函数与逻辑变量各种取值之间的一一对应关系。逻辑函数的真值表具有唯一性，若两个逻辑函数具有相同的真值表，则两个逻辑函数必然相等。用真值表表示逻辑函数的优点是直观明了，可直接看出逻辑函数值和变量取值之间的关系。

（2）逻辑表达式是利用与、或、非等逻辑运算符号组合表示逻辑函数。

（3）逻辑符号表示逻辑函数。根据逻辑符号可以方便地选取器件制作数字电路系统。

（4）波形图是逻辑变量的取值随时间变化的规律，又叫时序图。对于一个逻辑函数来说，所有输入、输出变量的波形图也可表达它们之间的逻辑关系。波形图常用于分析、检测和调试数字电路。

1. 与门

当决定某个事件的全部条件都具备时，该事件才会发生，这种因果关系称为与逻辑关系。实现与逻辑关系的电路称为与门。与门可以有两个或两个以上的输入端口以及一个输出端口，输入和输出按照与逻辑关系可以表示为：当任何一个或一个以上的输入端口为 0 时，输出为 0；只有所有的输入端口均为 1 时，输出才为 1（可以表述为全 1 则 1，任0则0）。下面以两输入端与门为例说明。

（1）真值表。与逻辑的真值表如表2-1所示。

表2-1　与逻辑的真值表

A	B	Y
0	0	0
0	1	0
1	0	0
1	1	1

（2）逻辑表达式：$Y=AB$。

（3）与门的逻辑符号和波形如图2-14所示。

（a）逻辑符号　　　　　　　　　　　　　　（b）波形图

图2-14　与门的逻辑符号和波形图

2. 或门

决定某一事件的所有条件中，只要有一个条件或几个条件具备时，这一事件就会发生，这样的因果关系称为或逻辑关系。实现或逻辑关系的电路称为或门。或门的输入和输出按照或逻辑关系可以表述为：如有任何一个或一个以上的输入端口为1，则输出为1；只有所有的输入端口都为0时，输出才为0（任1则1，全0则0）。下面以两输入端或门为例说明。

（1）真值表。或逻辑的真值表如表2-2所示。

表2-2　或逻辑的真值表

A	B	Y
0	0	0
0	1	1
1	0	1
1	1	1

（2）逻辑表达式：或关系相当于逻辑加法，可以用加号表示，即 $Y=A+B$。

（3）或门的逻辑符号和波形如图2-15所示。

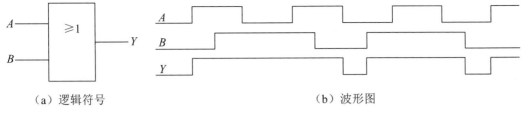

（a）逻辑符号　　　　　　　　　　　　（b）波形图

图 2-15　或门的逻辑符号和波形图

3. 非门

决定某事件的条件不具备时，该事件却发生；条件具备时，事件却不发生。这种互相否定的因果关系称为非逻辑关系。实现非逻辑关系的电路称为非门。非门只有一个输入端和一个输出端，输出端的值与输入端的值相反，因此非门又称为"反相器"。

（1）真值表。非逻辑的真值表如表 2-3 所示。

表 2-3　非逻辑的真值表

A	Y
0	1
1	0

（2）逻辑表达式：非关系相当于逻辑取反，可以在变量的上方加"−"表示非，即 $Y=\overline{A}$。

（3）非门的逻辑符号和波形如图 2-16 所示。

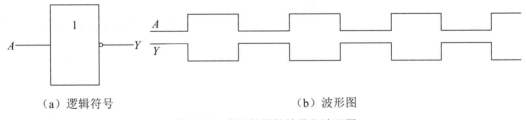

（a）逻辑符号　　　　　　　　　　　　（b）波形图

图 2-16　非门的逻辑符号和波形图

4. 与非门

与非逻辑运算是与逻辑和非逻辑的组合，先"与"再"非"。实现与非逻辑运算的电路叫与非门。下面以两输入端与非门为例说明。

（1）真值表。与非逻辑的真值表如表 2-4 所示。

表2-4　与非逻辑的真值表

A	B	Y
0	0	1
0	1	1
1	0	1
1	1	0

（2）逻辑表达式：$Y=\overline{A \cdot B}$。

（3）与非门的逻辑符号和波形如图2-17所示。

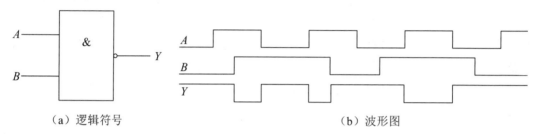

（a）逻辑符号　　　　　　　　　　　（b）波形图

图2-17　与非门的逻辑符号和波形图

5. 或非门

或非逻辑运算是或逻辑和非逻辑的组合，先"或"后"非"。实现或非逻辑运算的电路叫或非门。下面以两输入端或非门为例说明。

（1）真值表。或非逻辑的真值表如表2-5所示。

表2-5　或非逻辑的真值表

A	B	Y
0	0	1
0	1	0
1	0	0
1	1	0

（2）逻辑表达式：$Y=\overline{A+B}$。

（3）或非门的逻辑符号和波形如图2-18所示。

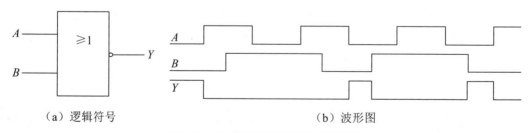

（a）逻辑符号　　　　　　　　　　　（b）波形图

图2-18　或非门的逻辑符号和波形图

6. 异或门

若两个输入变量A、B的取值相异，则输出变量Y为1；若A、B的取值相同，则Y为0。这种逻辑关系叫异或逻辑。实现异或运算的电路叫异或门。下面以两输入端异或门为例说明。

（1）真值表。异或逻辑的真值表如表2-6所示。

表2-6　异或逻辑的真值表

A	B	Y
0	0	0
0	1	1
1	0	1
1	1	0

由真值表可以看出，当$A=1$时，输入端B的信号将反相输出至输出端Y；但当$A=0$时，输入端B的信号可以直接输出至输出端Y。

（2）逻辑表达式：$Y=A\oplus B=\overline{A}B+A\overline{B}$。

（3）异或门的逻辑符号和波形如图2-19所示。

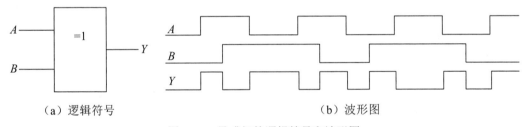

（a）逻辑符号　　　　　　　　　　　　（b）波形图

图2-19　异或门的逻辑符号和波形图

7. 同或门

若两个输入变量A、B的取值相同，则输出变量Y为1；若A、B的取值相异，则Y为0。这种逻辑关系叫同或逻辑。实现同或运算的电路叫同或门。下面以两输入端同或门为例说明。

（1）真值表。同或逻辑的真值表如表2-7所示。

表2-7　同或逻辑的真值表

A	B	Y
0	0	1
0	1	0
1	0	0
1	1	1

（2）逻辑表达式：$Y = A \odot B = \overline{AB} + AB$，相当于给异或逻辑关系取反。

（3）同或门的逻辑符号和波形如图 2-20 所示。

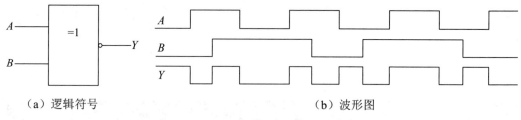

（a）逻辑符号　　　　　　　　　　　　　　　　　　　（b）波形图

图 2-20　同或门的逻辑符号和波形图

8. 与或非门

与或非逻辑运算是与、或、非三种基本逻辑的组合，先"与"再"或"最后"非"。实现与或非逻辑运算的电路叫与或非门。

（1）逻辑表达式：$Y = \overline{AB + CD}$。

（2）与或非门的逻辑符号如图 2-21 所示。

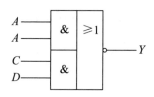

图 2-21　与或非门的逻辑符号

2.3.2　触发器

在数字系统中，经常要求存储单元在同一时刻同步动作，为达到这个目的，在每个存储单元电路上引入一个时钟脉冲（CLK）作为控制信号，只有 CLK 到来时电路才被"触发"而动作，并根据输入信号改变输出状态。这种在时钟信号触发时才能动作的存储单元电路称为触发器，以区别没有时钟信号控制的锁存器。触发器是构成时序逻辑电路的基本单元。

触发器有两个重要特点：一是具有两个不同的稳定状态（0 或 1），二是具有记忆功能。

触发器的电路由逻辑门组合而成，其结构均由 R-S 锁存器派生而来（广义的触发器包括锁存器）。触发器可以处理输入、输出信号和时钟频率之间的相互影响，在 UPS 电路中广泛使用。

触发器按逻辑功能可分为 RS 触发器、JK 触发器、T 触发器和 D 触发器等。

1. 基本 RS 触发器

基本 RS 触发器是结构最简单的一种触发器，各种实用的触发器都是在基本 RS 触发器的基础上构成的。

1）电路结构和逻辑符号

如图 2-22 所示为由两个与非门交叉耦合构成的 RS 触发器。

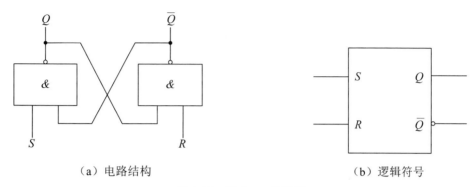

（a）电路结构 （b）逻辑符号

图 2-22 基本 RS 触发器

该触发器有两个互补的输出端 Q 和 $\bar{Q}$，即当 $Q=1$ 时，$\bar{Q}=0$，表示触发器处于 1 状态；当 $Q=0$ 时，$\bar{Q}=1$，表示触发器处于 0 状态。因此以 Q 端的状态作为触发器的状态。触发器的这两种稳定状态正好用来存储二进制信息 1 和 0。由于触发器的状态是由 S 和 R 控制的，因此称为 RS 触发器。

2）工作原理和逻辑功能

RS 触发器有两种状态：原态，即输入信号发生变化之前的触发器的状态，用 Q_n 表示；次态（或新态），即输入信号发生变化之后触发器所进入的状态，用 Q_{n+1} 表示。对照电路结构图可得：

■ $R=1$，$S=0$：由 $S=0$ 可得 $Q=1$，再由 $R=1$ 和 $Q=1$，可得 $\bar{Q}=0$，因此触发器处于置 1 状态，也可表示为 $Q_{n+1}=1$。

■ $R=0$，$S=1$：由 $R=0$ 可得 $\bar{Q}=1$，再由 $S=1$ 和 $\bar{Q}=1$，可得 $Q=0$，因此触发器处于置 0 状态，也可表示为 $Q_{n+1}=0$。

■ $R=1$，$S=1$：若触发器原态是 $Q=0$、$\bar{Q}=1$，由 $Q=0$ 和 $R=1$ 可得 $\bar{Q}=1$，因此新态仍是 $Q=0$，$\bar{Q}=1$；同理，若触发器的原态是 $Q=1$、$\bar{Q}=0$，由 $Q=1$ 和 $R=1$ 可得 $\bar{Q}=0$，因此新态仍是 $Q=1$、$\bar{Q}=0$。可见触发器的状态保持不变，即由原态决定。也可表示为 $Q_{n+1}=Q_n$。

■ $R=0$，$S=0$：触发器的互补输出特性被破坏，即 $Q=1$，$\bar{Q}=1$，这种情况是不允许出现的。而且当 R 和 S 同时由 0 变为 1 时，将无法确定触发器的状态是 0 还是 1，在真值表中用"×"表示。在这种情况下，触发器的状态不确定。

通常使 $Q=1$ 的操作称为置 1 或置位（set），使 $Q=0$ 的操作称为置 0 或复位（reset），由于 R 端和 S 端完成置 0 或置 1 都是低电平有效，因此 S 称为置 1 端或置位端，R 称为置 0 端或复位端。

3）真值表

基本 RS 触发器的真值表如表 2-8 所示。

表 2-8　基本 RS 触发器的真值表

R	S	Q_{n+1}	功能说明
0	0	×	禁止输入
0	1	0	复位（置 0）
1	0	1	置位（置 1）
1	1	Qn	保持原态

综上所述，基本 RS 触发器具有置位（置 1）、复位（置 0）和保持原态（记忆）三种功能。置位端、复位端都是低电平有效。

2. 同步 RS 触发器

在实际应用中，常常需要触发器在输入条件发生变化时根据需要才响应以改变状态。在数字系统中，为协调各部分的工作状态，通常需要由时钟脉冲 CP 来控制触发器按一定的节拍同步动作。由时钟脉冲控制的 RS 触发器通常称为同步 RS 触发器或钟控 RS 触发器。

1）电路结构和逻辑符号

如图 2-23 所示为由四个与非门构成的同步 RS 触发器，其中，与非门 G_1、G_2 构成基本 RS 触发器，与非门 G_3、G_4 构成触发器的控制电路，R 为同步置 0 端，S 为同步置 1 端，CP 为时钟端。

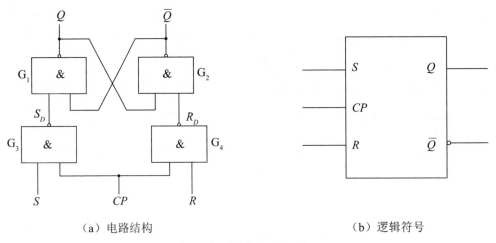

（a）电路结构　　　　　　　　　　（b）逻辑符号

图 2-23　同步 RS 触发器

2）工作原理和逻辑功能

对照电路结构图可得：

- 当 $CP=0$ 时，G_3、G_4 门的输出为 1，与 R、S 端信号的变化无关，相当于 G_3、G_4 门被封锁，触发器保持原有状态。

- 当 $CP=1$ 时，若 $R=1$，$S=1$，则 G_3、G_4 门的输出都为 0，触发器的互补输出特性被破坏，即 $Q=1$，$\bar{Q}=1$。一旦时钟信号消失，便会使 Q 与 $\bar{Q}$ 的状态不定。

  所以这种触发器存在两个重大缺陷：

- 在 $CP=1$ 时，若 $S=R=1$，则当 CP 消失时（$CP=0$），输出 Q 和 $\bar{Q}$ 的状态不定，所以在 $CP=1$ 时，不允许 R 和 S 同时为 1。

- 在 $CP=1$ 时，R、S 的状态不断变化会引起输出 Q、$\bar{Q}$ 也不断变化。当时钟脉冲较宽时，可能导致的输出状态为在一个 CP 脉冲周期内触发器动作多次，这就是不允许出现的触发器空翻现象。实际运用中一般都采用防止空翻现象的触发器。

3. JK 触发器

JK 触发器是数字电路触发器中的一种基本电路单元，具有置 0、置 1、保持和翻转功能，在各类集成触发器中，JK 触发器的功能最为齐全。在实际应用中，它不仅有很强的通用性，而且能灵活地转换为其他类型的触发器。

1）电路结构和逻辑符号

如图 2-24 所示，JK 触发器是在同步 RS 触发器的基础上，将 Q 反馈到 R 端的 G_4 门，将 $\bar{Q}$ 反馈到 S 端的 G_3 门，并克服 $R=S=1$ 时输出的不定状态，把 R 改为 K，把 S 改为 J。JK 触发器一般是采用时钟脉冲 CP 的下降沿触发的主从结构或边沿触发结构。CP 端的小圆圈表示下降沿触发。

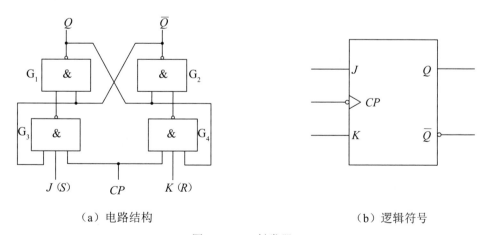

（a）电路结构　　　　　　　　　　（b）逻辑符号

图 2-24　JK 触发器

2）工作原理和逻辑功能

对照电路结构图可得：

- $CP=0$ 时，G_3、G_4 门被封锁，输出为 1，此触发器保持原状态。

■ $CP=1$ 时，输入端 $J \neq K$ 时，输出端 Q 的状态跟随 J。输入端 $J=K=0$ 时，触发器状态不变；输入端 $J=K=1$ 时，触发器与原状态输出相反。如果 $CP=1$ 脉冲很宽，则输出可能连续翻转，这就是 JK 触发器的空翻现象。

JK 触发器和同步 RS 触发器的区别在于，同步 RS 触发器不允许 R 与 S 同时为 1，而 JK 触发器允许 J 与 K 同时为 1。当 J 与 K 同时变为 1 时，输出值的状态会反转，也就是说，原来是 0 的话变成 1，原来是 1 的话变成 0。JK 触发器的真值表如表 2-9 所示，时序图如图 2-25 所示。

表 2-9　JK 触发器的真值表

J	K	Q	$\bar{Q}$	功能说明
0	0	X	X	保持原态
0	1	X	0	复位（置 0）
1	0	X	1	置位（置 1）
1	1	1（0）	0（1）	计数翻转

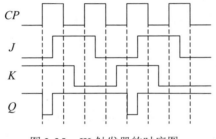

图 2-25　JK 触发器的时序图

特征方程（或称状态方程）是描述触发器逻辑功能的逻辑函数表达式。JK 触发器的特征方程为 $Q_{n+1}= \bar{K}Q_n + \bar{J}Q_n$。

由 JK 触发器可以构成 D 触发器和 T 触发器。

4. D 触发器

D 触发器是具有记忆功能并具有两个稳定状态（"0"和"1"）的信息存储器件，在一定的外界信号作用下，可以从一个稳定状态翻转到另一个稳定状态，是构成多种时序电路的最基本逻辑单元，也是数字逻辑电路中一种重要的单元电路。

1）电路结构和逻辑符号

如图 2-26 所示，把同步 RS 触发器的 R 端接到 G_3 的输出端，把 S 端改为 G_3 的 D 输入端，便构成了 D 触发器。D 触发器由 4 个与非门组成，其中 G_1 和 G_2 构成基本 RS 触发器。

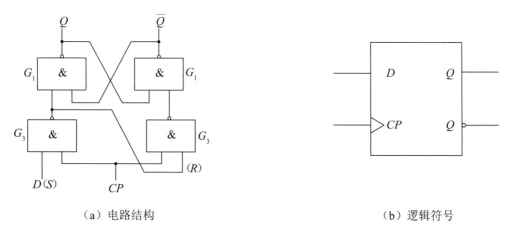

（a）电路结构 　　　　　　　　　　（b）逻辑符号

图 2-26　D 触发器

2）工作原理和逻辑功能

D 触发器有"时钟"（CP）和"数据"（D）两个输入，当时钟的上升沿到来时，将输入端的值存入其中，并且这个值与当前存储的值无关。在两个有效的脉冲边沿之间，D 的跳转不会影响触发器存储的值，但是在脉冲边沿到来之前，输入端 D 必须有足够的建立时间，以保证信号稳定。在其他时候，保持自身的内部状态不变。

可见，该触发器是在 CP 上升沿前接收输入信号，上升沿到来时触发翻转，上升沿过后输入即被封锁，所以有边沿触发器之称。与主从触发器相比，同工艺的边沿触发器有更强的抗干扰能力和更高的工作速度。

D 触发器克服了 R=S=1 时触发器输出的不定状态，在只有一个输入端的情况下，当 CP=0 时，G_3、G_4 门输出为 1，使触发器保持前一状态。当 CP=1 时，D 触发器的次态取决于触发前 D 端的状态，即次态 =D。因此，它具有置 0、置 1 两种功能。D 触发器的真值表如表 2-10 所示，时序图如图 2-27 所示，其特征方程为 $Q_{n+1}=D$。

表 2-10　D 触发器的真值表

D	CP	Q_{n+1}	功能说明
0	时钟上升沿	0	置 0
1	时钟上升沿	1	置 1

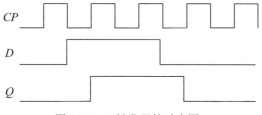

图 2-27　D 触发器的时序图

对于边沿 D 触发器，由于在 CP=1 期间电路具有维持阻塞作用，所以在 CP=1 期间，D 端的数据状态变化不会影响触发器的输出状态。

D触发器应用很广，可用作数字信号的寄存、移位寄存、分频和波形发生器等。

5.T触发器

在实际应用中，如果将JK触发器的J和K端相连作为一个输入端使用，并将该输入端标记为T，则构成T触发器，如图2-28（a）所示。

T触发器在CP时钟脉冲控制下，根据输入信号T取值的不同，具有保持和计数翻转功能。当$T=0$时，保持状态不变；当$T=1$时，发生翻转。

T触发器的逻辑符号如图2-28（b）所示，真值表如表2-11所示。将$J=K=T$代入JK触发器的特征方程，即可得T触发器的特征方程：$Q_{n+1}=\overline{T}Q_n+\overline{T}Q_n=T\oplus Q_n$。

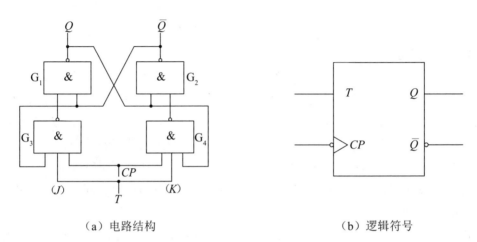

（a）电路结构　　　　　　　　　　（b）逻辑符号

图2-28　T触发器

表2-11　T触发器的真值表

T	Q_{n+1}	功能说明
0	Q_n	保持原态
1	$\overline{Q}_n$	计数翻转

2.4　555时基集成电路

555时基集成电路是美国Signetics公司于1972年研制的用于取代机械式定时器的中规模集成电路，因输入端设计有三个5kΩ的电阻而得名。555定时器是一种多用途的模拟电路与数字电路混合的集成电路，将模拟电路与数字电路完美结合，可以方便地构成单稳态触发器、施密特触发器和多谐振荡器。目前，流行的产品主要有4个，其中双极型两个：555，556（含有两个555）；CMOS两个：7555，7556（含有两个7555）。

1. 基本概念

时基集成电路是一种能产生时间基准并能完成各种定时、延迟功能的非线性模拟集成电路。有金属壳圆形封装和双列直插式封装等形式，广泛应用于信号产生、波形处理、定时延时等领域。时基集成电路的外形、电路符号和引脚如图 2-29 所示。

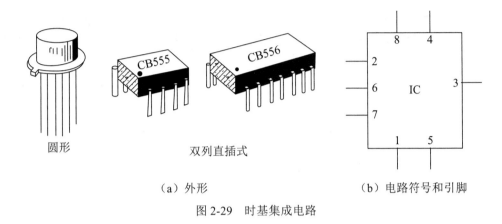

（a）外形 　　　　　　　　　（b）电路符号和引脚

图 2-29　时基集成电路

如图 2-30 所示为 555 时基集成电路的内部方框图。电阻 R_1、R_2、R_3（均为 5kΩ，所以该集成电路称为 555 时基集成电路）组成分压网络，为 A_1、A_2 两个电压比较器提供 $\frac{1}{3}V_{CC}$ 和 $\frac{2}{3}V_{CC}$ 的基准电压，其输出分别作为 RS 触发器的置 0 和置 1 信号。输出驱动和放电管 VT 受 RS 触发器控制。

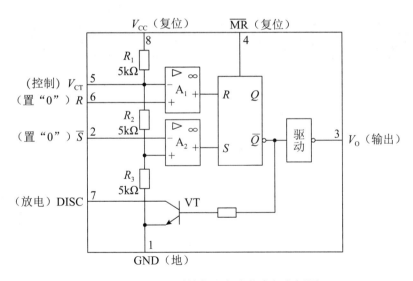

图 2-30　555 时基集成电路的内部方框图

2. 555 时基集成电路工作原理

当置 0 端 $R \geqslant \frac{2}{3}V_{CC}$ 时，$S \geqslant \frac{1}{3}V_{CC}$，此时 A_1 输出为 1，使得输出端 V_O 为 0，放电

管 VT 导通，DISC 端为 0。当置 1 端 $S \leqslant \frac{1}{3} V_{cc}$ 时，$R \leqslant \frac{2}{3} V_{cc}$，此时 A_2 输出为 1，使得输出端 V_O 为 1，放电管 VT 截止，DISC 端为 1。$\overline{MR}$ 为强制复位端，$\overline{MR}$ =0 时，V_O=0，DISC–0。表 2-12 为 555 时基集成电路的逻辑真值表。

表 2-12　555 时基集成电路的逻辑真值表

输入端信号		输出状态		
置 1 端 S	置 0 端 R	复位端 $\overline{MR}$	输出端 V_O	放电端 DISC
*	*	0	0	0
$\leqslant \frac{1}{3} V_{cc}$	$\leqslant \frac{2}{3} V_{cc}$	1	1	1
$\geqslant \frac{1}{3} V_{cc}$	$\geqslant \frac{2}{3} V_{cc}$	1	0	0
$\leqslant \frac{1}{3} V_{cc}$	$\geqslant \frac{2}{3} V_{cc}$	1	禁止	禁止

注：* 为任意状态。

3. 555 时基集成电路的分类

555 时基集成电路可分为双极型和 CMOS 型两大类，有单时基电路和双时基电路。双极型和 CMOS 型的区别如表 2-13 所示。

表 2-13　CMOS 型与双极型时基集成电路的区别

类别	静态耗电 /μA	工作电压 /V	输入电流 /A	上升沿、下降沿 /ns	最高工作频率 /kHz	转换尖峰电流 /mA	输出端驱动电流 /mA
CMOS 型	50 ～ 120	2 ～ 18	10 ～ 11	40	500	2 ～ 3	>3
双极型	10 000	4.5 ～ 18	10 ～ 7	100	300	300 ～ 400	>200

由表 2-13 可知，CMOS 型时基集成电路除驱动电流较小以外，其他性能均优于普通的 NE555 等双极型时基集成电路，特别是它的静态耗电低、使用电压范围宽，因此更适宜在低电压、电池供电的工作环境下使用，但其驱动电流较小，其输出端不能直接驱动继电器等负载工作（但可通过晶体管放大驱动继电器动作）。

CB555 是双极型单时基集成电路，输出电流达 200mA，可直接驱动直流电机、继电器等，其引脚如图 2-31 所示。

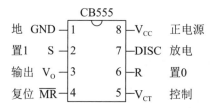

图 2-31　CB555 引脚功能图

CB556 是双极型双时基集成电路，内含两个完全一样的互相独立的双极型 555 时基单元，其引脚如图 2-32 所示。

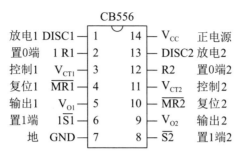

图 2-32 CB556 引脚功能图

CB7555 是 CMOS 型单时基集成电路，由于其输入阻抗很高，可以用较大的电阻和较小的电容获得长延时。图 2-33 为其引脚功能图。

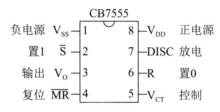

图 2-33 CB7555 引脚功能图

CB7556 是 CMOS 型双时基集成电路，内含两个独立的 CMOS 型 555 时基单元。图 2-34 为其引脚功能图。

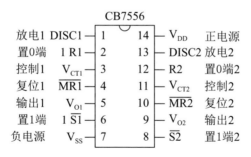

图 2-34 CB7556 引脚功能图

4. 555 时基集成电路的工作模式

555 时基集成电路可组成各种性能稳定的高低频振荡器、单稳态触发器、双稳态 RS 触发器及各种电子开关电路等，其工作模式有单稳态、无稳态、双稳态和施密特模式等。

1）单稳态模式

单稳态模式下，555 时基集成电路只有一个稳定状态。如图 2-35 所示，电阻 R 和

电容 C 组成定时电路。常态为稳态，引脚 3 为输出端，$U_O=0$，引脚 7 为放电端导通到地，电容 C 上无电压。

在输入端的引脚 2 输入一负触发信号 U_i（$\leqslant \frac{1}{3}V_{CC}$）时，电路翻转为暂稳态，$U_O=1$，引脚 7 截止，电源经 R 对 C 充电。当 C 上的电压 U_C 达到 $\frac{2}{3}V_{CC}$ 时，电路再次翻转到稳态。脉宽 $T_W \approx 1.1RC$，单稳态的电压波形如图 2-36 所示。

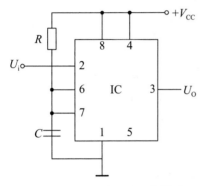

图 2-35　CB555 单稳态工作模式

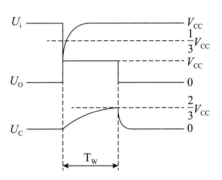

图 2-36　单稳态电压波形

2）无稳态（多谐振荡器）模式

无稳态模式下，555 时基集成电路没有固定的稳定状态。如图 2-37 所示，置 1 端 $\overline{S}$（引脚 2）和置 0 端 R（引脚 6）接在一起，R_1、R_2 和 C 组成充放电回路。

刚通电时，C 上无电压，输出端（引脚 3）$U_O=1$，放电端（引脚 7）截止，电源经 R_1、R_2 向 C 充电。当 C 上的电压 U_C 达到 $\frac{2}{3}V_{CC}$ 时，电路翻转，U_O 变为 0，引脚 7 导通到地，C 经 R_2 放电。放电至 $U_C=\frac{1}{3}V_{CC}$ 时，电路再次翻转，U_O 又变为 1，如此周而复始形成振荡，输出方波，无稳态电压波形如图 2-38 所示。

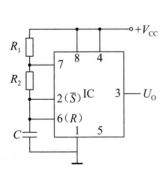

图 2-37　无稳态工作模式

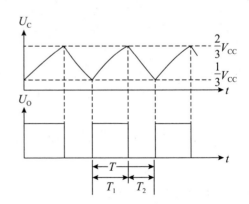

图 2-38　无稳态电压波形

3）双稳态触发器

双稳态触发器模式下，555 时基集成电路有两个稳定状态，即置位态和复位态。如图 2-39 所示，置 1 端 $\bar{S}$（引脚 2）和置 0 端 R（引脚 6），分别接有 C_1、R_1 和 C_2、R_2 构成的微分触发电路。

当有负触发脉冲 U_2 加至引脚 2 时，引脚 3 的输出 $U_O=1$。当有正触发脉冲 U_6 加至引脚 6 时，$U_O=0$。实现两个稳态，双稳态触发器的电压波形如图 2-40 所示。

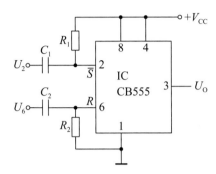

图 2-39 双稳态触发器

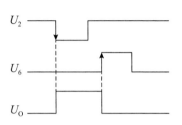

图 2-40 双稳态触发器电压波形

4）施密特触发器

施密特触发器如图 2-41 所示，引脚 2 和引脚 6 接在一起作为触发信号 U_i 的输入端，引脚 3 为输出端。

当输入信号 $U_i \geqslant \dfrac{2}{3} V_{CC}$ 时，输出信号 $U_O=0$；当输入信号 $U_i \leqslant \dfrac{1}{3} V_{CC}$ 时，输出信号 $U_O=1$。施密特触发器可以将缓慢变化的模拟信号整形为边沿陡峭的数字信号，施密特触发器的电压波形如图 2-42 所示。

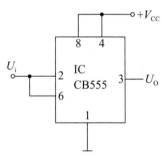

图 2-41 施密特触发器

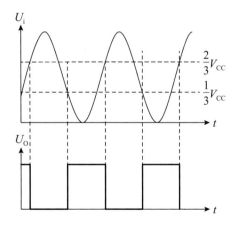

图 2-42 施密特触发器电压波形

5.555 时基集成电路的应用

1）反相电平转换电路

图 2-43 所示为反相电平转换电路，555 时基集成电路的放电端引脚 7 作为输出，其中 R 为上拉电阻。输出 U_O 与输入 U_i 相位相反，但幅度为 U_i 的 2 倍。

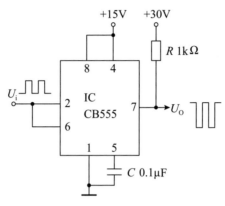

图 2-43   反相电平转换电路

2）同相电平转换电路

图 2-44 所示为同相电平转换电路，555 时基集成电路的复位端引脚 4 作为输入。输出 U_O 与输入 U_i 相位相同，但 $U_O=2U_i$。

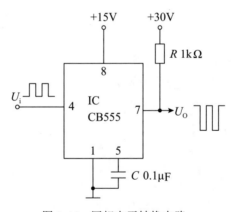

图 2-44   同相电平转换电路

3）可调脉冲信号发生器

由 555 时基集成电路构成的可调脉冲信号发生器如图 2-45 所示，555 接成无稳态，RP_2 为频率调节，RP_1 为占空比调节。输出 100Hz ～ 10kHz 的方波，占空比可在 5% 到 95% 之间调节。U_{O1} 输出脉冲方波，U_{O2} 输出交流方波。

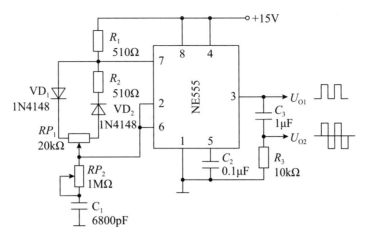

图 2-45　由 555 时基集成电路构成的可调脉冲信号发生器

2.5　单片机

UPS 的控制系统具备 PWM 信号产生、信号检测、闭环控制、状态显示等功能，大型 UPS 系统通常还有监控、通信等功能。以单片机和 DSP 为核心的高性能的数字化 UPS 控制系统，是当前的也是今后的 UPS 发展的主流。

单片机的专业名称为 Micro Controller Unit（微控制器件），由 Intel 公司发明，是典型的嵌入式微控制器。单片机是一种集成电路芯片，是采用超大规模集成电路技术把具有数据处理能力的中央处理器（CPU）、随机存储器 RAM、只读存储器 ROM、多种输入输出接口（I/O）和中断系统、定时器 / 计时器等功能（可能还包括显示驱动电路、脉宽调制电路、模拟多路转换器、A/D 转换器等电路）集成到一块硅片上构成的一个小而完善的微型计算机系统。单片机突出的特点是：体积小、重量轻；电源单一、功耗低；功能强、价格低；全部集成在一块芯片上，数据大多在单片机内传送，运行速度快、抗干扰能力强、可靠性高等。随着芯片集成度的提高，单片机的功能得以迅速扩大，增加了许多功能强大的外围功能模块，从而给用户带来极大的便利。

单片机最早的系列是 MCS-48，后来有了 MCS-51。我们常说的 51 系列单片机就是 MCS-51，它是一种 8 位的单片机。后来 Intel 公司把它的核心技术转让给很多其他的公司，所以就有许多公司生产 51 系列兼容单片机。例如，飞利浦的 87LPC 系列、华邦的 W78 系列、达拉斯的 DS87 系列、现代的 GSM97 系列等。目前在我国比较流行的是美国 ATMEL 公司的 89C51，它是一种带 Flash ROM 的单片机。

1. MCS-51 系列

MCS-51 系列单片机可分为两大子系列：51 子系列和 52 子系列。

51 子系列主要有 8031、8051 以及 8751 三种机型，它们的指令系统与芯片端子完全兼容，差别仅在于片内有无 ROM 或 EPROM。

52 子系列主要有 8032、8052 以及 8752 三种。52 子系列与 51 子系列的不同之处在于：片内数据存储器增至 256KB；片内程序存储器增至 8KB（8032 无）；有 3 个 16 位定时器 / 计数器，6 个中断源。其他性能均与 51 子系列相同。

MCS-51 单片机的主要特点如下：

（1）硬件功能：

■ 片内：4～8KB 内部 ROM，128～256BRAM，5～7 个中断源，2 个或 3 个 16 位定时器 / 计数器，有串 / 并行接口，32 个 I/O 口。

■ 片外：外部寻址范围为 64KB，芯片引脚有 40 个。

（2）软件功能：

■ 丰富的指令集，内部的微处理器特别适合逻辑处理和控制。

■ 外部晶体振荡频率为 6～12MHz，指令周期为 1μs。

2. MCS-96 系列

MCS-96 系列单片机又称为 16 位单片机，是目前性能较高的单片机之一，适用于高速、高精度的工业控制，由 Intel 公司于 1983 年开发生产，型号包括普通型、增强型和高档型三类。

■ 普通型：8x96（无 A/D）、8x97（有 A/D）。

■ 增强型：8x96BH（无 A/D）、8x97BH（有 A/D）。

■ 高档型：8x196KB、8x196KC、8x196MC、8x196MH 等。

MCS-96 系列单片机的主要特点如下：

（1）16 位的 CPU：它的最大特点是没有采用累加器结构，而改用寄存器 - 寄存器结构，CPU 的操作直接面向 256 字节的寄存器空间，消除了一般结构中存在的累加器的瓶颈效应，提高了操作速度和数据的吞吐能力。

（2）256B 寄存器阵列和专用寄存器：其中 232B 为寄存器阵列，它兼具一般单片机通用寄存器和 RAM 的功能，又都可用作累加器。另外 24B 为专用寄存器。

（3）可动态配置的总线：它的外部数据总线可工作于 8 位或 16 位，以便适应对片外存储器进行字节操作或字操作的不同需要。

（4）8KB 片内 ROM：总存储器空间为 64KB，ROM 与 RAM 统一编址。系列中带片内 ROM 或 EPROM 的芯片，其容器为 8KB。

（5）RAM 有 232B；有串 / 并行接口。

（6）寻址范围有 64KB；芯片引脚有 48 个或 68 个。

（7）高效的指令系统：可以对带符号数和不带符号数进行操作，有 16 位乘 16 位和 32 位除 16 位的乘除指令，有符号扩展指令，还有数据规格化指令（有利于浮点计算）等。此外，三操作数指令大大提高了编程效率。

（8）高速输入 / 输出器：特别适用于测量和产生分辨率高达 2 μs 的脉冲（用 12MHz 晶体时），无须 CPU 干预而自动实现。

（9）5个8位输入/输出口。

（10）内置10位AD转换器：8通道或4通道。

（11）脉宽调制输出器（PWM）：可作为UPS逆变器的PWM输出或D/A使用。

（12）2个16位定时器/计数器和4个16位软件定时器。

（13）9个中断源：其中有8个留给用户使用，这8个中断源对应8个中断矢量，而有些中断矢量又对应着多个中断事件，共对应20多种事件。

3. PIC系列

PIC系列是美国Microchip公司生产的产品，采用RISC结构的嵌入式微控制器、全新的流水线结构、单字节指令体系、嵌入Flash等，具有高速度、低电压、低功耗、大电流LCD驱动能力和低价位OTP技术等卓越性能，在单片机系统开发中被越来越广泛地应用，尤其在8位单片机市场。从其执行功能考虑，可将其分为两大组件：基本功能模块和专用功能模块。基本功能模块包括程序存储器区域、数据存储器区域、算术逻辑运算区域、输入/输出端口模块、多功能定时器模块等。专用功能模块包括串行通信和并行数据传送模块、捕捉/比较/脉宽调制模块、A/D转换模块等。

PIC系列单片机有如下特点：

（1）型号多样，不搞功能堆积：PIC系列从低到高有几十个型号，可以满足各种需要。其中，PIC12C508单片机仅有8个引脚，是世界上最小的单片机。

（2）总线结构：PIC系列单片机在普林斯顿和哈佛体系结构的基础上采用独特的哈佛总线结构，彻底将芯片内部的数据总线和指令总线分离，为采用不同的字节宽度及有效扩展指令的字长奠定了基础。

（3）指令单字节化：PIC系列单片机数据总线和指令总线分离，ROM和RAM寻址空间互相独立，宽度不同，确保数据安全性，提高运行速度，实现全部指令单字节化，且允许指令码的位数可多于8位的数据位数，这与传统的采用CISC结构的8位单片机相比，可以达到2:1的代码压缩，速度提高4倍。例如，PIC12C50X/PIC16C5X系列单片机的指令字节为12位；PIC16C6X/7X/8X系列单片机的指令字节为14位；PIC17CXX系列单片机的指令字节为16位。

（4）精简指令集（RISC）技术：PIC系列单片机的指令系统只有35条指令，常用的约20条，绝大多数为单周期指令，执行速度快。

（5）寻址方式和代码压缩率：PIC系列单片机只有4种寻址方式，分别为寄存器间接寻址、立即数寻址、直接寻址和位寻址，寻址方式比较简单，容易掌握。此外，PIC系列单片机指令代码的压缩率较高，相同的程序存储器空间所能容纳的有效指令的数量较多。例如，对于1KB的程序存储器空间，PIC系列单片机能存放1000多条指令。

（6）功耗低：PIC单片机是世界上功耗最低的单片机品种之一，在4MHz时钟下工作时耗电电流不超过2mA，在睡眠模式下耗电电流可以低到1μA以下。虽然在这方面已不能与新型的TI-MSP430相比，但在大多数应用场合还是能满足需要的。

（7）驱动能力强：I/O端口驱动负载能力强，每个I/O端口输入和输出电流的最大值可分别达到 25mA 和 20mA，能够直接驱动发光二极管 LED、光电耦合器或者微型继电器等。

（8）引脚具有防瞬态能力：通过限流电阻可以接至 220V 交流电源，可直接与继电器控制电路相连，无须光电耦合器隔离，给应用带来极大方便。

（9）彻底的保密性：PIC 以保密熔丝来保护代码，用户在烧入代码后熔断熔丝，别人再也无法读出，除非恢复熔丝。PIC 采用熔丝深埋工艺，恢复熔丝的可能性极小。

（10）自带看门狗定时器，可以用来提高程序运行的可靠性。

PIC 系列单片机具有高级、中级、基础级 3 个档次，已形成多个层次、数百个型号。片内功能从简单到复杂，封装形式从 8 端子到 64 端子，可满足各种应用需求，适合在各种不同容量 UPS 控制系统中应用。

4. DSP

数字信号处理器（Digtal Signal Processor，DSP）是由大规模或超大规模集成电路芯片组成的用来完成数字信号处理任务的一种高速专用微处理器，其运算功能强大，能适应高速实时信号处理任务。DSP 的精度高，可靠性好，广泛应用于通信与信息系统、信号与信息处理、自动控制、雷达、军事、航空航天、医疗、家用电器等许多领域，其先进的品质与性能为 UPS 控制系统提供了高效可靠的平台。

DSP 的主要特点如下：

（1）改进的哈佛结构。

（2）支持流水线操作，使读取指令、译码和执行等操作可以重叠执行。

（3）零消耗循环控制：零消耗循环是指处理器不用花时间测试循环计数器的值就能执行一组指令的循环，硬件完成循环跳转和循环计数器的衰减。有些 DSP 还通过一条指令的超高速缓存实现高速的单指令循环。

（4）特殊寻址模式：DSP 经常包含专门的地址产生器，它能产生信号处理算法需要的特殊寻址，如循环寻址和位翻转寻址。循环寻址对应于流水 FIR 滤波算法，位翻转寻址对应于 FFT 算法。

（5）执行时间的可预测性：DSP 执行程序的进程对程序员来说是透明的，因此很容易预测处理每项工作的执行时间。

（6）硬件乘法累加操作：为了有效完成诸如信号滤波的乘法累加运算，处理器必须进行有效的乘法操作。DSP 的第一个重大技术改进就是添加了能够进行单周期乘法操作的专门硬件和明确的 MAC 指令，硬件乘法器可在一个指令周期内完成一次乘法和一次加法。

（7）多处理单元：除了硬件乘法器，DSP 一般还设置了移位器和辅助寄存器算术单元（ARAU），使操作数地址的产生与 CPU 的工作是并行的。

（8）片内存储器和强大的片内外设：DSP 片内设置了多种类型的程序存储器和数据存储器，集成了 SPI、SCI 等通信口、CAN 总线控制模块、PWM 产生模块、A/D 模块等。

（9）JTA 标准测试接口：通过 JTAG 标准测试接口（IEEE 1149 标准接口）和专用

仿真器，支持 DSP 的在线仿真和多 DSP 条件下的调试。

随着 DSP 时钟频率的提高，执行周期的缩短，片内外设的不断丰富，DSP 迅速在电力电子与电力传动控制领域（包括新型 UPS 控制系统中）得到应用。

美国德州仪器（Texas Instruments，TI）是世界上最知名的 DSP 芯片生产厂商，TI 公司在 1982 年成功推出了其第一代 DSP 芯片 TMS32010，这是 DSP 应用历史上的一个里程碑，从此，DSP 芯片开始得到真正的广泛应用。TI 公司生产的 TMS320 系列 DSP 芯片具有价格低廉、简单易用、功能强大等特点，是目前最有影响、最为成功的 DSP 系列处理器，广泛应用于各个领域。

目前，TI 公司在市场上主要有三大系列产品：

（1）面向数字控制、运动控制的 TMS320C200 系列，主要包括 TMS320C24x/F24x、TMS320LC240x/LF240x、TMS320C24xA/LF240xA、TMS320C28xx 等。

（2）面向低功耗、手持设备、无线终端应用的 TMS320C5000 系列，主要包括 TMS320C54x、TMS320C54xx、TMS320C55x 等。

（3）面向高性能、多功能、复杂应用领域的 TMS320C6000 系列，主要包括 TMS320C62xx、TMS320C64xx、TMS320C67xx 等。

习题

1. 试着画出运算放大器的电路符号。本章介绍的运算放大器电路主要包括哪几种？
2. 简述理想运算放大器的主要标志。
3. 电压比较器在什么情况下输出高电平，在什么情况下输出低电平？
4. 图 2-46 所示为具有三个输入电压信号的比例加法放大器，试求出输出电压 u_o 的值。

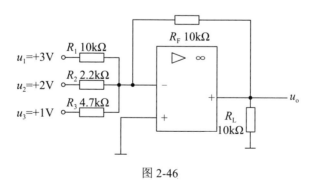

图 2-46

5. 数字系统的所有逻辑关系都是由哪三种基本逻辑关系构成的？
6. 常用的逻辑门电路有哪几种？试着列出每一种门电路的真值表。
7. 逻辑门电路的输入和输出信号只有_____和_____两种状态：用 1 表示_____，用 0 表示_____，这种情况称为正逻辑；反之，用 0 表示_____，用

1 表示_____，这种情况称为负逻辑。

8. RS 触发器的置 1 端（又称_____端）和置 0 端（又称_____端）分别用字母_____和_____表示，都是_____电平有效。

9. 试着画出基本 RS 触发器、同步 RS 触发器、JK 触发器、D 触发器和 T 触发器的电路结构示意图和逻辑符号。

10. 555 时基集成电路因何得名？其主要有哪些应用？

11. 单片机的主要特点是什么？其主要有哪几个系列？

第3章 UPS 的电路构成和工作原理

双变换在线式 UPS 从 20 世纪 70 年代问世以来，一直为计算机的安全运行保驾护航。目前，双变换在线式 UPS 是数据中心在用 UPS 的主流机型，也是市面上的主流产品，因此本章主要讨论双变换在线式 UPS 的电路构成及其工作原理。

3.1 双变换在线式 UPS 的电路构成

顾名思义，双变换在线式 UPS 有两个变换器：第一变换器为整流器，其基本功能是将输入的交流电整流变成直流电（对于 Delta 变换式 UPS，第一变换器是双向变换器，既可将交流整流成直流又可将直流逆变成交流）；第二变换器为逆变器，其功能是将第一变换器或电池组送来的直流电逆变成交流电进行输出（对于 Delta 变换式 UPS，第二变换器也是双向变换器，既可将交流整流成直流又可将直流逆变成交流）。除了整流器和逆变器这两个变换器外，双变换在线式 UPS 的电路还包括蓄电池和旁路，其电路组成如图 3-1 所示。旁路（Bypass）使 UPS 的输出具有冗余性，从而使 UPS 供电具有更高的可靠性。第一变换器、第二变换器、蓄电池组和旁路构成了 UPS 独有的四大基本部分，这四个基本部分少了任何一个就不是 UPS。例如，如果少了第一变换器（整流器），就构成了市场上出售的逆变器；少了第二变换器（逆变器），就是整流器或充电器，像配电系统中使用的直流屏就只有整流单元和蓄电池单元；少了外加旁路就是变频器；少了蓄电池组，就成了交流稳压电源，失去了不间断供电的功能。当然，UPS 的电路还包含控制电路和其他辅助电路。

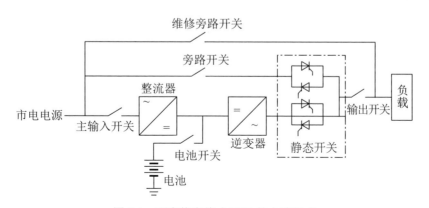

图 3-1 双变换在线式 UPS 的电路组成

在市电停电时，由于失去了交流输入，为了保证不间断供电，就必须从另外的储能设备中汲取能量，而能长期储存的能量就是直流电能，这些直流电能一般储存在电池中。此时逆变器会将电池组送来的直流电能转化成与市电相同的交流电能提供给用电设备，以保证用电设备的供电不出现中断。但电池组中储存的电能是由化学能转化而来的，其容量是有限的，当其中的化学物质完全反应完毕后，其供电能力也就终结了。为了使电池内的能量可以反复使用，就必须给电池重新充电，以等待下一次使用。这种充电是靠直流进行的，因此必须有一个将交流市电变换成直流的装置（整流器），这就是第一变换器。可以看出，任何UPS都不会是单变换的装置。一般在线式UPS的整流器除了给逆变器直接供电外，同时还给蓄电池充电，当然有些小容量UPS的整流器和充电器是分开的，但无论如何，这个功能是不可缺少的。所以有些UPS说明书上将双变换功能说成该设备的特点是不正确的，因为根本没有单变换的UPS，也没有所谓真正双变换和假双变换之说。

3.2 整流器

整流器用于将交流电变为直流电作为逆变器的输入，同时给蓄电池充电。在传统双变换在线式UPS中，输入电路的第一个环节就是整流器/充电器。小功率的UPS，整流器和充电器是分开的；对于中大功率的UPS，由于用了晶闸管等整流器件，因此整流器和充电器大都合在了一起，统称为整流器。

此外，绝大部分IT设备电路的工作电压都要求是平滑的直流电压，所以IT设备电源也需要把交流电（市电或UPS输出的交流电）经整流器变换成直流电，再由PWM电路或其他电路变换成电子元器件所需要的5V、12V或其他电压等级的直流电压。因此，本节介绍整流电路及几种整流方式的区别及特点，这对于正确使用UPS和判断故障是很有帮助的。

3.2.1 整流电路的常用器件

整流器件主要是硅半导体器件，可分为不可控器件、半控型器件和全控型器件三种类型。随着UPS技术的发展，整流电路中电力电子器件的使用也经历了一个从简单到复杂、从低频到高频的发展过程。本节将重点介绍整流电路中常用的器件。

1. 电力二极管（Semiconductor Rectifier，SR）

电力二极管在20世纪50年代初期就得到了应用，当时也被称为半导体整流器，它的基本结构和工作原理与信息电子电路中的二极管是一样的，都以半导体PN结为基础，实现正向导通、反向截止的功能。电力二极管是不可控器件，其导通和关断完全是由其在主电路中承受的电压和电流决定的。电力二极管的结构和原理简单，工作可靠，所以现在仍然大量应用于许多电气设备中，特别是快恢复二极管和肖特基二极管仍分别在中、高频整流和逆变以及低压高频整流的场合具有不可替代的地位。

1）结构

电力二极管的基本结构与普通二极管是一样的，都以半导体 PN 结为基础，由一个面积较大的 PN 结和两根引线及封装组成。二极管有两个极，分别称为阳极（或正极）A 和阴极（或负极）K。从外形上看，主要有螺栓型和平板型两种封装。电力二极管的外形、结构和电气图形符号如图 3-2 所示。

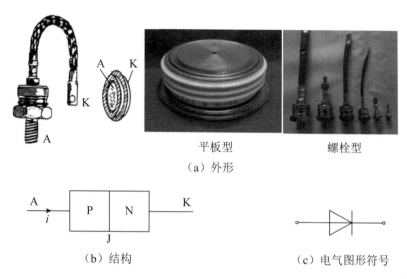

平板型　　　　螺栓型

（a）外形

（b）结构　　　　　　　（c）电气图形符号

图 3-2　电力二极管的外形、结构和电气图形符号

2）伏安特性

电力二极管的主要特性是单向导电特性，即二极管的阳极和阴极两端加正向电压时，二极管导通，有电流通过，相当于短路；反之，其两端加反向电压时，二极管截止，没有电流通过，相当于开路，其伏安特性曲线如图 3-3 所示。当电力二极管承受的正向电压大到一定值（正向导通电压 U_A）时，正向电流才开始明显增加，处于稳定导通状态。当电力二极管承受反向电压时，只有微小而数值恒定的反向漏电流。当外加反向电压增加到某一电压（反向击穿电压 U_B）时，反向电流突然增大，这种现象称为反向击穿，此时对应的电压称为反向击穿电压。

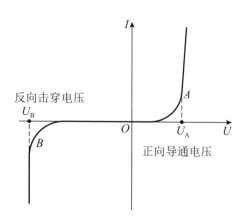

图 3-3　电力二极管的伏安特性曲线

3）主要类型

电力二极管的主要类型包括：

（1）普通二极管。

普通二极管又称整流二极管，多用于开关频率不高（1kHz以下）的整流电路中，其反向恢复时间较长，一般在5μs以上，这在开关频率不高时并不重要，在参数表中甚至不列出这一参数，但其正向电流和反向电压可以达到数千安和数千伏以上。

（2）快恢复二极管（Fast Recovery Diode，FRD）。

快恢复二极管的恢复过程很短，特别是反向恢复过程很短（一般在5μs以下）。工艺上多采用掺金措施，结构上有的采用PN结构，也有的采用对此加以改进的PiN结构。特别是采用外延型PiN结构的快恢复外延二极管（Fast Recovery Epitaxial Diode，FRED），其反向恢复时间更短（可低于50ns），正向压降也很低（0.9V左右），但其反向耐压多在1200V以下。不管是什么结构，快恢复二极管从性能上可分为快恢复和超快恢复两个等级，前者反向恢复时间为数百纳秒或更长，后者则在100ns以下，甚至能达到20～30ns。

（3）肖特基二极管（Schottky Barrier Diode，SBD）。

以金属和半导体接触形成的势垒为基础的二极管称为肖特基势垒二极管，简称为肖特基二极管。与以PN结为基础的电力二极管相比，其优点在于反向恢复时间短（10～40ns），效率高。肖特基二极管在正向恢复过程中不会有明显的电压过冲，在反向耐压较低的情况下，其正向压降也很小，明显低于快恢复二极管，因此其开关损耗和正向导通损耗都比快恢复二极管还要小。其弱点在于，当所能承受的反向耐压提高时，其正向压降也会高得不能满足要求，因此肖特基二极管多用于200V以下的低压场合，而且其反向漏电流较大，且对温度敏感，因此其反向稳态损耗不能忽略，必须更严格地限制其工作温度。

4）检测方法

电力二极管要求通过的电流较大，反向击穿电压高，工作频率低，其工作温度较高，有的需要加装散热片，其检测主要包括以下几个方面的内容。

（1）二极管极性的判断。

二极管的阳极和阴极多用色点表示，例如用红点或白点表示阳极，另一端为阴极。如果二极管上没有任何标记，则可用万用表欧姆挡测出。将万用表置于欧姆挡，如果是指针式万用表则置于$R \times 100$（或$R \times 1k$）挡，测量二极管两极间的电阻值。如果将黑、红两表笔对调，两次测量的电阻值均为0Ω，则说明此二极管已短路损坏；如果将黑、红两表笔对调，两次测量的电阻值均为无穷大，则说明此二极管已开路损坏。正常的二极管应该是正向电阻较小（通常为几千欧），反向电阻很大。测得的电阻值很小时，说明万用表的黑表笔所接的是二极管的阳极（因为万用表的黑表笔接内电源的正极），另一极自然就是阴极。

（2）二极管质量的检测。

可以用万用表测量二极管的参数以评估二极管质量的好坏。一般好的电力二极管的正向电阻值为几千欧至几十千欧,反向电阻值为无穷大。电力二极管的正向电阻值小于 $1k\Omega$ 的多为高频管。

（3）二极管的反向击穿电压。

如果施加在电力二极管上的反向电压超过其反向击穿电压值,则电力二极管将被击穿,整流电路损坏,有可能烧毁设备。我国市电有效值为220V（单相）,最大值为311V,所以工作在单相市电电压下的电力二极管的反向击穿电压应高于311V。实际使用时还要留有余量,往往反向击穿电压达450V以上。

测量电力二极管的反向击穿电压,最简单的方法是用兆欧表（也称绝缘摇表）进行测量,测量方法如图3-4所示。选用500V的兆欧表,由于兆欧表的内阻很大,因此流过二极管的电流很小,不必担心烧毁二极管。万用表置于直流500V挡。摇动兆欧表的摇柄时,兆欧表产生的直流电压将随转速的增加而升高,可以从电压表的读数知道电压值。当摇动的转速较高时（达120r/min）,二极管会进入反向击穿状态（软击穿状态,电流仅有1mA左右）,直至万用表上的电压读数不再增加为止,此时读取的电压值就是二极管的反向击穿电压。

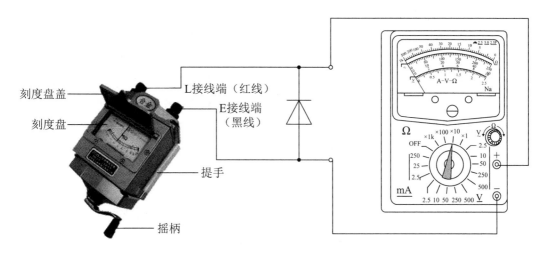

刻度盘盖

刻度盘

L接线端（红线）

E接线端（黑线）

提手

摇柄

图3-4 用兆欧表测量电力二极管的反向击穿电压

2. 晶闸管（Silicon Controlled Rectifier, SCR）

晶闸管是晶体闸流管（Thyristor）的简称,又被称作可控硅整流器,简称为可控硅。1957年美国通用电器公司开发出世界上第一款晶闸管产品,并于1958年将其商业化。晶闸管是PNPN四层半导体结构,它有三个极:阳极（A）、阴极（K）和门极（G）。晶闸管的工作条件为加正向电压且门极有触发电流,其派生器件有快速晶闸管、双向晶闸管、逆导晶闸管、光控晶闸管等。它是一种大功率开关型半导体器件,在电路中用文字符号"V"或"VT"表示（旧标准中用字母"SCR"表示）。晶闸管具有硅整流器件的特性,能在高电压、大电流条件下工作,且其工作过程可以控制,被广泛应用于可控整流、交流调压、无触点电子开关、逆变及变频等电子电路中。在IGBT高频整流器件出现之前，晶闸管是大功率工频机型UPS整流器的主要整流器件。

1）结构

晶闸管的外形、结构和电气图形符号如图3-5所示。

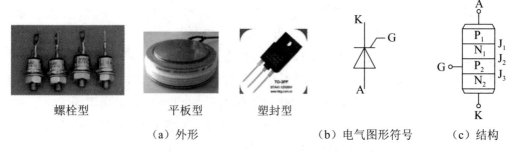

图 3-5　晶闸管的外形、结构和电气图形符号

从外形上看，晶闸管主要有螺栓型、平板型和塑封型三种封装形式，均引出三个电极，即阳极A、阴极K和门极（或称控制极）G。晶闸管是大功率半导体器件，它在工作过程中会有比较大的损耗，因而产生大量的热，需依靠与晶闸管紧密接触的散热器将这些热量带走。对于螺栓型晶闸管来说，螺栓是晶闸管的阳极A（它与散热器紧密连接），粗辫子线是晶闸管的阴极K，细辫子线是门极G。螺栓型晶闸管在安装和更换时比较方便，但散热效果较差。对于平板型晶闸管来说，它的两个平面分别是阳极和阴极，而细辫子线则是门极。平板型晶闸管在使用时，两个互相绝缘的散热器把晶闸管紧紧地夹在中间。平板型晶闸管的散热效果较好，但安装和更换比较麻烦。额定通态平均电流小于200A的一般不采用平板型结构。

2）伏安特性

晶闸管工作时的特性如下：

- 当晶闸管承受反向电压时，不论门极是否有触发电流，晶闸管都不会导通；
- 当晶闸管承受正向电压时，仅在门极有触发电流的情况下，晶闸管才能导通；
- 晶闸管一旦导通，门极就失去控制作用，不论其门极触发电流是否还存在，晶闸管都将保持导通状态；
- 若要使已导通的晶闸管关断，则只能利用外加电压和外电路的作用，使流过晶闸管的电流降到接近于零的某一数值以下。

以上特性反映到晶闸管的伏安特性曲线上则如图3-6所示。位于第Ⅰ象限的是正向特性，位于第Ⅲ象限的是反向特性。当门极电流$I_G=0$时，若在器件两端施加正向电压，则晶闸管处于反向阻断状态，只有很小的正向漏电流通过。若正向电压超过临界极限电压（即正向转折电压）V_{BO}，则漏电流急剧增大，器件导通（由高阻区经虚线负阻区到低阻区）。若门极电流幅值增大，则正向转折电压也降低。导通后的晶闸管特性和二极管的正向特性相仿。即使通过较大的阳极电流，晶闸管本身的压降V_F也很小（在1V左右）。导通期间，若门极电流为零，并且阳极电流降至接近于零的某一数值I_H以下，则晶闸管又回到正向阻断状态。I_H称为维持电流。当在晶闸管上施加反向电压时，其伏安特性类似于二极管的反向特性。晶闸管处于反向阻断状态时，只有极小的反向漏电流通过，当反向电压超过一定限度而达到反向击穿电压后，外电路如无限制措施，则反向漏电流急剧增大，必将导致晶闸管发热损坏。

晶闸管的门极触发电流是从门极流入晶闸管并从阴极流出的。阴极是晶闸管主电路与控制电路的公共端。门极触发电流是通过触发电路在门极与阴极之间施加触发电压而产生的。从晶闸管的结构图可以看出，门极与阴极之间是一个 PN 结，其伏安特性称为门极伏安特性。为了保证可靠、安全地触发，门极触发电路所提供的触发电压、触发电流和功率都应限制在晶闸管门极伏安特性曲线中的可靠触发区内。

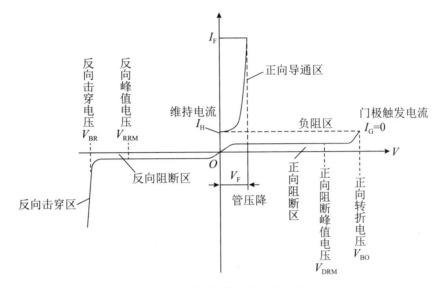

图 3-6　晶闸管的伏安特性曲线

3）主要类型

晶闸管有多种分类方法。

（1）按关断、导通及控制方式分类，可分为普通晶闸管、快速晶闸管、双向晶闸管、逆导晶闸管、门极关断晶闸管（GTO）、BTG 晶闸管、温控晶闸管和光控晶闸管等。晶闸管这个名称往往专指普通晶闸管，从广义上讲，晶闸管还包括上述类型的派生类型。

■ **快速晶闸管（Fast Switching Thyristor，FST）。**

快速晶闸管是指专为快速应用而设计的晶闸管，有常规的快速晶闸管和工作在更高频率的高频晶闸管，可分别应用于 400Hz 和 10kHz 以上的斩波或逆变电路中。从关断时间来看，普通晶闸管一般为数百微秒，快速晶闸管为数十微秒，而高频晶闸管则为 $10\mu s$ 左右。与普通晶闸管相比，高频晶闸管的不足之处在于其电压和电流都不易做高。由于工作频率较高，在选择快速晶闸管和高频晶闸管的通态平均电流时，不能忽略其开关损耗的发热效应。

■ **双向晶闸管（Bidirectional Triode Thyristor 或 TRIode AC Switch，TRIAC）。**

双向晶闸管可以认为是一对反并联的普通晶闸管的集成，其电路图形符号如图 3-7 所示。它有两个主电极 T_1 和 T_2，一个门极 G。门极使器件在主电极的正反两方向均可触发导通，所以双向晶闸管在第一象限和第三象限有对称的伏安特性。同容量的双向晶闸管与一对反并联的晶闸管相比价格要低，而且控制电路比较简单，所以在交流调压电路、固态继电器（SSR）和交流电动机调速等领域应用较多。

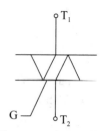

图 3-7　双向晶闸管的电路图形符号

■　逆导晶闸管（Reverse Conducting Thyristor，RCT）。

逆导晶闸管是将普通晶闸管反并联一个二极管，并将两者制作在同一个管芯上的功率集成器件。这种器件不具有承受反向电压的能力，一旦承受反向电压即导通。逆导晶闸管的电路图形符号如图 3-8 所示。与普通晶闸管相比，逆导晶闸管具有正向压降小、关断时间短、高温特性好、额定结温高等优点，可用于不需要阻断反向电压的电路中。

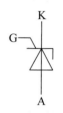

图 3-8　逆导晶闸管的电路图形符号

■　光控晶闸管（Light Triggered Thyristor，LTT）。

光控晶闸管又称为光触发晶闸管，是利用一定波长的光照信号触发导通的晶闸管，其电路图形符号如图 3-9 所示。小功率光控晶闸管只有阳极和阴极两个端子，大功率光控晶闸管则带有光缆，光缆上装有作为触发光源的发光二极管或半导体激光器。采用光触发保证了主电路与控制电路之间的绝缘，而且可以避免电磁干扰的影响，因此光控晶闸管目前在高压大功率的场合（如高压直流输电和高压核聚变装置）占据重要的地位。

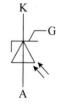

图 3-9　光控晶闸管的电路图形符号

（2）按引脚和极性分类，可分为二极晶闸管、三极晶闸管和四极晶闸管。

（3）按封装形式分类，可分为金属封装晶闸管、塑封晶闸管和陶瓷封装晶闸管三种类型。其中，金属封装晶闸管又分为螺栓型、平板型、圆壳型等；塑封晶闸管又分为带散热片型和不带散热片型两种。

（4）按电流容量分类，可分为大功率晶闸管、中功率晶闸管和小功率晶闸管三种。通常，大功率晶闸管多采用金属壳封装，而中、小功率晶闸管则多采用塑封或陶瓷封装。

（5）按关断速度分类，可分为普通晶闸管和高频（快速）晶闸管。

4）检测方法

对晶闸管性能检测的主要依据是：当其截止时，漏电流是否很小；当其触发导通后，压降是否很小。若这两者都很小，则说明晶闸管具有良好的性能，否则说明晶闸管的性能不好。对晶闸管的检测主要包括三个方面：晶闸管极性的判别、晶闸管好坏的判别以及晶闸管触发导通能力的判别。通常用万用表对晶闸管进行检测。

（1）判断晶闸管的极性。

螺栓型晶闸管和平板型晶闸管的三个电极外部形状有很大区别，因此根据其外形便可把它们的三个电极区分开。对于螺栓型晶闸管，螺栓是其阳极 A，粗辫子线是其阴极 K，细辫子线是其门极 G。对于平板型晶闸管和塑封型晶闸管，对其极性的判定可通过指针式万用表的欧姆挡或数字式万用表的二极管挡、PNP 挡（或 NPN 挡）来检测。晶闸管门极 G 与阴极 K 之间有一个 PN 结，类似一个二极管，有单向导电性；而阳极 A 与门极 G 之间有多个 PN 结，这些 PN 结是反向串接起来的，正、反向阻值都很大，根据此特点就可判断出晶闸管的各个电极。

当用指针式万用表的欧姆挡检测晶闸管的极性时，检测方法如图 3-10 所示。把万用表拨至 $R\times100$ 或 $R\times1k$ 挡（在测量过程中要根据实际需要变换万用表的电阻挡），然后用万用表的红、黑两只表笔分别接触任意两个电极，测量它们之间正、反向的电阻值。若某一次测得的正、反向电阻值都接近无穷大，则说明与红、黑两只表笔相接触的两个端子是阳极 A 和阴极 K，另一个端子是门极 G。然后，再用黑表笔去接触门极 G，用红表笔分别接触另外两极。在测得的两个阻值中，较小阻值的一次与红表笔接触的端子是晶闸管的阴极 K（一般为几千欧至几十千欧），另一个端子就是其阳极 A（一般为几十千欧至几百千欧）。

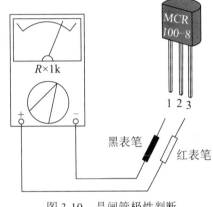

图 3-10　晶闸管极性判断

当用数字式万用表的二极管挡检测晶闸管的极性时，参照图 3-10 中的晶闸管引脚编号，将数字式万用表拨至二极管挡，先把红表笔接一个电极 1，黑表笔依次接另外两个电极 2 和 3。在两次测量中，若有一次电压显示为零点几伏，则说明红表笔所接电极 1 是门极，此时与黑表笔相接的是阴极，另一极便是阳极；若两次都显示溢出，则说明红表笔所接电极不是门极。此时，再把红表笔接 2 号引脚，黑表笔依次接 1 号和 3 号引脚。在这两次测量中，若有一次电压显示为零点几伏，则说明 2 号引脚是门极，此时与黑表笔相接的引脚是阴极，则第三个引脚就是阳极；若两次都显示溢出，则说明 2 号引脚不是门极，则由上述可知，3 号引脚肯定是门极。然后，把红表笔接 3 号引脚，黑表笔依次接 1 号和 2 号引脚，若有一次电压显示为零点几伏，则说明此时与黑表笔相接的引脚是阴极；若显示溢出，则说明与黑表笔相接的引脚是阳极。

当用数字式万用表的 PNP 挡检测晶闸管的极性时，先将数字式万用表拨至 PNP 挡，把晶闸管的任意两个端子分别插入 PNP 挡的 c 插孔和 e 插孔，然后用导线把第三个端子分别和前两个端子相接触。反复进行上述过程，直到屏幕显示从 "000" 变为显示溢出符号 "1" 为止。此时，插在 c 插孔的引脚是阴极 K，插在 e 插孔的引脚是阳极 A，则剩下的一个引脚是门极 G。

（2）用万用表判断晶闸管的好坏。

用万用表可以大致测量出晶闸管的好与坏。将万用表置欧姆挡，测量晶闸管各电极间的电阻。如果测得阳极 A 与门极 G 以及阳极 A 与阴极 K 之间正、反向电阻值均很大，而门极 G 与阴极 K 之间有单向导电现象，则说明晶闸管是好的。在测量晶闸管门极 G

与阴极 K 之间的正、反向电阻时，一般而言，其正、反向电阻值相差较大，但有的晶闸管 G、K 间的正、反向电阻值相差较小，只要反向电阻值明显比正向电阻值大就可以。判断晶闸管好坏的一般测试数据如表 3-1 所示。

表 3-1 判断晶闸管好坏的测试数据

测量电极	正向电阻值	反向电阻值	结论
A-K	接近∞	接近∞	正常
G-K	几千欧至几十千欧	几十千欧至几百千欧	正常
A-K；G-K；G-K	很小或接近于零	很小或接近于零	内部击穿短路
A-K；G-K；G-K	∞	∞	内部开路

（3）用万用表测试晶闸管的触发导通能力。

对小功率的晶闸管而言，使用万用表很容易测试其触发导通能力。将万用表置于 $R\times 1$ 挡（或 $R\times 100$ 挡），黑表笔接阳极 A，红表笔接阴极 K，此时万用表指示的阻值较大。用一根导线短路一下门极 G 和阳极 A，即给门极 G 施加一个正向触发电压，万用表指针就会向右偏转一个角度（电阻值变小），此时撤掉 A、G 间的短接导线，若万用表指示的电阻值不变，则说明晶闸管已经触发导通，而且去掉触发电压晶闸管仍保持导通状态。有的晶闸管（尤其是大功率的晶闸管）撤去触发电压时就不能导通，万用表指针立即回到开始状态（电阻值很大），这是由于导通电流太小（小于维持电流），致使晶闸管立即转变为阻断状态。

在 IGBT 高频整流器件出现之前，晶闸管是大功率工频机型 UPS 整流器的主要整流器件。掌握了晶闸管的检测方法，对于 UPS 的故障判断和检修均具有重要意义。

3. IGBT（Insulated Gate Bipolar Transistor，绝缘栅双极型晶体管）

IGBT 是由 BJT（双极型三极管）和 MOSFET（绝缘栅型场效应管）组成的复合全控型电压驱动式功率半导体器件，兼有 MOSFET 的高输入阻抗和 GTR 的低导通压降两方面的优点，是高频整流器件。

GTR 饱和压降低，载流密度大，但驱动电流较大；MOSFET 驱动功率很小，开关速度快，但导通压降大，载流密度小。IGBT 综合了以上两种器件的优点，驱动功率小而饱和压降低，可正常工作于几十千赫兹频率范围内，在现代电力电子技术中得到了越来越广泛的应用，非常适合应用于直流电压为 600V 及以上的变流系统，如交流电机、变频器、开关电源、照明电路、牵引传动等领域，在大、中功率的高频机型 UPS 的应用中（整流和逆变电路）占据了主导地位。

如果 IGBT 栅极与发射极之间的电压（即驱动电压）过低，则 IGBT 不能稳定地工作，如果过高甚至超过栅极与发射极之间的耐压，则 IGBT 可能会永久损坏。同样，如果 IGBT 集电极与发射极之间的电压超过允许值，则流过 IGBT 的电流会超限，导致 IGBT 的结温超过允许值，此时 IGBT 也有可能会永久损坏。

1）结构

IGBT 的外形、结构和电气图形符号如图 3-11 所示，其中，IGBT 的电气图形符号尚未有统一的标准，图 3-11（b）为较常用的 IGBT 电气图形符号表示。

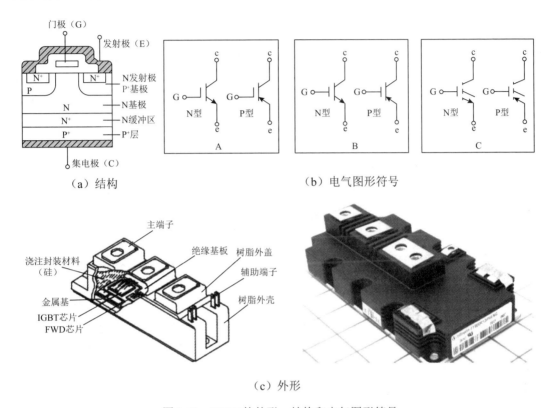

（a）结构   （b）电气图形符号

（c）外形

图 3-11 IGBT 的外形、结构和电气图形符号

在图 3-11 所示的结构图中，N^+ 区称为源区，附于其上的电极称为源极（即发射极 E）。N 基极称为漏区。器件的控制区为栅区，附于其上的电极称为栅极（即门极 G）。沟道在紧靠栅区边界形成。在 C、E 两极之间的 P 型区（包括 P^+ 和 P^- 区）称为亚沟道区（沟道在该区域形成），而在漏区另一侧的 P^+ 区称为漏注入区，它是 IGBT 特有的功能区，与漏区和亚沟道区一起形成 PNP 双极晶体管，起发射极的作用，向漏极注入空穴，进行导电调制，以降低器件的通态电压。附于漏注入区上的电极称为漏极（即集电极 C）。

IGBT 的开关作用是通过加正向栅极电压形成沟道，给 PNP 晶体管提供基极电流，使 IGBT 导通。反之，加反向门极电压消除沟道，切断基极电流，使 IGBT 关断。若在 IGBT 的栅极和发射极之间加上驱动正电压，则 MOSFET 导通，这样 PNP 晶体管的集电极与基极之间成低阻状态而使得晶体管导通；若 IGBT 的栅极和发射极之间电压为 0V，则 MOSFET 截止，切断 PNP 晶体管基极电流的供给，使得晶体管截止。

IGBT 的驱动方法和 MOSFET 基本相同，只需控制输入极 N 沟道 MOSFET，所以具有高输入阻抗特性。当 MOSFET 的沟道形成后，从 P^+ 基极注入 N 层的空穴（少子）对 N 层进行电导调制，减小 N 层的电阻，使 IGBT 在高电压时也具有低的通态电压。

IGBT 是一种大功率的电力电子器件，是一个非通即断的开关，IGBT 没有放大电压的功能,导通时可以看作导线,断开时当作开路。其三大特点就是高压、大电流、高速。

2)工作特性

IGBT 的工作特性具体如下。

（1）伏安特性。

IGBT 的输出漏极电流 I_d 受栅源电压 U_{gs} 的控制,U_{gs} 越高,I_d 越大。它与 GTR 的输出特性相似,也可分为饱和区、放大区和击穿特性三部分。在截止状态下的 IGBT,正向电压由 J_2 结承担,反向电压由 J_1 结承担。如果无 N+ 缓冲区,则正反向阻断电压可以做到同样水平。加入 N+ 缓冲区后,反向关断电压只能达到几十伏的水平,因此限制了 IGBT 的应用范围。

（2）转移特性。

IGBT 的转移特性与 MOSFET 的转移特性相同,当栅源电压 U_{gs} 小于开启电压 $U_{gs}(th)$ 时,IGBT 处于关断状态。在 IGBT 导通后的大部分漏极电流范围内,I_d 与 U_{gs} 呈线性关系。最高栅源电压受最大漏极电流限制,其最佳值一般为 15V 左右。

（3）开关特性。

IGBT 的开关特性分为两大部分:一是开关速度,主要指标是开关过程中的各部分时间;另一个是开关过程中的损耗。

IGBT 的开关特性是指漏极电流与漏源电压之间的关系。IGBT 处于导通状态时,由于它的 PNP 晶体管为宽基区晶体管,所以其 β 值极低。尽管等效电路为达林顿结构,但流过 MOSFET 的电流成为 IGBT 总电流的主要部分。由于 N$^+$ 区存在电导调制效应,所以 IGBT 的通态压降小,耐压 1000V 的 IGBT 通态压降为 $2 \sim 3V$。IGBT 处于断态时,只有很小的泄漏电流存在。

IGBT 在开通过程中,大部分时间是作为 MOSFET 来运行的,只是在漏源电压 U_{ds} 下降过程后期,PNP 晶体管由放大区至饱和状态增加了一段延迟时间。IGBT 的触发和关断要求给其栅极和基极之间加上正向电压和负向电压,栅极电压可由不同的驱动电路产生。当选择这些驱动电路时,必须基于以下参数来进行:器件关断偏置的要求、栅极电荷的要求、耐固性要求和电源的情况。因为 IGBT 栅极 - 发射极阻抗大,故可使用 MOSFET 驱动技术进行触发,不过由于 IGBT 的输入电容较 MOSFET 大,故 IGBT 的关断偏压要比许多 MOSFET 驱动电路提供的偏压更高。

IGBT 在关断过程中,漏极电流的波形变为两段。因为 MOSFET 关断后,PNP 晶体管的存储电荷难以迅速消除,造成漏极电流较长的尾部时间。

IGBT 的开关速度低于 MOSFET,但明显高于 GTR。IGBT 在关断时不需要负栅压来减少关断时间,但关断时间随栅极和发射极并联电阻的增加而增加。IGBT 的开启电压约 $3 \sim 4V$,和 MOSFET 相当。IGBT 导通时的饱和压降比 MOSFET 低而和 GTR 接近,饱和压降随栅极电压的增加而降低。

正式商用的 IGBT 器件的电压和电流容量还很有限,远远不能满足电力电子应用技术发展的需求。在高压领域的许多应用中,要求器件的耐压等级达到 10kV 以上,目前只能通过 IGBT 高压串联等技术来实现高压应用。国外的一些厂家（如瑞士 ABB 公司）

采用软穿通原则研制出了 8kV 的 IGBT 器件，德国的 EUPEC 生产的 6500V/600A 高压大功率 IGBT 器件已经获得实际应用，日本东芝也已涉足该领域。与此同时，各大半导体生产厂商不断开发 IGBT 的高耐压、大电流、高速、低饱和压降、高可靠性、低成本技术，主要采用 1μm 以下制作工艺，研制开发取得了一些新进展。2013 年 9 月 12 日我国自主研发的高压大功率 3300V/50A IGBT 芯片及由此芯片封装的大功率 1200A/3300V IGBT 模块通过专家鉴定，中国自此有了完全自主的 IGBT "中国芯"。

3）主要类型

IGBT 主要包含以下几种类型。

（1）低功率 IGBT。

IGBT 的应用范围一般都在 600V、1kA、1kHz 以上区域，低功率 IGBT 主要用于家电行业的微波炉、洗衣机、电磁炉、电子整流器、照相机等产品。

（2）U-IGBT。

U-IGBT（沟槽结构绝缘栅双极型晶体管）是在管芯上刻槽，在芯片元胞内部形成沟槽式栅极。采用沟道结构后，可进一步缩小元胞尺寸，减少沟道电阻，增大电流密度，减小芯片尺寸，满足低电压驱动、表面贴装的要求。

（3）NPT-IGBT。

NPT-IGBT（非穿通型）采用薄硅片技术，以离子注进发射区代替高复杂、高成本的厚层高阻外延，可使生产成本降低 25% 左右，耐压越高成本差别越大，具有高速、低损耗、正温度系数、无锁定效应等特性，在设计 600 ～ 1200V 的 IGBT 时，NPT-IGBT 的可靠性最高。NPT 型正成为 IGBT 的发展方向。

（4）SDB-IGBT。

SDB-IGBT 为第四代高速 IGBT，其特点为高速、低饱和压降、低拖尾电流、正温度系数、易于并联，在 600V 和 1200V 电压范围性能优良，分为 UF、RUF 两大系统。

（5）超快速 IGBT。

超快速 IGBT 可最大限度地减少拖尾效应，实现快速关断（关断时间不超过 2000ns），采用特殊高能照射分层技术，关断时间可在 100ns 以下，拖尾时间更短，重点产品专为电机控制而设计，可用在大功率电源变换器中。

（6）IGBT/FRD。

FRD 为快速恢复二极管，IGBT/FRD 将转换状态的损耗减少 20%，以 IGBT 及 FRD 为基础的新技术便于器件并联，可在多芯片模块中实现更均匀的温度，进一步提升了整体可靠性。

4）检测方法

对 IGBT 的检测主要包括以下几个方面。

（1）判断极性。

首先将万用表置于 $R \times 1k\Omega$ 挡，用万用表测量时，若某一极与其他两极的阻值为无穷大，调换表笔后该极与其他两极的阻值仍为无穷大，则判断此极为栅极（G），其余两极再用万用表测量，若测得的阻值为无穷大，调换表笔后测得的阻值较小，则在测量阻值较小的一次中，判断红表笔接的为集电极（C），黑表笔接的为发射极（E）。

（2）判断好坏。

将万用表置于 $R\times10\mathrm{k}\Omega$ 挡，用黑表笔接 IGBT 的集电极（C），红表笔接 IGBT 的发射极（E），此时万用表的指针在零位。用手指同时触碰一下栅极（G）和集电极（C），这时 IGBT 被触发导通，万用表的指针摆向阻值较小的方向，并能停留指示在某一位置。然后再用手指同时触碰一下栅极（G）和发射极（E），这时 IGBT 被阻断，万用表的指针回零。此时即可判断 IGBT 是好的。

（3）检测注意事项。

任何指针式万用表均可用于检测 IGBT。注意，在判断 IGBT 好坏时，一定要将万用表置于 $R\times10\mathrm{k}\Omega$ 挡，因为在 $R\times1\mathrm{k}\Omega$ 挡以下各挡位时，万用表内部电池电压太低，检测好坏时不能使 IGBT 导通，从而无法判断 IGBT 的好坏。此方法同样也可以用于检测功率场效应晶体管（P-MOSFET）的好坏。

3.2.2　整流器的基本电路形式

整流电路的形式有很多种。按组成整流电路的器件分，可分为不可控、半控和全控整流电路三种。不可控整流电路的整流器件全部由整流二极管组成，全控整流电路的整流器件全部由晶闸管、IGBT 或其他可控器件组成，半控整流电路的整流器件则由整流二极管和晶闸管、IGBT 或是其他可控器件混合组成。按输入电源的相数分，可分为单相电路和多相电路。按整流电路的输出波形和输入波形的关系分，可分为半波整流电路和全波整流电路。按控制方式分，又可分为相控整流电路和 PWM 整流电路。相控整流电路结构简单、控制方便、性能稳定，是目前获得直流电能的主要方法。

本节主要介绍常用的几种单相、三相相控整流电路，简要分析其工作原理和特点。

1．单相不可控整流电路

单相不可控整流电路是指输入为单相交流电而输出直流电压、大小不能控制的整流电路。单相不可控整流电路主要有单相半波不可控整流电路、单相全波不可控整流电路和单相桥式不可控整流电路等几种形式，其中以单相半波不可控整流电路最为基本。

1）单相半波不可控整流电路

利用整流二极管的单相导电性，可以非常简单地实现交直流变换。但是二极管是不可控器件，所以由其组成的整流电路输出的直流电压只与交流输入电压的大小有关，而不能调节其数值，故称为不可控整流电路。

二极管有两种工作状态：当施加正向电压时导通，两端电压降为零，交流电源电压可以通过二极管加到负载上；当二极管承受反向电压时，它立即截止，两端阻抗为无穷大，相当于断开状态，使交流电源与负载断开。图 3-12 是单相半波不可控整流电路，由于二极管具有单向通导的特性，所以当电源电压 U 为正半周时，二极管 VD 承受正向电压导通（通常导通压降为 1V 左右，若忽略此通态压降，则电源电压全部加到负载上）。

当电源电压 U 为负半周时，二极管 VD 承受反向电压，二极管关断。二极管关断时，负载电压为零。在阻性负载下，负载电流与电压波形相同。图 3-12（b）是单相半波不可控整流电路的输出电压波形。从波形图可以看出，在一个周期内，负载电阻上的电压只有交流电压一个周期的半个波形，因此称为半波整流，此种整流模式下电源能量损失一半。

一般整流器（在此为二极管）后面都有电容滤波器，将脉动波变成平直波。

单相半波不可控整流电路的特点如下：

（1）电路简单，使用器件少。

（2）无滤波电路时，整流电压的直流分量较小。

（3）整流电压的脉动较大。

（4）变压器的利用率低。

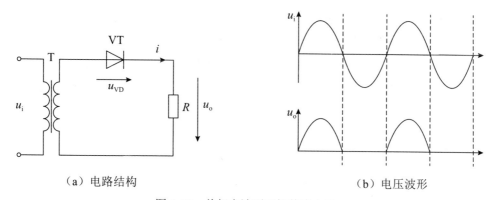

（a）电路结构　　　　　　　　　　　（b）电压波形

图 3-12　单相半波不可控整流电路

2）带变压器中心抽头的单相全波不可控整流电路

单相半波整流一般用于小功率的情况，当功率稍微增大时就必须用全波整流。利用两只二极管可构成单相全波不可控整流电路。图 3-13 所示为单相全波不可控整流电路。从图中可以看出，这是两个单相半波不可控整流电路的组合。需要指出的是，有时这种整流电路前面加了变压器，目的是使二次电压可以根据设计的要求随意变化。

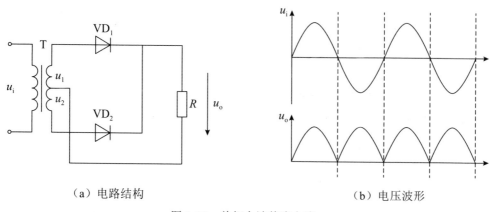

（a）电路结构　　　　　　　　　　　（b）电压波形

图 3-13　单相全波整流电路

当电源电压 U 为正半周时，二极管 VD_1 承受正向电压导通，二极管 VD_2 承受反向电压关断，电路中通过输入电压 U 的正半周；当电源电压 U 为负半周时，二极管 VD_1 承受反向电压关断，二极管 VD_2 承受正向电压导通，电路中通过输入电压 U 的负半周。二极管关断时，负载电压为零。在阻性负载下，负载电流与电压波形相同。图 3-13（b）是单相全波不可控整流电路的输出电压波形，电流经 VD_1 和 VD_2 交替流过负载，而且始终是同一方向，使负载电流为单向的连续脉动直流。

单相全波不可控整流电路的特点如下：

（1）使用的整流器件较半波整流时多一倍。

（2）整流电压脉动较小，比半波整流小一半。无滤波电路时的输出电压 $U_o=0.9U_1$。

（3）变压器的利用率比半波整流时高。

（4）变压器二次绕组需中心抽头。

（5）整流器件所承受的反向电压较高。

3）单相桥式不可控整流电路

如图 3-14 为单相桥式不可控整流电路。它的四臂由四只二极管构成，当变压器 T 次级的 1 端为正、2 端为负时，二极管 VD_1 和 VD_4 因承受正向电压而导通，VD_2 和 VD_3 因承受反向电压而截止。此时，电流由变压器次级的 1 端通过 VD_1 经 R，再经 VD4 返回 2 端。当 2 端为正、1 端为负时，二极管 VD_2、VD3 导通，VD_1、VD_4 截止，电流则由 2 端通过 VD_3 流经 R，再经 VD_2 返回 1 端。因此，桥式整流与全波整流一样，在一个周期内的正负半周都有电流流过负载，而且始终是同一方向。

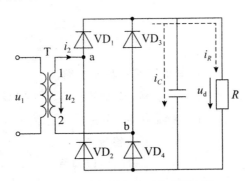

图 3-14　单相桥式不可控整流电路

单相桥式不可控整流电路的特点如下：

（1）使用的整流器件较全波整流时多一倍。

（2）整流电压波形与全波整流相同。

（3）每个器件所承受的反向电压为电源电压峰值。

（4）变压器利用率较全波整流电路高。

2. 三相不可控整流电路

单相桥式不可控整流电路具有很多优点，但是输出功率超过 1kW 时，就会造成三相电网不平衡，因此要求输出功率大于 1kW 的整流设备通常采用三相整流电路。三相不可控整流电路分为三相半波不可控整流电路和三相桥式不可控整流电路。

1）三相半波不可控整流电路

如图 3-15 所示为三相半波不可控整流电路。三个二极管的阴极连接在一起，三相交流电源经三个二极管连接负载正端，交流电源的零线接负载的负端。

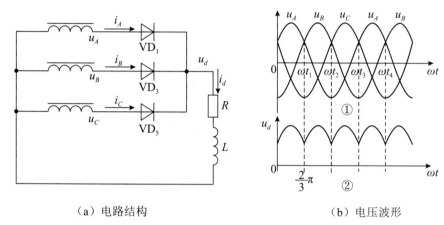

（a）电路结构　　　　　　　　　　　　（b）电压波形

图 3-15　三相半波不可控整流电路

三相交流电电压相差 120°。在图 3-15（b）的①中，0～ωt_1 的 120°（$2\pi/3$）期间，u_A 的电位高于 u_B 和 u_C，二极管 VD_1 导通，u_A 端电压加至负载上，因此 $u_d=u_A$；在 $\omega t_1～\omega t_2$ 的 120° 期间，u_B 的电位高于 u_A 和 u_C，因此 VD_3 导通，u_B 端电压加至负载上，因此 $u_d=u_B$；在 $\omega t_2～\omega t_3$ 的 120° 期间，u_C 的电位高于 u_A 和 u_B，因此 VD_5 导通，u_C 端电压加至负载上，因此 $u_d=u_C$。这样便得到负载电压 u_d 的波形，如图 3-15（b）的②所示。电源电压为脉动直流电压，每个周期有三个脉波，其周期为 $2\pi/3$。若负载为电阻性负载，则电压、电流波形相同。若负载电感足够大，可使负载电流为恒定直流。

三相半波不可控整流电路直流电压的平均值 u_d 比单相不可控整流电路的高，且比单相整流的谐波阶次高，较易于滤波，但是交流电源含有较大的直流分量和二次谐波分量，这对交流电源是很有害的，因此这种整流电流限于理论讨论，在实际应用中很少采用。

2）三相桥式不可控整流电路

如图 3-16 为三相桥式不可控整流电路，该电路可以看作两个三相半波不可控整流电路的组合。

该电路中，负载上的整流电压为线电压，哪两相的线电压瞬时值最大时，接在哪两相间的二极管就导通，整流电流从相电压瞬时值最高的那一相流出至负载，再回到相电压瞬时值最低的那一相。在一个交流电源周期 2π 期间，三相桥式不可控整流电路的输出电压波形由六个形状相同的电压波段组成，其输出电压最大值为线电压的幅值，输出的纹波较三相半波不可控整流电路的要小，其输出电压的平均值为三相半波不可控整流电路输出电压平均值的两倍。

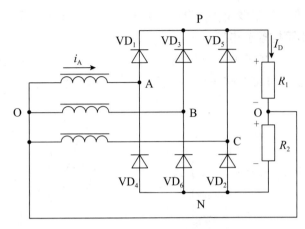

图 3-16   三相桥式不可控整流电路

3. 单相可控整流电路

可控整流电路主要分为单相可控整流电路和三相可控整流电路。可控整流电路通常是可控硅整流电路，调整可控硅的导通角就可以控制其输出电压（有效值）。

晶闸管整流器的导通条件如下：

（1）阳极和阴极之间的正向电压：大于等于 6V。

（2）控制极触发信号电压：晶闸管一般都用脉冲触发，这个电压脉冲要有一定的幅度，以抵消 PN 结的势垒电压，此外，要有一定的宽度，从而有足够的时间使导通由一点扩散到整个 PN 结。一般要求电压脉冲幅度为 3 ～ 5V，宽度为 4 ～ 10μs，触发电流 5 ～ 300mA。

（3）维持电流：指可以维持晶闸管整流器导通的最小电流，一般规定小于 20mA。

（4）掣住电流：指晶闸管被打开而控制极触发信号电压消失后可以维持晶闸管继续导通的最小电流，一般是维持电流的若干倍。

（5）控制角 α：当交流正弦波的正半波加到晶闸管上时，从交流正弦波过 0 开始，一直到晶闸管被触发导通的这段时间称为控制角，用 α 表示，如图 3-17 所示。晶闸管的开启时间一般小于 1μs，可忽略不计。

（6）导通角 θ。晶闸管的开启是一个正反馈过程，开启后不能自动关断，导通过程要一直延续到电压过 0。从开启到截止这段时间称为导通角，用 θ 表示，如图 3-17 所示。

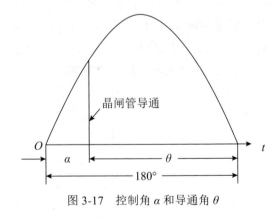

图 3-17   控制角 α 和导通角 θ

UPS 中的整流器就是通过对控制角 α 和导通角 θ 这两个参量的控制来实现稳压的，一般称这种控制为"相控"。

1）单相半波可控整流电路

单相半波可控整流电路由变压器、晶闸管和直流负载组成，如图3-18所示。变压器在电路中起变换电压和隔离的作用。由于晶闸管只在电源电压正半波区间导通，输出电压为极性不变但瞬时值变化的脉动直流，故称为半波整流。

单相半波可控整流电路是组成各类型可控整流电路的基本单元，各种可控整流电路的工作回路都可等效为单相半波可控整流电路。

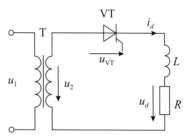

图 3-18 单相半波可控整流电路

2）单相全波可控整流电路

单相全波可控整流电路如图3-19所示。该电路结构简单，适合在低输出电压的场合使用。

3）单相桥式全控整流电路

单相可控整流电路中应用最多的是单相桥式全控整流电路，其输出电流脉动小，功率因数高，变压器二次电流为两个等大反向的半波，没有直流磁化问题，变压器利用率高。其输出平均电压是半波整流电路的2倍，在相同的负载下流过晶闸管的

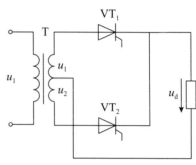

图 3-19 单相全波可控整流电路

平均电流减小一半，功率因数提高了50%。单相桥式全控整流电路由变压器T、两对桥臂和直流负载组成，如图3-20所示，其中，晶闸管 VT_1 和 VT_4 组成一对桥臂，VT_2 和 VT_3 组成另一对桥臂。触发脉冲每隔180°触发一次，分别成对触发 VT_1、VT_4 和 VT_2、VT_3。

4）单相桥式半控整流电路

在单相桥式全控整流电路中，将每个导电回路中的一个晶闸管用二极管代替，便构成单相桥式半控整流电路，如图3-21所示。

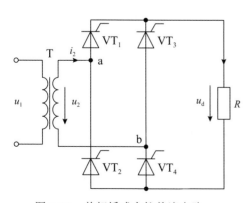

图 3-20 单相桥式全控整流电路

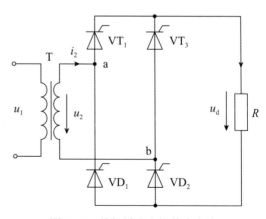

图 3-21 单相桥式半控整流电路

4．三相可控整流电路

要求输出较大功率的整流设备通常要采用三相整流电路，这也是当前大功率 UPS 主要采用的整流电路。

1）三相半波可控整流电路

三相半波可控整流电路如图 3-22 所示。为了得到零线，作为其输入端的变压器二次侧必须接成星形，而一次侧为避免三次谐波流入需接成三角形。若三个晶闸管阳极分别接入变压器三相绕组，阴极连接在一起，则称为共阴极接法，如图 3-22（a）所示，这种接法触发电路有公共端，连线方便。若三个晶闸管的阴极分别接入变压器二次侧三相绕组，阳极连接在一起，则称为共阳极接法，如图 3-22（b）所示，变压器的零线作为输出电压的正端，晶闸管共阳极端作为输出电压的负端，这种接法对于螺栓型晶闸管的阳极可以共用散热器，使装置结构简化，但三个触发器的输出必须彼此绝缘。

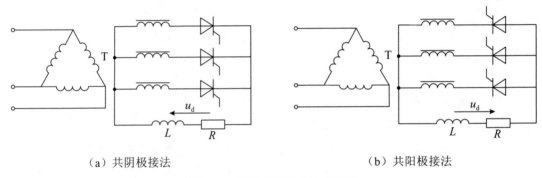

（a）共阴极接法　　　　　　　　　　　　（b）共阳极接法

图 3-22　三相半波可控整流电路

三相半波可控整流电路的接线简单，元器件少，只需用三套触发装置，控制较容易，但变压器每相绕组只有 1/3 周期流过电流，利用率低。由于绕组中电流是单方向的，故存在直流磁动势，为避免铁芯饱和，需加大铁芯截面积，因此造成整流器重量加大。这种整流电路一般用于小容量设备。

2）三相桥式全控整流电路（6 脉冲整流电路）

三相桥式全控整流电路又称 6 脉冲整流电路，其整流电路是由 6 个晶闸管（可控硅）组成的桥式整流电路。由于有 6 个开关脉冲对 6 个晶闸管分别进行控制，所以叫 6 脉冲整流，其整流电路如图 3-23 所示。

6 脉冲整流电路是两组三相半波可控整流电路的串联，因此其输出电压提高一倍，输出功率也提高一倍，但晶闸管的电流定额不变，而且输出电压的脉动较小。在变压器绕组中，一个周期内既流过正向电流，又流过反向电流，这就提高了变压器的利用率，且直流磁动势相互抵消，避免了直流磁化问题。由于在整流装置中三相桥式电路晶闸管的最大失控时间只为三相半波电路的一半，故控制的快速性较好，因而在大容量负载供电、电力拖动控制系统等方面获得了广泛应用。在 12 脉冲整流电路出现之前，工频机型 UPS 一般在 200kVA 以下的输入电路都采用了标配的 6 脉冲晶闸管整流电路。6 脉冲晶闸管整流器是破坏输入电压波形的，会造成 UPS 输入功率因数下降（不超过 0.8），谐波电流可达 30%，以 5 次谐波为主。如果前面配置发电机，则发电机的容量至少要是 UPS 功率的 3 倍，这会造成建设投资成本的增加，对电网也会造成较大的污染。

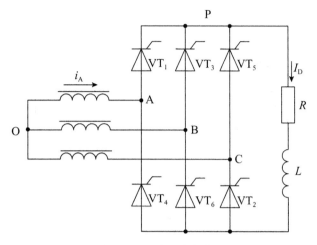

图 3-23　6 脉冲整流电路

3）三相桥式半控整流电路

将 6 脉冲整流电路的共阳极组晶闸管换为整流二极管，就构成三相桥式半控整流电路，如图 3-24 所示。

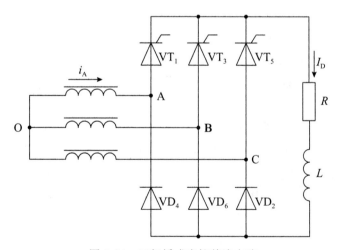

图 3-24　三相桥式半控整流电路

三相桥式半控整流电路由共阴极组的一组晶闸管和共阳极组的另一组整流二极管构成一条可控整流回路，整流回路电压为两个元件所在相间的线电压。由图 3-24 可知，该电路共有 6 条可对负载供电的整流回路，按电源电压相序轮流工作，实现整流目的。

该电路适用于只要求输出电压大小可控的整流电源，其结构简单、经济，得到了广泛应用。

4）12 脉冲整流电路

12 脉冲整流电路是指在原有 6 脉冲整流电路的基础上，在输入端增加移相变压器后再增加一组 6 脉冲整流器，使直流母线电流由 12 个晶闸管整流提供，如图 3-25 所示。12 脉冲整流也称 6 相全波相控整流。

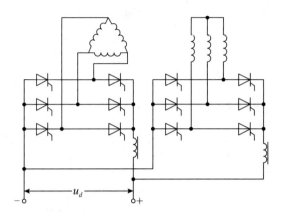

图 3-25　12 脉冲整流电路

从图 3-25 中不难看出，两个整流器的结构是一样的，都是三相 6 脉冲整流，区别在于两个整流器的输入结构不同。这样的电路结构使得两个输入的电压相位差为 30°，即整流脉动的最大宽度是 30°，由此得出多相整流时的最大脉动宽度（即晶闸管导通角 θ）表达式为：

$$\theta_{max} = \frac{2\pi}{P}$$

式中 P 为控制脉冲数，例如 6 脉冲时 θ_{max} 是 60°，12 脉冲时 θ_{max} 是 30°，等等。整流相数越多，脉动周期越小，其整流输出电压的脉动频率越高，输出电压值就越高，越接近交流电压峰值，而且脉动幅度和脉动系数也越小，输出纹波越低，纹波系数也就越小，其后的滤波电容也越小。

12 脉冲整流器可以减轻对输入电压波形的破坏，提高 UPS 的输入功率因数（可提高到 0.9）和功率容量，电能转换效率高，谐波也较少，总之在多项性能指标上均优于 6 脉冲整流器。12 脉冲整流技术自 20 世纪 70 年代诞生至今，经过不断改进和完善，现已逐渐成为大功率工频机型 UPS 整流器的优选技术。全球主流的大功率 UPS 厂商均推出了 12 脉冲 UPS 产品。

以上介绍的都是工频整流器，工频整流器有以下两个缺点：

（1）笨重且损耗大。一般情况下整流和滤波是连在一起的。由于频率低，需要配置庞大的滤波器，而且当有电流通过时，会在它们的内阻上形成较大的压降和损耗。晶闸管整流器只能工作在市电频率，为了提高功率因数而增加整流脉冲只能按照 6 的倍数增加晶闸管器件和增加移相变压器，不仅增加了成本，也增加了 UPS 的功耗和自重。

（2）输入功率因数低。在整流滤波正弦波电压时，由于整流的脉动正弦波电压必须高于滤波电容上的电压时整流器件才导通，因此负载电流的波形不是正弦波，而是脉冲波，这个电流脉冲导致了输入功率因数的降低。若电压正弦波也失真，则功率因数会进一步降低。

5.IGBT 整流（高频整流）电路

由于包括晶闸管在内的工频整流电路存在着无法克服的缺陷，因此高频整流器应运而生。高频整流器的原理如图 3-26 所示。

图 3-26　高频整流器原理框图

可以看出，高频整流器的电路比较复杂，但由于电路工作频率在 20kHz 以上，因此 L-C 滤波器可以选用较小容量的电感（扼流圈）和电容，从而使滤波器的体积和重量都较小。此外，高频整流器还可以调节输入功率因数、输出电流和电压。

高频整流电路中，广泛采用 IGBT 高频整流器，电路可以工作在几十千赫兹的频率，可将输入的工频正弦波进行高频切割，把工频波形变成高频波形来处理，结果是把在半周内的一个幅度很大且宽度很窄的脉冲电流变成很多小脉冲电流分布在整个半周中，就像电阻负载上的电流和电压是同相位的。如图 3-27 所示是 IGBT 高频整流电路。该整流电路是由 IGBT 组成的桥式电路，通过控制 IGBT 的触发时序来控制电桥的导通顺序，从而实现整流。

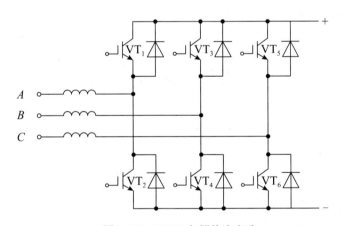

图 3- 27　IGBT 高频整流电路

高频整流器大多是升压式的，电路原理如图 3-28 所示。实际上这是一个并联调节式电源，功率调节开关是 K_1，升压与整流器件是 L 和 VD，储能器件是 C。功率调节开关 K_1 高频导通或截止，当 K_1 导通时，电流 I 经整流滤波电路、L 和 K_1 形成回路，电感 L 进行储能。当 K_1 截止时，L 中的储能由于 K_1 的突然断开而激励起一个反电动势 E，E 的幅值大小与输入电压无关，仅是电感量和电流变化率的函数，由于是高频整流，因此这个值很大。在这个反电动势的作用下，电流经 VD 给电容 C 充电，在这个过程中电流 I 并未中断。接着 K_1 下一次导通，这样周而复始地循环下去。在后面接负载的情况下，电流 I 一直是连续的。当电容的储能和释放的能量达到平衡时，该电路对输入电源来说就是一个线性负载，因而功率因数是 1，因此，高频整流器具有功率因数调节功能。

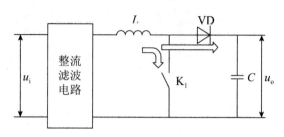

图 3-28　升压式高频整流原理

　　IGBT 在 UPS 中的应用最早只限于逆变器，主要是因为虽然 IGBT 的电流做得比较大，但耐压等级尚不足以应付变化很大的电压范围。经过十多年的发展，IGBT 的制造技术有了长足的进步，具备了用于 UPS 整流器的条件。与晶闸管相比，IGBT 的电流容量与耐压仍然有些差距，所以主要用 IGBT 并联来满足容量与耐压要求。伊顿打破了并联的限制，已将 9395 系列单机 UPS 的容量做到了 1200kVA，覆盖了工频机型 UPS 当前所能达到的全部容量水平，这就完成了 UPS 全部 IGBT 化、高频化的进程。IGBT 整流器解决了晶闸管多脉冲整流无法达到的高输入功率因数的问题，可在半个周期中有上万个整流电流脉冲，同时也实现了节能减排的目标。目前，IGBT 不论从容量上还是耐压上都有成熟产品，比如耐压在 1700V 以上和 3600A 的产品已经推向市场，大功率 UPS 多采用 IGBT 来代替晶闸管整流器和逆变器。

3.3　逆变器

　　逆变器是双变换在线式 UPS 的第二变换器，它把 UPS 整流器或蓄电池输出的直流电能转变成交流电能（一般为 220V 或 380V 的 50Hz 正弦波）。UPS 的逆变器的功率管按有功功率设计。如图 3-29 所示为逆变器的基本结构。

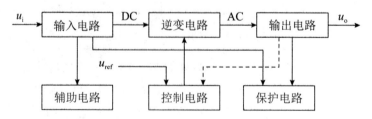

图 3-29　逆变器基本结构方框图

3.3.1 逆变电路的常用功率开关器件

功率开关器件是逆变器的核心器件，它直接影响逆变器性能的优劣。目前使用较多的功率开关器件有电力晶体管（GTR）、功率场效应晶体管（MOSFET）和绝缘栅双极晶体管（IGBT）等。

1. 电力晶体管（Giant Transistor，GTR）

电力晶体管也叫电力双极型晶体管，是一种耐高压、能承受大电流的双极晶体管，也称为双极结型晶体管（BJT）。它与晶闸管不同，具有线性放大特性，但在电力电子应用中却工作在开关状态，从而减小功耗。GTR可通过基极控制其开通和关断，是典型的自关断器件。

1）结构

GTR的结构和工作原理都和小功率晶体管非常相似，它由三层半导体和两个PN结组成。和小功率三极管一样，有PNP和NPN两种类型，GTR通常多用NPN结构。

电力晶体管的内部结构、电气符号、基本工作原理和外形如图3-30所示。

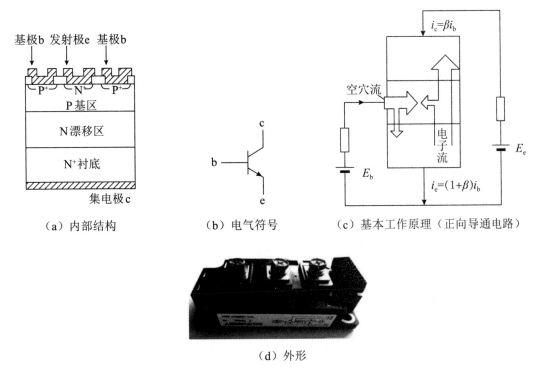

（a）内部结构　　　　（b）电气符号　　　　（c）基本工作原理（正向导通电路）

（d）外形

图3-30　电力晶体管的内部结构、电气符号、基本工作原理和外形

2）主要特性

如图3-31所示是共发射极接法时GTR的典型输出特性，分为截止区、放大区和饱和区。在电力电子电路中，GTR工作在开关状态，即工作在截止区或饱和区。但在开关过程中，在截止区和饱和区之间过渡都要经过放大区。

GTR是用基极电流（I_b）来控制集电极电流（I_c）的，GTR的开关时间通常在几微秒内，比晶闸管短得多。GTR上所加的电压超过规定值时，就会发生击穿。当GTR的集电极电压升高至击穿电压时，集电极电流迅速增大，这种首先出现的击穿是雪崩击穿，称为一次击穿。出现一次击穿后，只要I_c不超过与最大允许耗散功率相对应的限度，GTR一般不会损坏，工作特性也不会有什么变化。如果此时不能有效地限制电流，则I_c增大到某个临界点时会突然急剧上升，同时伴随着电压的陡然下降，这种现象称为二次击穿。二次击穿常常会立即导致器件的永久损坏，或者工作特性明显衰变，对GTR危害极大。

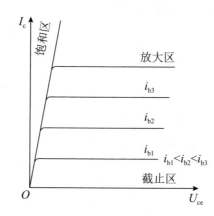

图 3-31　共发射极接法时 GTR 的输出特性

3）类型

目前常用的电力晶体管有单管、达林顿管和模块 3 种类型。

（1）单管电力晶体管。

NPN 三重扩散台面型结构是单管电力晶体管的典型结构，这种结构可靠性高，能改善器件的二次击穿特性，易于提高耐压能力，散热性较好。

（2）达林顿电力晶体管。

达林顿结构的电力晶体管是由 2 个或多个晶体管复合而成的，可以是 PNP 型，也可以是 NPN 型，如图 3-32 所示，其性质取决于驱动管，它与普通复合三极管相似。达林顿电力晶体管的电流放大倍数很大，可以达到几十至几千倍。现以两只三极管组合的达林顿管为例来说明这一特点。设两只三极管的电流放大系数分别为 h_{FE1} 和 h_{FE2}，则复合后达林顿管的总电流放大系数为 $h_{FE} \approx h_{FE1} \cdot h_{FE2}$。

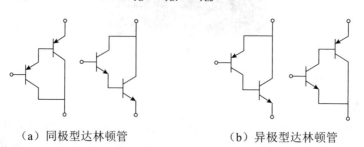

（a）同极型达林顿管　　　　　（b）异极型达林顿管

图 3-32　达林顿电力晶体管

虽然达林顿结构大大提高了电流放大倍数，但其饱和管压降却增加了，这就增大了导通损耗，同时降低了管子的工作速度。

达林顿管多用在大功率输出电路中，这时由于功率增大，管子本身的压降会造成温度上升，再加上前级三极管的漏电流（I_{CEO}）也会被逐级放大，从而导致达林顿管整体热稳定性差。为了改变这种状况，在大功率达林顿管内部均设有均衡电阻，这样不但可以大大提高管子的热稳定性，还能有效地提高末级功率三极管的耐压值。大部分大功率达林顿管在末级三极管的集电极与发射极之间反向并联一只阻尼二极管，以防负载突然断电时三极管被击穿。加有均衡电阻及阻尼二极管的达林顿管的典型电路如图3-33所示。

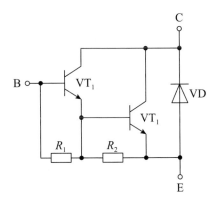

图 3-33　有均衡电阻及阻尼二极管的达林顿管

（3）电力晶体管模块。

目前作为大功率的开关应用是电力晶体管模块，它是将电力晶体管管芯及用于改善性能的1个元件组装成1个单元，然后根据不同的用途将几个单元电路构成模块，并集成在同一硅片上。这大大提高了器件的集成度、工作的可靠性和性价比，同时也实现了小型轻量化。

2. 功率场效应晶体管（MOSFET）

功率场效应晶体管也叫电力场效应晶体管，是一种单极型的电压控制器件。MOS 是 Metal Oxide Semiconductor（金属氧化物半导体）的缩写，FET 是 Field Effect Transistor（场效应晶体管）的缩写，即以金属层（M）的栅极隔着氧化层（O）利用电场的效应来控制半导体（S）的场效应晶体管。功率场效应晶体管也分为结型和绝缘栅型，但通常主要指绝缘栅型中的 MOS 型，简称功率 MOSFET。结型功率场效应晶体管一般称作静电感应晶体管（Static Induction Transistor，SIT），它具有自关断能力，利用栅极电压来控制漏极电流，驱动电路简单，需要的驱动功率小，开关速度快，工作频率高，无二次击穿，安全工作区宽，热稳定性优于 GTR，但其电流容量小，耐压低，一般只适用于功率不超过 10kW 的电力电子装置。由于其易于驱动和开关频率可高达 500kHz，因此特别适用于高频化电力电子装置，如应用于 DC/DC 变换、开关电源等。

1）结构

功率 MOSFET 的种类和结构有许多种，按导电沟道可分为 P 沟道和 N 沟道，同时又有耗尽型和增强型之分。在电力电子装置中，主要应用 N 沟道增强型。

功率 MOSFET 有 3 个端子：漏极 D、源极 S 和栅极 G。当漏极接电源正、源极接电源负时，栅极和源极之间电压为 0，沟道不导电，管子截止。如果在栅极和源极之间加一正向电压 U_{GS}，并且使 U_{GS} 大于或等于管子的开启电压 U_T，则管子开通，在漏、源极间流过电流 I_D。U_{GS} 超过 U_T 越大，导电能力越强，漏极电流越大。功率 MOSFET 的内部结构、电气符号和外观如图 3-34 所示。

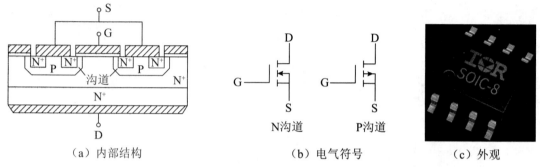

（a）内部结构　　　　（b）电气符号　　　　（c）外观

图 3-34　功率 MOSFET 的内部结构、电气符号和外观

2）主要特性

（1）输出特性。

功率 MOSFET 的输出特性也称漏极伏安特性，是以栅源电压 U_{GS} 为参变量反映漏极电流 I_D 与漏源极电压 U_{DS} 间关系的曲线簇，如图 3-35 所示，分为以下三个区。

- 可调电阻区（Ⅰ）：U_{GS} 一定时，I_D 与漏源极电压 U_{DS} 几乎呈线性关系。当功率 MOSFET 作为开关器件时，工作在此区内。
- 饱和区（Ⅱ）：当 U_{GS} 不变时，I_D 几乎不随 U_{DS} 的增加而加大，I_D 近似为一个常数。当功率 MOSFET 用于线性放大时，工作在此区内。
- 雪崩区（Ⅲ）：当漏源极电压 U_{DS} 过高时，使漏极 PN 结发生雪崩击穿，漏极电流 I_D 会急剧增加。在使用器件时应避免出现这种情况，否则会使器件损坏。

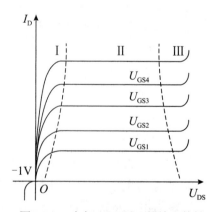

图 3-35　功率 MOSFET 的输出特性

功率 MOSFET 无反向阻断能力，因为当漏源极电压 $U_{DS}<0$ 时，漏极 PN 结为正偏，漏源间流过反向电流。因此，功率 MOSFET 在应用过程中若必须承受反向电压，则电路中应串入快速二极管。

（2）转移特性。

转移特性是指在一定的漏源极电压 U_{DS} 下，功率 MOSFET 的漏极电流 I_D 和栅源电压 U_{GS} 的关系曲线，如图 3-36 所示。该特性表征功率 MOSFET 的栅源电压 U_{GS} 对漏极电流 I_D 的控制能力。只有当 $U_{DS}>U_{GS(th)}$ 时，功率 MOSFET 才导通，$U_{GS(th)}$ 称为开启电压。在电力电子电路中，功率 MOSFET 作为开关元件通常工作于大电流开关状态，因而具有负温度系数。此特性使功率 MOSFET 具有较好的热稳定性，芯片热分布均匀，可以避免因热电恶性循环而产生的电流集中效应所导致的二次击穿现象。

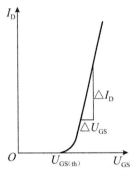

图 3-36　功率 MOSFET 的转移特性

（3）开关特性。

功率 MOSFET 是一个近似理想的开关，具有很高的增益和极快的开关速度，通常开关时间为 10～100ns，而双极型器件的开关时间则以微秒计，甚至达到几十微秒。

3.IGBT（Insulated Gate Bipolar Transistor，绝缘栅双极晶体管）

目前，IGBT 在大、中功率的高频机型 UPS 的逆变电路中是占据主导地位的功率开关器件。

3.3.2　逆变器的基本电路形式

UPS 逆变器的电路种类很多，本节介绍几种常见的逆变器电路。

1. 直流变换器

直流变换器是最简单、最基本的逆变器电路，主要用于后备式 UPS 中，有自激式和它激式两种。

1）自激式直流变换器

所谓自激式，就是 UPS 不用外来的触发信号就可以利用自激振荡的方式输出交流电压，如图 3-37 所示为自激式直流变换器的电路原理图，其输出的交流电压的波形为方波。

自激式直流变换器电路主要应用于对电压稳定度要求不高但不能断电的地方，如电冰箱、应急照明用的白炽灯、高压钠灯和金属卤素灯等，供电条件差的农村地区也有不少采用这种电路来

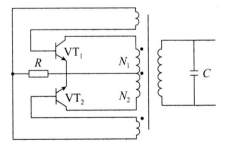

图 3-37　自激式直流变换器

构成不间断电源。由于它的电路简单、价格便宜、可靠性高，因此也很受欢迎。

2）它激式直流变换器

它激式直流变换器可以满足输出电压稳定的要求，其电路的振荡由外加控制信号的激发而实现。

如图 3-38 所示是它激式直流变换器的电路原理图。前面自激式直流变换器的基极反馈绕组被取消了，代替它的功能环节是"电源控制组件"。采用电源控制组件可使 UPS 的输出电压具有稳压的功能。

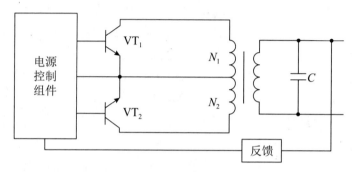

图 3-38　它激式直流变换器

它激式直流变换器的输出是具有稳压功能的脉冲电压波形——准方波，准方波是失真非常大的正弦波，为了准确测量其电压值，需要使用真有效值仪表。

2. 半桥逆变器

桥式逆变器的名称源于它的电路结构形式很像惠斯登电桥。由于要求输出电压稳定，故桥式逆变器几乎都采用它激的触发方式。在线式 UPS 多采用桥式逆变器，因为它有着比直流变换器更大的优点。比如直流变换器功率管上的电压为电源电压的两倍，再加上状态转换时的上冲尖峰，要求该器件的耐压更高，这样一来不但增加了器件的成本，而且也由于功率管工作电压的提高而降低了它的输出能力，而桥式逆变器则克服了这些缺点。桥式逆变器分为半桥逆变器和全桥逆变器。

1）单相半桥逆变器

如图 3-39 所示是单相半桥逆变器，其电路是桥式结构，左边的桥臂由电容器构成，右边的桥臂由功率管构成，输出端设在两电容器连接点和两功率管连接点之间，其工作原理如下：

假设电容器 C_1 和 C_2 已充满电。在时间 $t=0$ 时，功率管 VT_1 触发导通，电流 I_1 由电容器 C_1 的正极出发，流经功率管 VT_1、变压器 T 的一次绕组 N_1 回到 C_1 的负极，形成正半波，如图 3-39（b）所示。在 $t=t_1$ 时，VT_1 由于正触发信号的消失而截止，此时正触发信号加到了 VT_2 的控制极，使其导通，电流 I_2 由电容器 C_2 的正极出发流经变压器 T 的一次绕组 N_1、VT_2 回到电容器 C_2 的负极，一直到 $t=t_2$ 时触发信号消失而截止，这一过程形成了负半波，如图 3-39（b）所示。如此重复，便得到正弦波输出电压。

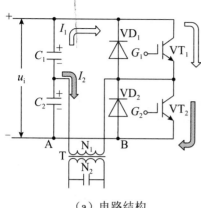 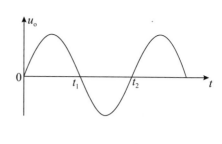

（a）电路结构　　　　　　　　　（b）输出电压波形

图 3-39　单相半桥逆变器

2）三相半桥逆变器

半桥电路可以减小由于三相负载不平衡而造成的三相输出电压差异，如图 3-40 所示是三相半桥逆变器的电路原理图。在三相半桥逆变器电路中，功率管并未增加，只是增加了一组电池。UPS 采用三相半桥逆变电路使其真正具有适应三相负载 100% 不平衡的能力，而且还省去了输出变压器，并具有输出 3×220V/380V 的能力。

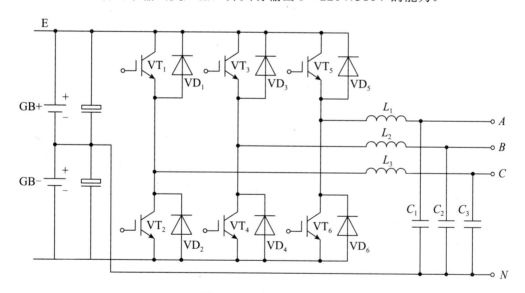

图 3-40　三相半桥逆变器

当 VT_1 触发导通时，电流的流经途径是：

GB+ 的正极（+）→ VT_1 → L_3 → 负载 → 中性线 N → GB+ 的负极（-），形成正半波；

当 VT_2 触发导通时，电流的流经途径是：

GB- 的正极（+）→ 中性线 N → 负载 → L_3 → VT_2 → GB- 的负极（-），形成负半波。

其他两个桥臂的工作情况完全相同，三个桥臂轮流工作，输出三相正弦波电压。

可以看出，半桥电路由一个臂就可以形成正负半波，其输出本身是具有中性线的三相四线制结构，可以不加输出变压器，因此在目前高频机型的 UPS 中都是采用这种方案。

输出端的 LC 滤波器可以将逆变器输出的 PWM 调制波中的正弦波解调出来，在全桥电路中大都将这个电感和输出变压器合在了一起。

采用三相半桥逆变器有如下局限：

（1）半桥电路需要两组电池，增加了成本，而全桥电路只需一组电池。

（2）半桥电路的每一相输出电压均需经过一个 LC 滤波器将脉宽调制波解调成正弦波。在解调过程中，高次谐波会经电容器的低阻抗旁路到中性线 N。由于三相输出电压在相位上互差 120°，不能将高次谐波互相抵消，因此中性线 N 上具有不易消除的高次谐波。

（3）功率管跨接在直流电压"GB+""GB-"的两端，一般这个直流电压由 64 节 12V 电池串联构成，浮充电压值大都是 64×13.5V=864V。图中每个桥臂的两只功率管虽然是串联的，但当其中一只管子导通时另一只管子就必须承受全部的 864V 电压。所以一般都采用耐压 1200V 的 IGBT，这同样增加了设备的造价。而工频机型 UPS 的逆变器的直流工作电压一般为 432V，而且是全桥电路，对功率管的耐压要求较低。

（4）目前 UPS 机内大容量电解电容器耐压一般为 400～450V，与直流电源的浮充电压相近。如果串联电容器有一个击穿烧毁，那么另一个也必然因耐压不够而烧毁，但在全桥电路中就不会出现这种现象。

3）三相三电平半桥逆变器

所谓三电平逆变器是指逆变器交流侧每相输出电压相对于直流侧电压有三种可能的取值，即正端电压（$+U_d/2$）、负端电压（$-U_d/2$）和中性点零电位（0），二极管钳位式三相三电平半桥逆变器的电路结构如图 3-41 所示。

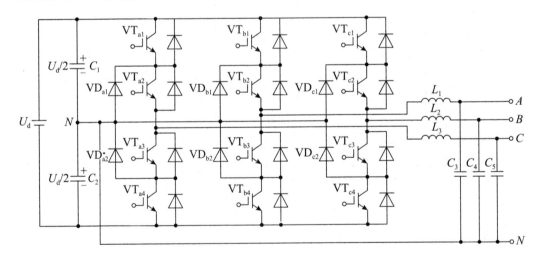

图 3-41　二极管钳位式三相三电平半桥逆变器

该电路由 2 个输入电容（C_1 和 C_2）、12 个功率开关管、12 个续流二极管和 6 个钳位二极管组成。2 个输入电容 C_1 和 C_2 均分输入电压 U_d，每个电容上的电压为 $U_d/2$，由于钳位二极管的作用，每个开关管在关断时所承受的电压为电容电压（即 $U_d/2$），因此三电平逆变器可以在不增加器件耐压等级的情况下成倍地提高输入电压。逆变器每相桥臂的4个主开关管有3种不同的通断组合,对应3种不同的输出电位,即$+U_d/2$、0和$-U_d/2$。

三电平电路方案是由日本学者 A.Nabae 等人在 1980 年的 IEEE 工业应用年会上提出的。目前,二极管钳位式三相三电平半桥逆变器是大容量、中高压逆变器的主要实现方式之一。

二极管钳位式三电平逆变器的电流路径:当U_A需要正半波输出时,电流从电容器C_1的正端(+)出发,流经VT_{a1}、VT_{a2}和L_3进入负载,再由负载的下端经中性线N返回到电容器C_1的负端,完成正半波输出的半个周期。在实际工作中这个电流不是连续的,是经过 DSP 控制的脉宽调制(PWM)的;当U_A需要负半波输出时,电流从电容器C_2的正端出发,首先进入中性线N到达负载的下端,然后经L_3、VT_{a3}和VT_{a4},回到电容器C_2的负端(-),完成负半波输出的半个周期。在实际工作中这个电流也不是连续的,是经过 DSP 控制的脉宽调制(PWM)的。

可以看出,不论是VT_{a1}和VT_{a2}导通还是VT_{a3}和VT_{a4}导通,加在每只功率管上的电压都是$U_d/2$,这就保证了功率管的安全性。

在U_A正半波结束后和负半波没有开始前,电路会输出一个零电位。此时VT_{a2}和VT_{a3}导通,于是就通过VD_{a1}和VD_{a2}接通到中性线N。将零电位加到负载上,此时VT_{a1}和VT_{a4}在截止情况下各自承担电压$U_d/2$。

4)单直流电源的半桥逆变器

如图 3-42 所示为单直流电源的半桥逆变器的电路结构,同全桥逆变器相比多了一个桥臂(VT_7和VT_8),因而省去了一组直流电源。

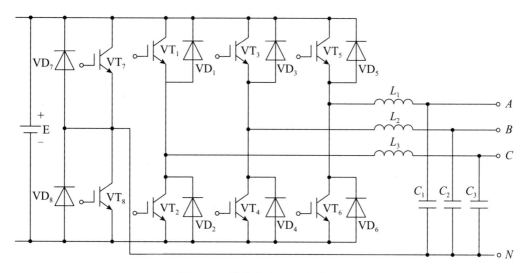

图 3-42　单直流电源的半桥逆变器

当U_A需要正半波输出时,电流从电源E的正极(+)出发,流经$VT_5 \rightarrow L_1 \rightarrow$负载$\rightarrow$中性线$N \rightarrow VT_8$,返回到电源$E$的负极(-),完成正半波输出的半个周期。

当U_A需要负半波输出时,电流从电源E的正极(+)出发,流经$VT_7 \rightarrow$中性线$N \rightarrow$负载$\rightarrow L_1 \rightarrow VT_6$,返回到电源$E$的负极(-),完成负半波输出的半个周期。

这样，逆变器功率管上的电压降低了，既节能又提高了可靠性，并降低了器件的成本。

单电源技术的推出，使得高频机型 UPS 不但取消了输出变压器，而且也将直流电源由两个减少到和工频机型 UPS 一样的一个电源。

3. 全桥逆变器

半桥逆变器由于一个桥臂由电容构成，因而它的输出功率不会很大。在要求输出功率较大的场合（比如 500VA 以上时），一般都采用全桥式逆变器电路结构。全桥式逆变器电路结构也分为单相桥和多相桥。单相桥多用于小功率的单进单出 UPS 中，一般在 10kVA 左右。在特殊情况下，也可用于三进单出大功率 UPS 中，比如 30kVA 或以上。不过在大功率 UPS 中多用三进三出全桥式逆变器电路结构。

1）单相全桥逆变器

目前的小功率工频机型 UPS 采用的就是单相全桥逆变器，其电路结构和单相半桥逆变电路的不同之处仅在于其桥臂都是由具有开关功能的功率管构成，如图 3-43 所示。由于是 4 只功率管的全桥逆变器，因而其具有较大的输出功率。在单相半桥逆变电路中，无论哪一只功率管导通，流过它的电流都要再通过一只电容器，随着电容器电荷量的增加，电容器上的电压会逐渐升高，这时的电流便会随着电容器电压的升高而减小，于是导致输出功率减小。为了使输出功率不随时间而变化，就必须增加电容器的容量或缩短功率管的导通时间。电容器容量的增加会造成设备体积的增大和寄生参量的增大，而提高频率则对功率管性能有更高的要求，这就限制了其功率的提高。

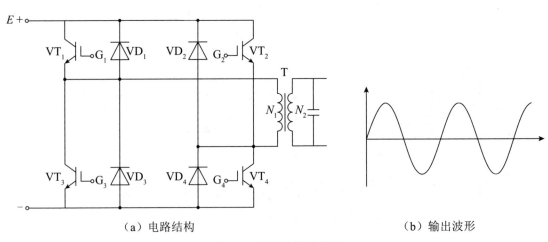

（a）电路结构　　　　　　　　　　　　（b）输出波形

图 3-43　单相全桥逆变器

在全桥电路中，功率管是成对导通的，即 VT_1 和 VT_4 或 VT_2 和 VT_3 成对导通。当 VT_1 和 VT_4 触发导通时，电流 I 的流经途径是：E 的正极（+）→ VT_1 → 变压器一次绕组 N_1 → VT_4 → E 的负极（−），形成如图 3-43（b）所示的正半波。当 VT_2 和 VT_3 触发导通时，电流 I 的流经途径是：E 的正极（+）→ VT_2 → 变压器一次绕组 N_1（反向通过）→ $VT3$ → E 的负极（−），形成如图 3-43（b）所示的负半波。不论哪一对功率管导通，电流I的路径除了流过的功率管的编号不同以外，其他都是一样的，这就保证了输出功率是不变的。

2）三相全桥逆变器

大功率UPS（例如10kVA以上）多采用三相桥式逆变器。如图3-44所示是三相全桥逆变器的电路结构，三相全桥由6只功率管构成。采用这种逆变器结构的UPS的逆变器后面必须接一个隔离变压器T，通过"△—Y"变压器将三相三线制供电转换成三相四线制。这个变压器大都只是一个普通的电源变压器，只起升压和提供中性线的作用，不具备隔离干扰的功能。

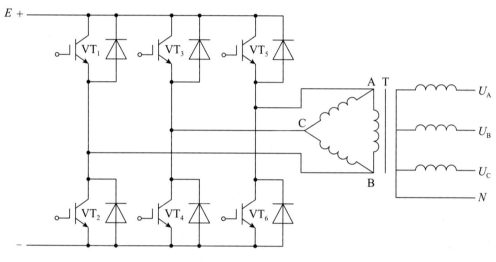

图3-44　三相全桥逆变器

和单相全桥逆变器一样，三相全桥逆变器的功率管也是成对导通的：VT_1和VT_5；VT_1和VT_6；VT_3和VT_6；VT_3和VT_2；VT_5和VT_2；VT_5和VT_4。其脉宽调制波经滤波后得到的三相输出波形如图3-45所示。

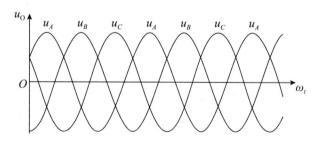

图3-45　三相全桥逆变器的输出电压波形

三相全桥逆变器的控制方式主要有两种：一种是三相统一控制，这种方式对输出端三相负载的不平衡度要求较高（例如要求不超过50%）；另一种是对三相分别进行控制，可以将三相电压的不平衡度减到最小。

4. 双向变换器

在在线互动式UPS中，整流器/充电器和逆变器的全部功能都是由双向变换器完成的。双向变换器的电路结构如图3-46所示。在市电正常时，双向变换器是整流器/充电器，为蓄电池提供充电用的直流电源。当市电故障而改由蓄电池放电时，双向变换器的作用便是逆变器，其工作过程和其他UPS逆变器完全一样。其中VD1～VD4的作用是将功率管由导通转为截止的瞬间在变压器绕组上产生的反电动势泄放回电池。

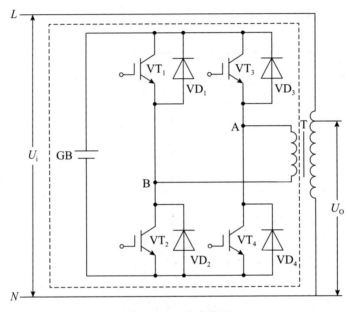

图 3-46　双向变换器

双向变换器整流时不逆变，逆变时不整流，保证了在线互动式UPS的正常运行。

5. 大功率高频机型 UPS 主电路

如图 3-47 所示为大功率高频机型 UPS 的主电路，这种电路采用了高频整流器和半桥逆变器。

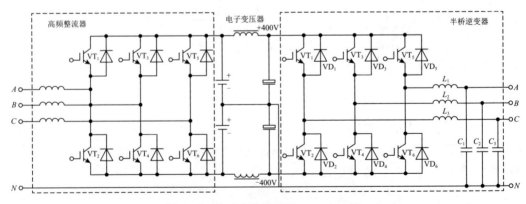

图 3-47　大功率高频机型 UPS 主电路

3.4　旁路

旁路是双变换在线式 UPS 的四大基本组成部分之一，配置有静态旁路开关 STS。当逆变器输出正常时，旁路开关断开市电，并接通逆变器输出开关，由逆变器输出为负载提供电源。当逆变器输出异常或实行应急人工检修时，该开关接通市电开关并断开逆变器输出开关，由旁路市电为负载供电。当然，后备式或在线互动式 UPS 也配置有市电直接供电的旁路开关，当市电正常时，旁路开关闭合，由市电为负载提供电源，同时断开逆变器的输出开关；当市电异常时，旁路开关断开，同时将逆变器的输出接通到输出端为负载提供电源。以上的旁路开关转换在线路的转接关系上是完全正确的，但在转换的瞬间存在两方面的问题：一是转换瞬间市电供电和逆变器供电可能产生间断（例如后备式或在线互动式 UPS）；二是转换瞬间市电和逆变器输出的波形不一致而导致转换失败，或者因出现过大的环流而使转换开关损坏或危及逆变器。因此，主路和旁路的切换控制需要跟踪控制环节。

UPS 中一般设置有市电与 UPS 逆变器输出相互切换的转换开关，以便实现两者的互补供电，增强系统的可靠性。对于双变换在线式 UPS 来说，转换开关采用静态切换开关（Static Transfer Switch，STS）。STS 是实现二选一的自动电源切换装置，它能够自动或手动地将负载以很短的时间完成市电旁路供电和逆变器供电的切换。在正常工作状态下，负载由 UPS 逆变器供电。UPS 过载时，为了保护逆变器，在市电正常的情况下通过 STS 将输出由逆变器转换到市电旁路；当逆变器出现故障时，为了保证负载不断电，UPS 的输出也通过 STS 切换到市电旁路。由于 UPS 内部一般都有同步锁相电路，同时静态开关转换时间短，因此在转换过程中不会出现供电间断。小型 UPS 一般采用快速继电器作为静态开关，大、中型 UPS 则采用反向并联的快速晶闸管作为静态开关。

STS 也常用于其他要求两路电源实现快速切换的场合。通常单相工作且容量小于32A 以下的 STS 产品的典型切换时间为 6 ～ 12ms，一般可以安装在标准机柜之内，而容量较大（通常 32A 以上）且三相工作的 STS 产品的典型切换时间小于 5ms，一般是独立柜体安装。

1. 主路与旁路的安全转换条件

为方便讨论，我们将市电与 UPS 逆变器输出的转换简化成如图 3-48 所示的等效电路，其中 u_1 表示市电电压，u_2 表示 UPS 逆变器输出电压，S_1 和 S_2 表示转换开关，R 表示负载。

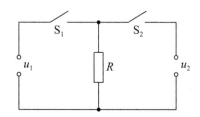

图 3-48　市电与 UPS 逆变器输出转换的等效电路

由于 S_1 和 S_2 的非理想性，在两路电源的相互转换过程中，很难做到一个开关断开而另一个开关立即闭合，因此可能出现两种情况：

（1）一个开关（例如 S_1）已断开而另一个开关（例如 S_2）还没有接通。这会造成供电的瞬间中断，如果这个中断时间可以被负载（如计算机开关电源）接受，则转换可以进行，否则在转换过程中可能导致负载掉电的严重后果。

（2）一个开关还未断开而另一个开关已经接通。这会导致转换过程中 u_1 与 u_2 并联向负载供电。如果 u_1 与 u_2 不同步，则 u_1 与 u_2 间将产生环流，环流严重时会导致转换开关损坏或逆变器故障。

因此，在实现两路电源（u_1 与 u_2）相互切换时，要求 u_1 与 u_2 先实现同步，然后再进行切换。例如UPS中设置了锁相同步环节，以保证UPS逆变器输出时刻跟踪旁路市电。但事实上很难实现 u_1 与 u_2 的完全同步，仍有可能出现切换瞬间的环流或切换瞬间负载端呈现出高感应电压，同样会造成转换开关及逆变器的损坏，因此最好在负载电流过零瞬间进行转换。

2. 检测与控制电路

欲使转换开关按照转换条件转换，就必须为其配置相应的控制电路，以使其在控制电路的控制下完全自动地完成转换工作。转换开关所要配置的控制电路包括电压检测电路、电流检测电路、同步检测电路及门控驱动电路等。

1）电压检测电路

电压检测电路主要负责检测逆变器输出电压和市电输入电压是否正常，通常是检测电压值是否在规定的范围内。若逆变器输出电压正常，则转换开关不动作；若逆变器输出电压不正常而市电电压正常，则使转换开关动作，执行切换。

2）电流检测电路

电流检测电路主要是检测逆变器的输出是否过流及负载电流是否过零。如果逆变器的输出过流，则停止逆变器工作；如果负载电流过零，则送出过零信号，以便在需要转换时作为控制信号去控制UPS的转换开关。

3）同步检测电路

同步检测电路的功能是检测市电与逆变器的输出电压是否同步，以决定是否在两者之间实现切换。

4）门控驱动电路

门控驱动电路的功能是：转换开关不切换时，负载电流的过零信号便照常发出，使转换开关维持原有状态；需要转换开关切换时，在负载电流过零时切断一路脉冲而接通另一路脉冲。

3.5　脉宽调制技术（PWM）

对于 UPS 而言，输入的市电经过整流和逆变，最终输出具有优质正弦波形的交流电源，为负载供电。早期的 UPS 受逆变器功率器件和技术的限制，只能产生方波或准方波，而后再利用庞大的滤波器将方波或准方波过滤成正弦波。为了减小滤波器的体积和自重，在电路中采取了多个方波叠加阶梯波的方法，但这样一来，由于增加了逆变器的数量，UPS 的体积和自重仍很大，而且噪声大、效率低。高频大功率器件出现以后，产生了脉宽调制（PWM）技术，UPS 也发生了根本性的变化。逆变器的控制方法有很多种，在 UPS 设备中使用的方式主要有三种，即波形叠加法、脉冲宽度调制（PWM）法以及 PWM+ 波形叠加混合法，其中使用最广泛的便是 PWM 法中的正弦脉宽调制（SPWM）法。

PWM（Pulse Width Modulation），即脉冲宽度调制技术，通过对逆变电路功率开关器件的通断进行控制，使输出端得到一系列幅值相等但宽度不一致的脉冲，用这些脉冲来代替正弦波或所需要的波形。也就是在输出波形的半个周期中产生多个脉冲，使各脉冲的等值电压为正弦波形，所获得的输出平滑且低次谐波少。按一定的规则对各脉冲的宽度进行调制，既可改变逆变电路输出电压的大小，也可改变输出频率。

3.5.1　单脉冲PWM

所谓单脉冲 PWM，就是用一个矩形波脉冲去等效交流电的正半周，再用同样的矩形波脉冲去等效交流电的负半周，通过调整矩形波的脉冲宽度来调整和稳定输出电压，而通过调整矩形波脉冲的中心距离来调整和稳定输出频率，如图 3-49 和图 3-50 所示。

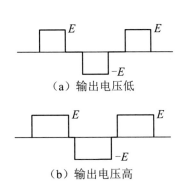

图 3-49　通过调整脉冲宽度来调整输出电压

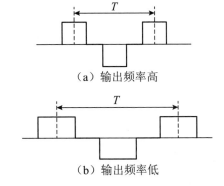

图 3-50　通过调整脉冲的中心距离来调整输出频率

如图 3-51（a）所示是一种在小型 UPS 中采用的产生单脉冲 PWM 波的电路，其工作原理是：由锯齿波发生器产生幅度和频率固定的锯齿波，频率一般选定为 100Hz，其电压 u_1 与放大器输出的可调控制电压 u_2 相比较，得到一个频率为 100Hz、宽度受 u_2 控制的脉冲 u_3。u_3 和经触发器输出的选通信号 u_4 及 u_5 一起送到两个与门输入端，经与门

输出的 u_6 及 u_7 就是单脉冲 PWM 波。u_6 和 u_7 经隔离驱动电路后便可作为逆变器主电路功率开关的原始驱动信号，实现对逆变器主电路的控制功能。图 3-51（b）给出了各电压的时序和波形。只要适当调整正负电压脉冲各电压参量的时序与波形间隔，即可在频率固定的情况下调整正负电压脉冲的宽度，从而有目的地消除三次及其他次谐波。可见，单脉冲 PWM 波具有一定的谐波抑制能力。

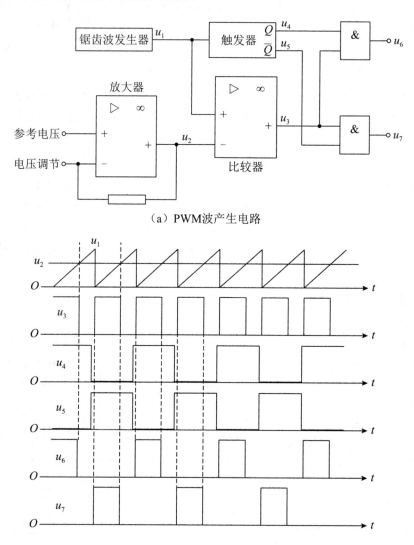

（a）PWM波产生电路

（b）各电压参量的时序与波形

图 3-51　单脉冲 PWM

3.5.2　多脉冲PWM

多脉冲 PWM 就是用多个等宽度的矩形波脉冲去等效交流电的正半周，再用同样多个等宽度的矩形波脉冲去等效交流电的负半周，通过调整矩形波的脉冲宽度来调整和稳定输出电压，而通过调整矩形波脉冲的中心距离来调整和稳定输出频率。

多脉冲 PWM 输出比单脉冲 PWM 输出含有的谐波更容易滤出，但每个周期内开关器件通断次数过多会造成控制电路复杂和过多的能量损耗。

3.5.3　SPWM

SPWM 是在 PWM 的基础上，使每一个输出电压脉冲在一个特定时间间隔内包含的能量等效于正弦波在该时间内包含的能量。

正弦波输出电压的产生机理如图 3-52 所示。

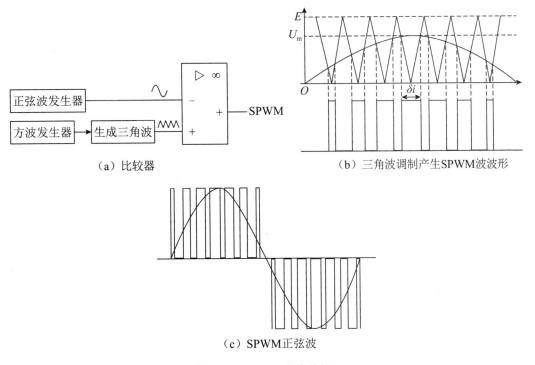

（a）比较器　　　　　　　　　　（b）三角波调制产生SPWM波波形

（c）SPWM正弦波

图 3-52　SPWM 产生的机理

产生 SPWM 波的过程如下：

（1）产生方波。UPS 本身有一个本地振荡器，作为 UPS 的电路工作的时钟基准，产生的波形都是方波。

（2）产生三角波。该波形是脉宽调制技术所需要的，它是利用积分电路将方波转换成三角波。

（3）产生正弦波。目前 UPS 输出电压的波形都是正弦波，可以利用专门的集成电路或软件来产生正弦波，作为产生脉宽调制波的基础波形（图 3-52（b）中的半波）。

（4）产生脉宽调制波。影响 UPS 价格的主要因素是效率和体积。电能转换效率低就必须采用复杂的散热措施，工作频率低就必须采用大滤波系数的滤波器，滤波器用的扼流圈和电容器不仅非常笨重而且造价高。利用脉宽调制技术可以有效解决上述问题。其原理是，将正弦半波（π）波形分成 N（当 $N=1$ 时就是单脉冲 PWM，图 3-52 中 $N=8$）等份，则可把正弦半波看成由 N 个彼此相连的脉冲所组成的波形。这些脉冲宽度相等，都等于 π/N，但幅值按正弦规律变化，且脉冲顶部也是正弦曲线。如果把上述脉冲序列用同样数量的等幅而不等宽的矩形脉冲序列代替，使矩形脉冲的中点和相应正弦等分的中点重合，且使矩形脉冲和相应正弦部分面积（即冲量）相等，就得到一组脉冲序列，这就是 PWM 波形。可以看出，各脉冲宽度是按正弦规律变化的。根据冲量相等效果相同的原理，PWM 波形和正弦半波是等效的。对于正弦波的负半周，也可以用同样的方法得到 PWM 波形，用于控制 UPS 逆变器的工作。这样就把复杂的正弦波输出电压生成过程变成了简单的高频等幅脉宽调制波的生成过程。要使 SPWM 具有更好的谐波抑制能力，必须将 N 值尽可能取大。

在实际应用中，常用 50Hz 的正弦波信号与一个频率比 50Hz 高很多的三角波相比较（三角波法），如图 3-52（b）中所示。当正弦波的幅值高于三角波时，比较器输出正脉冲，反之输出 0。负半波的原理与正半波完全相同。

在 PWM 波形中，各脉冲的幅值是相等的，要改变等效输出正弦波的幅值时，只需要按同一比例系数改变各脉冲的宽度即可，因此在交 - 直 - 交变频器中，PWM 逆变电路输出的脉冲电压就是直流侧电压的幅值。

根据上述原理，在给出了正弦波频率、幅值和半个周期内的脉冲数后，PWM 波形各脉冲的宽度和间隔就可以准确地计算出来。按照计算结果控制电路中各开关器件的通断，就可以得到所需要的 PWM 波形。

（5）生成输出正弦波。高频脉宽调制波控制逆变器功率开关器件规律地通断，使逆变器的输出波形呈现如图 3-52（c）所示的脉宽调制波形状。通过对该脉宽调制波进行解调（只须在输出端接一个合适的滤波电容），即可得到所需的正弦波输出。

（6）稳定输出电压。UPS 是一个输出电压稳定的电压源。在比较器中，为了保证比较波形的质量，一般不主张变化波形，因此，采用改变比较波形基准电压（改变三角波基准电压）的方法来稳定输出电压，在此不再赘述。

随着计算机技术的发展，很多 UPS 均用微处理器来产生 SPWM 波，不仅使整个控制电路的硬件更加简洁，控制精度和抗干扰性也更好。

3.5.4　SVPWM

在作为 UPS 核心技术的脉宽调制（PWM）方法中，目前最受重视的是电压空间矢量脉宽调制法（Space Vector Pulse Width Modulation，SVPWM）。

SVPWM 将逆变器和电动机看成一个整体，建立逆变器开关模式和电机电压空间矢量的内在联系，通过适当切换三相逆变器的开关模式，使电机的定子电压空间矢量沿圆形轨迹运动，从而形成 PWM 波。

空间矢量的产生是 SVPWM 的关键环节。普通的三相全桥由 6 个开关器件构成，这 6 个开关器件组合起来共有 8 种安全的开关状态，其中 000、111（表示三个上桥臂的开关状态）这两种开关状态在电机驱动中不会产生有效的电流，因此称其为零矢量。另外 6 种开关状态是 6 个有效矢量，称为基本矢量，它们将 360° 的电压空间分为 6 个扇区，每个扇区 60°，利用这 6 个基本矢量和两个零矢量就可以合成 360° 内的任何矢量。

例如，当要合成某一矢量时，先将这一矢量分解到离它最近的两个基本矢量，而后用这两个基本矢量去表示要合成的矢量，而每个基本矢量的大小则用作用时间长短来代表。

在变频电机驱动时，矢量方向是连续变化的，因此需要不断计算矢量作用时间。在合成时，一般是定时去计算（如每 0.1ms 计算一次），这样只须算出在 0.1ms 内两个基本矢量作用的时间。由于计算出的两个时间的总和可能小于 0.1ms，因而可以在剩下的时间内按情况插入合适的零矢量。这样合成的驱动波形和 PWM 很类似，而且是基于电压空间矢量合成的，因此称为 SVPWM。

SVPWM 的优越性主要表现在以下几个方面：开关器件的开关次数可以减少 1/3，在大范围的调制比内有很好的性能，无须大量角度数据，直流母线电压利用率高（相比于传统的 SPWM 方法可提高 15%），物理概念清晰，算法简单且适合数字化方案，易于实现数字化控制和实时控制。因此这种控制方法是国内外大功率变频产品中使用最为广泛的一种，也是三电平逆变器研究的热点问题。

目前，芯片制造商已经为两电平逆变器开发了专用的 DSP 芯片，可以方便地实现两电平逆变器的空间矢量产生功能。对于多电平逆变器，由于开关器件和电平数的增加，矢量产生的复杂程度要远大于两电平逆变器，当前还没有支持多电平逆变器矢量产生的专用 DSP 芯片，所以为多电平逆变器寻找一种简单且通用的空间矢量产生方法是众多研究者关注的问题。

3.6　UPS 其他主要电路

整流器和逆变器是 UPS 电源的主要部件，主要进行电能变换，完成 UPS 的基本功能。此外，UPS 还有功率因数校正电路、相位跟踪电路、转换开关、保护电路、辅助电源、显示电路以及蓄电池充电电路等，这些电路与整流器、逆变器共同构成完整的 UPS 电源系统。

3.6.1　功率因数校正（PFC）电路

在 UPS 的整流滤波电路中，由于整流器件的非线性和电容的储能作用，会使输入电压和电流发生严重畸变，略去谐波电流的二次效应，可以认为输入电压为正弦波，输入电流为非正弦波，电流和电压之间的相位差会造成交换功率的损失，因此需要功率因数校正（Power Factor Correction，PFC）电路提高 UPS 的输入功率因数。

PFC有两种，一种是无源PFC（也称被动式PFC），一种是有源PFC（也称主动式PFC）。在实际电路中，往往把PFC电路设置在桥式整流输出至滤波电路之间。经PFC电路处理后的输入电流波形与输入电压（基准电压）波形同频同相，就达到了功率因数校正的目的。

1. 无源功率因数校正

无源功率因数校正电路是利用电感和电容等元器件组成滤波器，将输入电流波形进行相移和整形。采用这种方法可以使功率因数提高至0.9以上，其优点是电路简单，成本低；缺点是电路体积较大，并且可能在某些频率点产生谐振而损坏用电设备。

无源功率因数校正有两种方法，一种方法是在整流器与滤波电容之间串入无源电感L，如图3-53所示，整流器和电感L间的电压可随输入电压而变动，整流二极管的导通角变大，使输入电流波形得到改善。

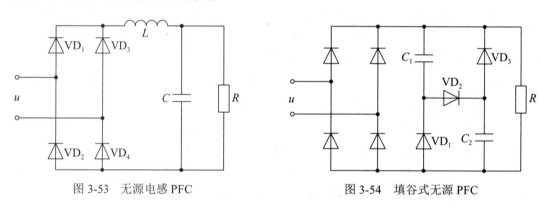

图 3-53　无源电感 PFC　　　　　图 3-54　填谷式无源 PFC

无源功率因数校正的另一种方法是采用电容和二极管网络构成的填谷式无源校正，如图3-54所示。其基本思想是采用两个串联电容作为滤波电容，二极管使两个直流电容能够串联充电、并联放电，以增加二极管的导通角，从而改善输入侧功率因数。

无源功率因数校正电路主要适用于小功率应用场合。

2. 有源功率因数校正

有源功率因数校正电路是在整流器和滤波电容之间增加一个DC/DC开关变换器，如图3-55所示。主电路是一个全波整流器，实现AC/DC变换，电压波形不会失真；在滤波电容C_2之前是一个Boost变换器，实现升压式DC/DC变换。其中，Boost变换器是输出升压型变换器，具有电感电流连续的特点，以及电流畸变小、输出功率大和驱动电路简单等优点，所以使用极为广泛，而储能电感也可用作滤波电感来抑制EMI噪声。除采用Boost变换器外，Buck-Boost、Flyback、Cuk等变换器也都可用于有源功率因数校正的主电路。从控制回路来看，它由一个电压外环和一个电流内环构成，其中整流器输出电压u_d、升压变换器输出电容电压u_c与给定电压U_c^*的差值同时作为乘法器的输入，构成电压外环，乘法器的输出则是电流内环的给定电流I_s。

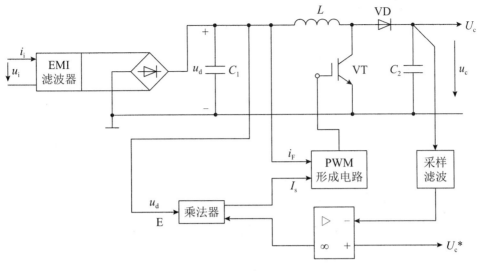

图 3-55　有源 PFC

有源 PFC 的基本思想是选择输入电压 u_i 作为一个参考信号，使得输入电流跟踪参考信号，实现输入电流的低频分量与输入电压为近似同频同相的波形，从而避免形成电流脉冲，达到提高功率因数和抑制谐波的目的，同时采用电压反馈，使得输出电压为近似平滑的直流输出电压。在工作过程中，升压电感 L 中的电流受到连续监控与调节，使之能跟随整流后的正弦半波电压波形。

有源功率因数校正的主要优点是：可得到较高的功率因数（0.97～0.99，甚至接近 1），总谐波畸变低，可以在较宽的输入电压范围内工作，体积小，重量轻，输出电压也保持恒定。

3.6.2　相位跟踪电路

所谓跟踪，就是使 UPS 的逆变器输出电压时刻跟踪市电电压，使得 UPS 逆变器的输出电压与市电电压保持同频率、同相位和同幅值。UPS 中设置跟踪控制环节，不但可以使市电和逆变器输出之间进行安全切换，也是构成多台 UPS 并机冗余系统的必备条件。

UPS 的相位跟踪主要是对输出电压为正弦波的 UPS 而言的。对于方波输出的小功率 UPS，由于市电电压是按正弦规律变化的，无法实现跟踪，因此没有跟踪控制环节。

市电和逆变器输出电压的相位不同步时可能有两种情况：一种是同频但初相角不同，另一种是不同频。对于第一种情况，可采用硬件电路检测两者的相角差，然后将相角差转换成控制电压，由此去调整逆变器的输出电压频率，达到相角一致时再将频率调回市电频率；对于第二种情况，可采用硬件电路检测两者的频率差，然后将频率差转换成控制电压，由此去控制和调整逆变器的输出电压频率，直至频率差为零。在 UPS 运行过程中，跟踪环节必须随时检测市电与 UPS 逆变器输出电压的相位，以便实现实时跟踪。

现在的 UPS 中一般采用微处理器作为核心控制元件，在实现相位跟踪时，只须将市电电压和逆变器输出电压信号进行简单的变换处理，然后再送给微处理器，即可通过软件完成相位跟踪，这样便省去了许多硬件电路，使得 UPS 的体积和重量均得以减小。

实现相位跟踪最简单的方法是用市电电压作为同步信号，但这种方法受市电影响较大，例如市电波形失真会导致 UPS 逆变器输出电压的频率变化，市电电压的频率偏移会影响供电质量，因而这种方法简单却不好用。在实际应用中，主要采用锁相环电路来实现相位跟踪，即把市电和 UPS 逆变器输出电压的相位差转换成控制电压，再利用这个控制电压去控制一个压控振荡器，以此来改变逆变器的频率，从而实现相位跟踪。

1. 锁相环电路的基本构成

UPS 中所用的锁相环电路一般由鉴相器、低通滤波器、压控振荡器和分频器组成，如图 3-56 所示。

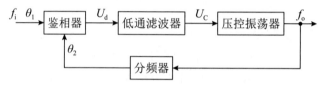

图 3-56　锁相环电路的基本结构

锁相环电路中各组成部分的作用如下：

（1）鉴相器也称相位比较器，用来比较输入信号与输出信号的相位，并将相位差转换成电压控制信号。

（2）低通滤波器滤除鉴相器输出电压中的交流成分，改善锁相环电路的性能。

（3）压控振荡器是指用输入电压控制输出电压频率的振荡器，其作用是产生频率与输入电压相对应的脉冲信号。压控振荡器的输出信号经分频器后，与输入信号一起作为鉴相器的输入信号，但对鉴相器起控制作用的不是信号频率而是瞬时相位。

（4）分频器将压控振荡器的输出信号进行 N 分频，使分频后的信号频率与输入信号频率一致。

2. 锁相环电路的工作过程

锁相环电路的工作过程分为同步过程、跟踪过程、捕捉过程和暂态过程等，简述如下。

（1）同步过程。

锁相环电路在闭环情况下，由于环路的相位负反馈作用，在一定频率范围内能够使压控振荡器的频率保持在等于 N 倍输入信号频率的状态，称为环路处于锁定状态。在环路处于锁定状态时，由于不稳定因素的影响，压控振荡器的输出信号频率 f_o 会产生漂移，环路的反馈作用使其继续锁定在输入信号频率上的过程就是同步。

例如，假设 f_o 漂移增大，则由图 3-56，有 f_o 增大→ θ_1 增大→ θ_2 增大→（$\theta_1 - \theta_2$）减

小→ U_d 减小→ U_c 减小→ f_o 减小，频率 f_o 变小，被锁定在输入信号频率上，这就是锁相环的同步过程。

（2）跟踪过程。

当环路处于锁定状态时，输入信号的频率在一定频率范围内变化，此时环路的负反馈作用使压控振荡器的频率 f_o 锁定在输入信号的过程称为跟踪。

例如，假定输入信号频率 f_i 增大，则有 f_i 增大→ θ_1 增大→ θ_2 增大→（ $\theta_1-\theta_2$ ）增大→ U_d 增大→ U_c 增大→ f_o 增大。

对 UPS 而言，相位跟踪是必备的环节，一般不强调幅值跟踪，这是因为 UPS 的作用之一便是稳压，如果要幅值也完全跟踪市电，则会导致 UPS 的输出电压与市电电压一样变化，这样在市电电压幅值波动较大时，便起不到改善电压质量的作用。但在市电和逆变器输出相互转换时，两者的幅值差异又不能太大，幅值差异太大会导致环流过大而造成危害。因此，双变换在线式 UPS 的逆变器输出电压一般采用稳压输出，系统启动时先让市电旁路输出，当逆变器的输出与市电同步时再进行转换，逆变器故障时则直接转换成市电旁路输出状态。

3.6.3　保护电路

为了保证 UPS 可靠地工作，UPS 应有较完善的保护电路。UPS 中常见的保护电路有过电流保护、输出过 / 欠压保护、过温保护和蓄电池过 / 欠压保护等。

1. 过电流保护

过电流保护包括过载保护和短路保护。对于大、中容量 UPS 而言，UPS 的过载能力的典型值为 125% 负载时 10min，150% 负载时 30 ～ 60s，超过这个时间，UPS 会自动切换到旁路交流输入，当负载正常时会自动切换回逆变器输出模式。当发生短路或严重超载（超过 200% 额定负载）时，UPS 立即停止逆变器输出并切换到旁路交流输入，此时前面的输入断路器也可能跳闸。消除故障后，只要合上输入断路器，重新开机，即可恢复工作。因此，过电流保护电路可以防止因逆变器功率管的损坏而造成严重后果。

过电流保护的形式有三种。

1）切断式保护

切断式保护电路的原理框图如图 3-57 所示，电流检测电路检测电流信号，经电流 / 电压转换电路将电流信号转换成电压信号，再经电压比较电路进行比较。当负载电流达到某一设定值时，信号电压大于或等于比较电压，比较电路产生输出，触发晶闸管或触发器等能保持状态的元件或电路，使控制电路失效，电源输出被切断。电源输出被切断后，通常不能自行恢复，必须改变状态保持电路的状态，即必须重新启动电源才能恢复正常输出。切断式保护电路属于一次性动作，对保护电路中电流检测和电压比较电路的要求较低，容易实现。

图 3-57　切断式保护电路

2）限流式保护

图 3-58 所示是限流式保护电路的原理框图，电压比较电路的输出不是使整个控制电路失效，而是取代误差放大器控制 V/W 电路的输出脉冲宽度。当负载电流达到设定值时，保护电路工作，使 V/W 电路的输出脉宽变窄，稳压电源输出电压下降，以维持输出电流在某个设定范围内，直到负载短接，V/W 电路将输出最小脉宽，输出电流始终被限制在某一设定值。

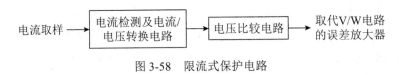

图 3-58　限流式保护电路

限流式保护可用于抑制负载设备启动时的输出浪涌电流，也可用作稳压电源的电流监视器，限制高压开关管两个半周期不对称时引起的电流不平衡。此外，限流式保护使用正弦脉宽调制方法（PWM），可以实现开关电源的并联运行，尤其是能够实现无主从并联运行，组成 $N+1$ 直流供电系统。

3）限流 - 切断式保护

限流 - 切断式保护电路是上述两种保护方式的结合，分两阶段进行。当负载电流达到某设定值时，保护电路动作，输出电压下降，负载电流被限制；当负载电流继续增大至第二个设定值或输出电压下降到某设定值时，保护电路进一步动作，将电源切断。

保护电流的取样一般不放在输出回路内，而是通过串联在负载回路里的一个信号电阻完成。

2. 输出过 / 欠压保护

UPS 输出电压过高或出过低均会对负载造成不利影响。输出电压过高易对负载造成冲击，严重时还可能烧毁负载，而输出电压过低则可能造成负载工作不正常，因此 UPS 要设置过 / 欠压保护电路，在 UPS 输出电压超过设定的阈值时，使逆变器停止工作，并切换到旁路市电输出。过 / 欠压保护电路通常由电压检测电路、阈值比较器电路和控制电路等组成。

3. 过温保护

UPS 的功率开关器件对温度要求较高，因此需配置良好的散热装置。造成功率开关器件温升的因素主要有两方面：一是过流，二是散热条件变差。若功率开关器件的结温超过其额定结温，也会烧坏。因此，UPS 需要设置过温保护电路，必要时紧急关断功率开关器件。过温保护电路主要由温度检测电路、比较器、控制门和延时电路组成。

其中延时电路与过载保护电路共用；温度检测电路由温度传感器和两级放大器组成，常见的温度传感器有温度继电器、热敏电阻、热电偶和晶体管温度传感器等。

4. 蓄电池过/欠压保护

蓄电池在使用过程中，常因为过充电或过放电而造成蓄电池容量下降，从而缩短其使用寿命。为此，必须设置保护电路。蓄电池的保护分为过压保护和欠压保护两类。

1）过压保护

蓄电池正负两端电压超过它规定的最高电压，称为过压。蓄电池在充电后期，两端电压上升很快，其内部的气泡不断增加，如果蓄电池过度充电，则不仅浪费电能，而且还会造成水分丢失，影响蓄电池寿命。因此，当蓄电池正负两端电压超过设定的最高电压值时，过压保护电路便切断充电器与蓄电池之间的联系。蓄电池过压保护电路由电压检测电路、比较器和控制电路组成。

2）欠压保护

蓄电池正负两端电压低于其放电终止电压，称为欠压。蓄电池放电后期，两端电压会急剧下降，一般在蓄电池正负两端电压达到放电终止电压之前需停止放电，否则如果过度放电便会造成蓄电池不可逆的永久性损坏，因此必须设置欠压保护功能，及时停止放电，将 UPS 转为旁路工作模式。蓄电池欠压保护电路由电压检测电路、比较器、控制门和延时电路组成，其中延时电路与过载保护电路共用。

3.6.4 辅助电源

UPS 除了向负载提供优质交流电源外，还向内部提供直流电源，以保证各控制电路的正常工作，这种提供直流电源的电路或装置称为辅助电源。目前 UPS 中辅助电源多采用变换器，变换器是将直流变成交流、将交流变成直流或进行幅度转换及频率转换的电路。本节主要介绍直流变换器，它将一个值的直流电压变换成另一个值的直流电压。变换器就其控制来说可分为自激式和它激式两种。单端变换器即单向变换器，是 UPS 辅助电源的常用电路，也是 PWM 电源最基本的电路，分为正激和反激两种结构，在 UPS 中根据不同的要求和用途采用不同的结构方案。

1. 单端正激变换器

单端正激变换器是一个直流变换器，它将一个直流电压变换成另一个或另一些直流电压，以满足 UPS 控制电路中各种不同直流工作电压的需要，如 ±5V、±12V 和 ±24V 等。如图 3-59 所示是只有两个直流输出电压的单端正激变换器的原理结构图，电路主要由控制电路 IC、功率管 VT、高频变压器、回授二极管 VD_1、高频整流管 VD_2、VD_3 和滤波电容等组成。图中电阻 R 的作用是向控制电路提供一个负反馈电流信号，既可在需要时保持电流稳定，又可在一定程度上保护功率管，使其不至于因电流过大而烧毁。

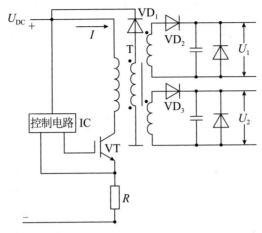

图 3-59　单端正激变换器

单端正激变换器可以给出较大的功率，甚至 100kVA 以上的 UPS 也大都采用这个电路。其不足之处是，对于灵敏度很高的用电电路来说，供电电源的微小变化就可能导致机器的数据错误、丢失和其他控制故障。例如，当输出整流器导通时，若正好有高频脉冲干扰叠加在输入直流电压上，则这个干扰很可能通过整流器直接干扰控制电路。尽管整流器后有很大的滤波电容，但由于它在频率很高且前沿很陡的干扰信号面前已不是纯容性，因此不能将高频干扰脉冲完全滤掉。

2. 单端反激变换器

反激变换器可以有效地隔断输入和输出之间的影响，如图 3-60 所示是单端反激变换器的原理结构图。可以看出，它和正激变换器有两点不同：①变压器二次绕组的同名端被移到了另一端；②省掉了回授二极管支路。

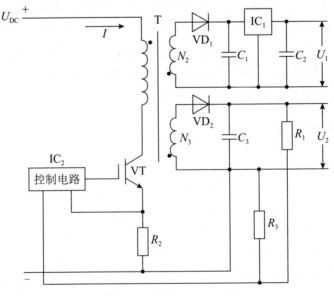

图 3-60　单端反激变换器

反激变换器是利用变压器的储能向负载提供电源的，即利用反电动势进行正常工作，因此不能采用以泄放变压器储能为目的的回授电路。尽管反激变换器具有良好的隔离干扰的功能，但由于其功率较小，因而限制了其应用范围，其功率一般不超过几百瓦。

在 UPS 中，大多数的变换器电源不止输出一个稳定电压，而实际上变换器只能保证其中一个电压是稳定的，如图 3-60 所示的 U_2。在输出 U_2 的回路中，输出电压反馈信号送到控制电路 IC_2 的测量端，因而控制功率管 VT 工作状态的触发脉冲是 U_2 的函数，换言之，功率管 VT 的全部工作状态都是为了保证稳定 U_2。为了保证其他输出电压稳定，可以在整流器后面接一只三端稳压组件，例如图 3-60 中的三端稳压组件 IC_1。有的变换器可以输出多路电压，而三端稳压组件的品种和规格有很多，可以满足不同的要求。

3.6.5　显示电路

每台 UPS 都配置有监控面板，可以显示 UPS 的运行参数和状态参量，例如输入 /输出电压值、输入 / 输出电流值、输出频率、带载功率、功率因数、蓄电池电压、电路工作状态、电路故障指示（包括过压、欠压、过流、过温、蓄电池欠压等）、各种告警信息等（参见第 8 章），便于运维人员随时掌握 UPS 的运行情况。目前，UPS 多用液晶显示屏作为人机交互界面，与单片机一起组成显示电路。

3.7　双变换在线式 UPS 的工作原理

顾名思义，双变换 UPS 需要进行两次电力变换，即市电交流输入电源首先经整流器变换为直流电，然后再经逆变器变换为交流电，与此同时，整流器 / 充电器或独立的蓄电池充电器给蓄电池进行浮充充电。整流器的交流输入电源和充电器的交流输入电源可以采用同一电源。根据使用要求不同，整流器的交流输入电源和旁路的交流输入电源可分别经两根电缆接自低压配电柜的两个不同的断路器，也可来自低压配电柜的一个断路器，共用一根主输入电缆。

1. 整流器 / 逆变器模式

在正常工作模式下，由整流器 / 逆变器的组合为负载供电。此时，交流电源需经过两次变换，会有能量损失，影响效率，但可为负载提供电压平衡、波形优质的电源。

2. 电池工作模式

当市电交流输入电源不正常（指标超出预定的容限）时，UPS 转入储能方式，即由蓄电池 / 逆变器组合为负载供电，供电时间为蓄电池的储能时间（后备时间），或供电到市电输入电源恢复到 UPS 的设计容限为止，再转入正常的整流器 / 逆变器模式。

3. 旁路工作模式

在逆变器发生故障时、UPS 瞬时或连续过载时、蓄电池放电到容量耗尽时，UPS 将转入旁路工作方式，即负载临时由旁路电源供电，此时 UPS 输出电源为市电电源，负载供电得不到保护。在 UPS 以整流器 / 逆变器的模式工作的过程中，逆变器的输出时刻跟踪旁路交流电源，保持频率和相位同步，以确保可以实现两路电源的不间断切换。此外，如果输入和输出电压不同，在旁路电路中必须安装变压器。

4. 维修旁路工作模式

UPS 通常有一个专用于维修的"维修旁路"。当UPS 出现故障需要整机停电维修，或者UPS 的例行停机维护保养时，对于单机供电的UPS，在UPS 停机维修保养的过程中，其后端的负载须保持供电不中断，为此需要将 UPS 转为维修旁路工作模式。

不同的 UPS 厂商的 UPS 设备功能配置不尽相同，有的 UPS 厂商生产的 UPS 主机不具备维修旁路，用户在选购 UPS 产品时，需和 UPS 厂商沟通增加维修旁路功能。如果 UPS 主机本身不具有维修旁路，则可通过增加电缆和断路器给 UPS 外加维修旁路。

习题

1. 画出双变换在线式 UPS 的电路构成框图。
2. 简述双变换在线式 UPS 的工作原理。
3. 整流电路的常用器件有哪些？
4. 逆变电路的常用器件有哪些？
5. 整流电路有哪些基本形式？
6. 试画出 12 脉冲整流电路原理框图。
7. 试画出 IGBT 高频整流电路原理框图。
8. 逆变电路有哪些基本形式？
9. 三相三电平半桥逆变器因何得名？试画出其电路原理框图。
10. 脉宽调制技术（PWM）的作用是什么？
11. 除了整流、逆变电路外，UPS 其他主要电路有哪些？

第4章　数据中心交流 UPS 的选择

数据中心交流 UPS 的选择主要包括 UPS 容量的选择和技术配置等。首先要选择 UPS 的容量，然后再考虑产品的技术性能、可维护性以及价格。要确定选用多大容量的 UPS，必须确定数据中心需配置的 UPS 的负载的容量以及负载的类型、特性等，因此掌握 UPS 带不同类型负载时的带载能力非常重要。

4.1　UPS 电源系统负载容量的确定

UPS 容量的选择实际上是基于负载容量确定的，因此必须首先明确负载的相关信息。

4.1.1　负载类型

数据中心需要由 UPS 供电的设备类型主要有两种：线性负载和非线性负载。非线性负载在 UPS 供电的总供电量中占大多数，主要包括计算机、服务器、存储设备、计算机外设等设备。为了给电子电路提供直流电力，这些设备的输入端是带有整流器的开关型电源。本来供电电源（UPS 输出）为这种负载提供的是 50Hz 或 60Hz 的正弦波交流电压，但这种类型的负载需要由电源提供的电流波形却不是正弦波。这种开关电源从供电电源中脉动式地吸收电流造成了电源正弦波电流的波形失真，并产生谐波注入供电电源系统。所有造成正弦波电流波形失真的负载都会引起谐波，被称为非线性负载。

1. 线性负载

线性负载是当施加可变正弦波交流电压时，其负载阻抗参数（Z）恒定为常数的负载，即电流和电压之间的关系是线性的。例如，在交流电路中，电阻 R、电感 L 和电容 C 都是线性负载，这类负载中没有任何有源电子器件。在日常生活中，标准的白炽灯泡、电暖气、电动机、变压器等都是线性负载。

2. 非线性负载

GB/T 7260.3-2003 中对非线性负载有明确的定义，即"负载阻抗（Z）不总为恒定常数，随诸如电压或时间等其他参数而变化的那种负载"。

非线性负载的种类繁多，在UPS供电的负载中多是整流滤波型，UPS的输入也是整流滤波型，因此UPS本身也是一个非线性负载。IEC标准中制定了一个基准非线性负载的标准，用这个基准非线性负载检验UPS带非线性负载的能力。在GB/T 7260.3-2003中的附录E中给出了这个基准非线性负载电路，如图4-1所示。

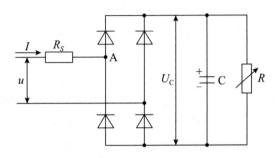

图4-1　基准非线性负载电路

大多数电子设备的电源部分都是这种电路。在稳定条件下，在输入端施加正弦波电压 u 时，当电压瞬时值大于电容上的直流电压时，则电源给负载 R 供电，并向电容充电。当电压瞬时值小于电容上的直流电压时，因二极管的阻断作用，电源不再供电，而由电容放电使负载保持电流的连续性。所以这个负载对于电源呈现的阻抗是随电压瞬时值的大小而改变的，因此是非线性负载。

非线性负载的一个重要特点就是当对负载施加正弦波电压时，电流并不是正弦波形的，电流中因含有谐波而造成波形失真。欧姆定律中定义的电压和电流之间的关系不再有效，因为负载的阻抗在一个周期内是变化的，电流和电压之间的关系也不再是线性的了，负载电路的交流电流是间断的、尖峰的。如图4-2所示是这种非线性负载的电压和电流的波形图，由图中可以看出，电流是一个尖峰形的。

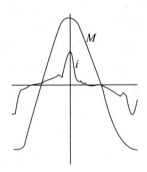

图4-2　非线性负载的电压和电流

事实上，负载吸收的电流是以下两部分电流的合成：

（1）频率为50Hz或60Hz的正弦波电流，称为基波电流。

（2）各次谐波电流，它们都是正弦波电流，幅值比基波小，但频率是基波频率的数倍。这个倍数就定义为谐波的次数（例如，三次谐波的频率为3×50Hz或3×60Hz）。

4.1.2　负载特性指标

1. 线性负载

线性负载的特性指标比较简单，主要包括电压、电流、阻抗、功率因数等。

2. 非线性负载

在诸多负载中，非线性负载很复杂，电流波形种类很多，有尖峰的、双峰的，等等，因此，除线性负载的特性指标外，非线性负载的特性指标还包括相移功率因数、峰值因数、启动电流、电流波形失真度等。非线性负载含有谐波成分，这些特性指标集中体现了谐波的特征。

1）谐波的特征

谐波具有以下特征：

（1）由于各次谐波电流都是正弦波，因此可以测量各次谐波电流的有效值，但这些正弦波的频率各不相同，为基波频率的整数倍。

（2）总电流有效值是基波电流与各次谐波电流有效值的平方和的根。

（3）各次谐波的含量都可以用一个百分数来表示，即该次谐波电流的有效值与基波电流有效值之比。

（4）非线性负载同时产生电流和电压的波形失真，这是因为各次谐波电流都会产生同频率的电压谐波，产生的谐波也会造成电压的波形失真。

正弦波的总谐波波形失真度 THD（Total Harmonic Distortion）用百分数来表示：

$$\text{THD} * \% = \frac{\text{所有谐波的有效值}}{\text{基波的有效值}} \times 100\%$$

总电压谐波波形失真度即为 THDu%，总电流谐波波形失真度即为 THDi%。

2）峰值因数

峰值因数（CF）定义为峰值与有效值的比值，用来表示信号（电流或电压）形状的特征，说明非线性与线性电流差别的程度。对于正弦波波形的线性负载，其峰值因数 $CF = \sqrt{2} = 1.414$，一般最大峰值因数的负载是个人计算机，峰值因数约为 2.4 ～ 2.7。由于数据中心的主要负载多为 IT 服务器，所以一般 UPS 都把能带非线性负载的峰值因数定为 3。

3）功率因数

功率因数为给定非线性负载两端的有功功率 P 和视在功率 S 之比，不再是电压和电流之间的相移，因为此时电压和电流均不是正弦波。

4）功率

在一个平衡的三相线性负载上施加线电压 U，流过的线电流为 I，U 和 I 之间的相移为 φ，则该负载消耗的功率为：

视在功率 $S = \sqrt{3}\ UI$ kVA。

有功功率 $P=\sqrt{3}\,UI\cos\varphi$ kW。

无功功率 $Q=\sqrt{3}\,UI\sin\varphi$ kVar。

它们之间满足关系 $S^2=P^2+Q^2$。

在一个平衡的三相非线性负载上施加线电压 U，流过的线电流为 I，这时计算负载消耗的功率要复杂得多，因为 U 和 I 中都含有谐波。但是，仍然可以简单地表示为：

$$P=S\times PF\text{（}PF\text{为功率因数）}$$

对基波电压 U_1 和基波电流 I_1，它们之间的相移为 φ_1，有：

基波视在功率 $S_1=\sqrt{3}\,U_1I_1$ kVA。

基波有功功率 $P_1=\sqrt{3}\,U_1I_1\cos\varphi_1$ kW。

基波无功功率 $Q_1=\sqrt{3}\,U_1I_1\sin\varphi_1$ kVar。

若 D 表示由谐波引起的波形失真功率，则总的视在功率 $S^2=P^2+Q^2+D^2$。

由于非线性负载的存在，使得数据中心 UPS 容量的确定变得复杂起来。

4.2 UPS 输出能力剖析

UPS 的一般设计方法是，逆变器功率管根据所需要的有功功率设计，UPS 输出端并联的电容器 C 根据负载所需的无功功率加滤波功能来设计。早期的 IT 负载几乎都是感性的，输入功率因数一般是 0.6 ～ 0.7，因此市场上 UPS 的负载功率因数一般都是 −0.8，而不是 0.6 ～ 0.7，其含义是：这台 UPS 是专为输入功率因数为 −0.8 的感性负载设计的，UPS 输出电容的容抗设计值正好抵消负载的感抗值。这个负载功率因数值是万万不可缺少的，它是表征 UPS 输出能力的重要参数。没有它，用户就无法合理选择 UPS 的容量。

例1　如图 4-3 所示为一台双变换 UPS，第二变换器为逆变器，输出端接两个电容器，其中 C_1 用于补偿负载的电感性无功功率，C_2 是将逆变器输出的脉宽调制（PWM）波整理成正弦波。

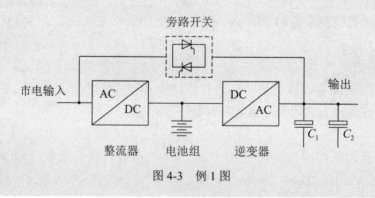

图 4-3　例 1 图

设 UPS 的负载功率因数为 0.8，脉宽调制频率为 10kHz，输出功率为 100kVA。则其逆变器功率管功率按有功功率选：

有功功率 $P=100\text{kVA} \times 0.8 = 80\text{kW}$。

无功功率 $Q=100\text{kVA} \times \sqrt{1-0.8^2} = 60$ kVar。

根据此无功功率计算所需的电容器 C_1 和 C_2 的容量。

设负载阻抗为 Z，则有：

$$X_1 = \frac{U^2}{Q_1} = \frac{220^2}{60 \times 10^3} = 0.81 \ (\Omega)$$

$$C_1 = \frac{1}{2\pi f X_1} = \frac{1}{2 \times 3.14 \times 50 \times 0.81} \approx 3932 \ (\mu F)$$

$$Z = \frac{U^2}{S} = \frac{220^2}{100 \times 10^3} \approx 0.484 \ (\Omega)$$

$$C_2 = \frac{1}{2\pi f Z} = \frac{1}{2 \times 3.14 \times 10 \times 1000 \times 0.484} = 32.9 \ (\mu F)$$

如图 4-4 所示给出了 UPS 负载功率因数和输入功率因数之间的关系。在 UPS 参数表中标明了这台 UPS 希望所带负载的负载功率因数，比如 0.8、0.9 等，而负载上所标的功率因数则是表明负载性质的输入功率因数，也就是说从负载的输入端看进去所看到的功率因数。

图 4-4 负载功率因数和输入功率因数的对应关系

4.2.1 功率因数匹配

当 UPS 的负载功率因数与实际负载的输入功率因数相等时，就是全匹配，即逆变器的全部额定有功功率都送到了负载的电阻部分，而与逆变器输出并联的电容器 C 中的无功功率都送到了负载的电感部分，无功功率达到了全部补偿的目的。这时的电源就发挥了它的全部作用，即负载上得到了电源的全部功率 S，即 UPS 可以满功率输出：

$$S = \sqrt{P^2 + Q^2}$$

式中 P 是逆变器输出的有功功率，Q 是电容器 C 输出的无功功率。

如图 4-5 所示是一般 UPS 的原理结构图。

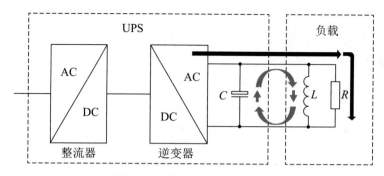

图 4-5　一般 UPS 的原理结构

UPS 的带载能力随所带负载性质的不同而不同。本章主要通过具体例子的计算来说明 UPS 在带不同性质和不同输入功率因数的负载时的输出能力。

> **例 2**　一台负载功率因数为 0.8 的 100kVA 的 UPS，如果所带负载为输入功率因数为 0.8 的电感性负载，那么 UPS 可以输出的有功功率和无功功率分别为多少？
>
> **解**　有功功率 $P=100\text{kVA} \times 0.8=80\text{kW}$。
>
> 无功功率 $Q=100\text{kVA} \times \sqrt{1-0.8^2}=60$ kVar。

> **例 3**　一台负载功率因数为 0.9 的 100kVA 的 UPS，如果所带负载为输入功率因数为 0.9 的电感性负载，那么 UPS 可以输出的有功功率和无功功率分别为多少？
>
> **解**　有功功率 $P=100\text{kVA} \times 0.9=90\text{kW}$。
>
> 无功功率 $Q=100\text{kVA} \times \sqrt{1-0.9^2}=44$ kVar。

以上两例均为功率因数匹配的情形，此时 UPS 可按照设计输出满额功率。例 2 的计算结果如图 4-6 所示。

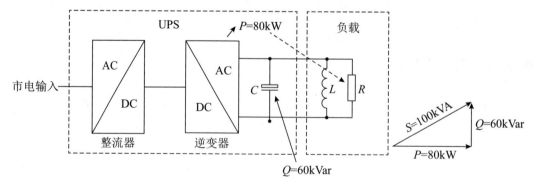

图 4-6　例 2 图

4.2.2 功率因数不匹配

当负载与 UPS 不匹配时，例如所带负载是电阻性线性负载，输入功率因数为 1，和 UPS 的负载功率因数 −0.8 不匹配，此时按要求就必须降额使用。

1. 带电阻性负载

如图 4-7 所示为 UPS 带电阻性负载时的情况，由于负载不需要无功功率，因此 UPS 的电容 C 失去了补偿对象，于是也变成逆变器的负载。以下例子分别计算了不同负载功率因数的 UPS 带电阻性负载（输入功率因数为 1）的情形。

例 4 一台负载功率因数为 0.8 的 10kVA 的 UPS，带输入功率因数为 1 的电阻性负载，UPS 可以输出的有功功率和无功功率分别为多少？

解 当负载匹配时，即 UPS 所带负载的输入功率因数为 0.8 时，其输出的有功功率和无功功率分别为：

有功功率 $P=10\text{kVA} \times 0.8=8\text{kW}$。

无功功率 $Q=10\text{kVA} \times \sqrt{1-0.8^2}=6\text{kVar}$。

由于 UPS 所带负载的输入功率因数为 1，不消耗无功功率，因此 UPS 的 C 所需的 6kVar 的无功功率无法通过负载的感性无功功率补偿，该 6kVar 的无功功率也需要由 UPS 功率管来提供。

该电容的容抗为 $X_C=\dfrac{U^2}{Q}=\dfrac{220^2}{6 \times 10^3}=8.1\Omega$，即逆变器输出首先在 8.1Ω 上建立起 220V 的电压，此时容性电流为 $I_C=\dfrac{220}{8.1}=27.2\text{A}$。换言之，逆变器首先拿出 27.2A 的容性电流去给电容器 C 充入 6kVar 的无功功率。因此，UPS 功率管 8kW 的有功功率无法全部提供给负载，因此 UPS 输出的有功功率为 $P=\sqrt{(8\text{kW})^2-(6\text{kVar})^2}=5.3\text{kW}$。

从数值上看，UPS 能提供给电阻性负载的有功功率约为标称功率数值的一半，如图 4-7 所示。

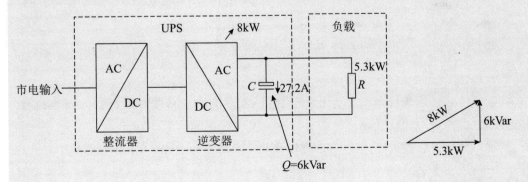

图 4-7 UPS 带电阻性负载

例5 输入功率因数为1的10kW负载需要配备负载功率因数为0.8的UPS的容量为多少?

解 如例4所示,负载功率因数为0.8的10kVA的UPS带输入功率因数为1的电阻性负载时可提供给负载的有功功率约为5.3kW,根据这个比例,可得:

10kVA:5.3kW=x:10kW

$x = \dfrac{10\text{kVA} \times 10\text{kW}}{5.3\text{kW}} \approx 19\text{kVA}$

当然,这是对负载功率因数为0.8的UPS而言的,对于其他负载功率因数的UPS,有着不同的比例。

例6 一台负载功率因数为0.9的100kVA的UPS,带输入功率因数为1的电阻性负载,UPS可以输出的有功功率和无功功率分别为多少?

解 如例3所示,当负载匹配时,即UPS所带负载的输入功率因数为0.9时,其输出的有功功率为$P=100\text{kVA} \times 0.9 = 90\text{kW}$,无功功率为$Q=100\text{kVA} \times \sqrt{1-0.9^2} = 44\,\text{kVar}$。

由于UPS所带负载的输入功率因数为1,不消耗无功功率,因此UPS的C所需的44kVar的无功功率无法通过负载的感性无功功率补偿,该44kVar的无功功率也需要由UPS功率管来提供,即UPS功率管90kW的有功功率无法全部提供给负载,因此UPS输出的有功功率为$P=\sqrt{(90\text{kW})^2 - (44\text{kVar})^2} = 78.5\text{kW} < 90\text{kW}$。

可见,当实际负载的输入功率因数接近于1时,应选负载功率因数为0.9以上的UPS电源为好。

当然,如果逆变器功率按伏安值设计,即可输出100%有功功率。

例7 UPS的负载功率因数为0.7,设其额定输出功率仍为100kVA,如果所带负载为输入功率因数为1的电阻性负载,则:

UPS输出电容需要的无功功率为$Q=100 \times \sqrt{1-0.7^2} = 71\text{kVar}$。

UPS逆变器功率管所提供的有功功率为$P=100 \times 0.7 = 70\text{kW}$。

UPS输出的有功功率为$P = \sqrt{(70\text{kW})^2 - (71\text{kVar})^2} \approx \text{j}12\text{kW}$。

这是一个虚数,说明UPS无法为负载提供有功功率。

例8 一台负载功率因数为0.8的100kVA的UPS,所带负载的输入功率因数为0.95,UPS可以向负载输出的有功功率为多少?

解 功率因数匹配时,该UPS可输出的有功功率为$P=0.8 \times 100 = 80\text{kW}$。

无功功率为$Q = 100 \times \sqrt{1-0.8^2} = 60\text{kVar}$。

现在负载的输入功率因数为 0.95, 因此只须无功功率 $Q= 100 \times \sqrt{1-0.95^2} \approx 31.2\text{kVar}$。

多出来的 $60-31.2 =28.8$ kVar 的无功功率需要由逆变器功率管的有功功率来提供。

此时, 该 UPS 可向负载提供的功率为 $P= \sqrt{80^2-(60-31.2)^2} \approx 74.6\text{kW}$。

例9 负载功率因数为 0.8 的 100kVA 的 UPS, 若要配置输入功率因数为 1 的 80kW 的电阻性负载, 需要做何改变?

解 功率因数匹配时, 该 UPS 可输出的有功功率为 $P=0.8 \times 100=80\text{kW}$。

无功功率为 $Q= 100 \times \sqrt{1-0.8^2} =60\text{kVar}$。

因此, 加大逆变器功率, 使其抵消掉 UPS 电容 C 上消耗的 60kVar 无功功率, 就可以给出 80kW 的有功功率。

此时逆变器有功功率变为 $P_1= \sqrt{P^2+Q^2} = \sqrt{80^2+60^2} =100\text{kW}$。

UPS 的标称输出功率变为 $S= \sqrt{P_1^2+Q^2} = \sqrt{100^2+60^2} =116.6\text{kVar}$。

因此, UPS 的功率因数为 $F= \dfrac{100}{116.6} \approx 0.86$, 已经不是 0.8。

在 UPS 设备做认证检测时, 所带负载往往都是电阻性负载, 即输入功率因数为 1。如上计算可知, 对于负载功率因数是 0.8 或 0.9 的 UPS, 在此种情况下均给不出说明书上所标定的有功功率值, 因此, 只有加大逆变器功率, 才能够在认证测试时给出标定的有功功率值, 其实此时 UPS 的负载功率因数已经变大了, 这无形中增加了制造商的成本。

2. 带容性负载

UPS 带容性负载时, 虽然负载需要无功功率, 但由于 UPS 的电容 C 失去了补偿对象, 因此也变成逆变器的负载, 此时 UPS 的功率管要为 UPS 的电容 C 和负载的电容 C 提供无功功率, 如图 4-8 所示, 此时 UPS 的带载能力将大大下降。

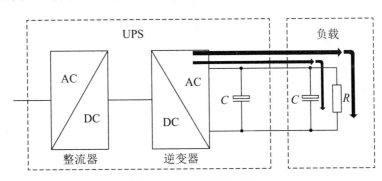

图 4-8 UPS 带容性负载

例10 一台负载功率因数为 -0.8 的 10kVA 的 UPS，负载的输入功率因数为 +0.8（容性负载），UPS 可以输出的有功功率和无功功率分别为多少？

解 当负载匹配时，即 UPS 所带负载的输入功率因数为 0.8 时，其输出的有功功率为 $P=10\text{kVA} \times 0.8 = 8\text{kW}$。

无功功率为 $Q=10\text{kVA} \times \sqrt{1-0.8^2} = 6\text{kVar}$。

由于 UPS 所带负载为容性负载，因此 UPS 的 C 所需的 6kVar 的无功功率无法通过负载的无功功率来补偿，该 6kVar 的无功功率需要由 UPS 功率管来提供。输入功率因数为 +0.8 的负载为容性负载，也需要 6kVar 的无功功率，也需要由 UPS 功率管来提供，即 UPS 功率管 8kW 的有功功率无法全部提供给负载，因此 UPS 输出的有功功率大大减少，换言之，UPS 的输出能力大大降低。

UPS 输出的有功功率变为 $P= \sqrt{(8\text{kW})^2 - (6\text{kVar}+6\text{kVar})^2}$。

上式计算结果也是一个虚数，就是说，如果 UPS 按照题中所给出的标定功率，是提供不出有功功率的。

若要带满负荷，此时逆变器必须提供的功率为 $P= \sqrt{8^2+(6+6)^2} =14.4\text{kW}$。

事实上，逆变器将过载 80%，如图 4-9 所示。

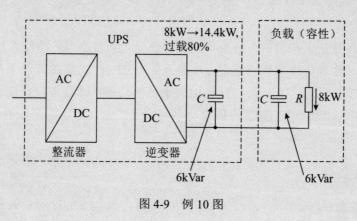

图 4-9 例 10 图

4.2.3 逆变器过载不告警的原因分析

在实际工作中，有时会遇到 UPS 逆变器功率管因过载而烧坏的情况，但调用 UPS 的历史记录并未发现有逆变器过载的告警显示。为什么逆变器过载不告警呢？

如图 4-10 所示，对 UPS 的输出电流的采样在"采样点 1"的位置。根据以上几个例子的分析可知，当 UPS 与负载不匹配时，逆变器功率管的输出一部分电流被自身的电容器 C 所消耗，因此输出端采样得到的电流并不是逆变器功率管真实的电流大小。例如，对于例 10 的情形，当认为 UPS 带满载功率时，实际上此时 UPS 逆变器已过载 80%，由于 UPS 并没有产生过载告警并进入保护模式，其结果必然是逆变器烧毁。

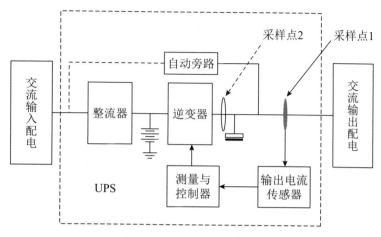

图 4-10　UPS 的输出电流采样

作为改进措施，可以把输出电流采样点改至图 4-10 中的 "采样点 2" 处，这样，无论 UPS 与负载是否匹配，采样所得到的输出电流均能反映逆变器真实的电流大小，因此不会再出现逆变器过载而不告警的情况。

本章所讨论的 UPS 的输出能力在实际工作中非常重要。如果不了解这些，用户就无法合理选择 UPS 的容量，会给工作带来很大麻烦。例如，有不少用户因为不了解这一点，所以在选购 UPS 时，UPS 的容量与实际负载的需要差异很大，需要重新制订购买计划、申请经费，给工作造成很大影响。有的用户只是从经验出发，认为所选购的 UPS 的容量只要留足余量即可，比如 20% 或者其他，这样也往往不能贴合实际需要，也许能恰好满足容量要求，但当设备增加，需要电源增容时，UPS 的容量又捉襟见肘了。当然，随着模块机 UPS 的普及，这一矛盾有所缓解。

此外，对 UPS 输出能力缺乏正确认识带来的更大的负面效应是造成制造商与用户的矛盾。例如，在例 9 中，当用户按照 0.8 的功率因数配置 80kW 电阻性负载时，由于 UPS 给不出这么多的有功功率，用户就认为制造商偷工减料，制造商也由于不明白这个道理，只有改进技术方案，增加成本，以满足用户要求。而当实际工作中遇到 UPS 烧坏的情况时，用户也往往把原因归于 UPS 的质量不过关，把责任推给 UPS 厂商。

4.3　UPS 总容量的确定

要确定 UPS 的总容量，首先需计算出所带负载的功率大小，然后根据 UPS 的负载率、效率和负载功率因数来确定 UPS 的容量。

4.3.1　与UPS容量相关的参数

与 UPS 容量相关的参数包括 UPS 的额定功率、负载的功率、UPS 的负载率。

1. 负载的功率计算

首先计算出负载的实际功率，以此作为确定 UPS 总容量的依据。表 4-1 和表 4-2 分别给出了线性负载和非线性负载的功率计算公式，其中，U_L 和 I_L 表示线电压、线电流的有效值，U_P 和 I_P 表示相电压、相电流的有效值，u 和 i 表示电压、电流的瞬时值，ω 为角频率，f 为频率（50Hz 或 60Hz），φ 为基波电压和基波电流之间的相位差。

表 4-1　线性负载的基本计算公式

项目	单相系统	三相系统
正弦波电压	$u_P(t) = \sqrt{2}\,U_P\sin\omega t$	$u_L(t) = \sqrt{2}\,U_L\sin\omega t$ $U_L = \sqrt{3}\,U_P$
有相移的正弦波电流	\multicolumn2{$i_P(t) = \sqrt{2}\,I_P\sin(\omega t - \varphi)$ 电流的峰值因数为 $\sqrt{2}$}
视在功率（kVA）	$S = U_P I_P$	$S = \sqrt{3}\,U_L I_L$
有功功率（kW）	$P = U_P I_P\cos\varphi = S\cos\varphi$	$P = \sqrt{3}\,U_L I_L\cos\varphi = S\cos\varphi$
无功功率（kVar）	$Q = U_P I_P\sin\varphi = S\sin\varphi$	$Q = \sqrt{3}\,U_L I_L\sin\varphi = S\sin\varphi$
	$S^2 = P^2 + Q^2$	

表 4-2　非线性负载的基本计算公式

项目	单相系统	三相系统
正弦波电压（UPS 输出波形为正弦波）	$u_P(t) = \sqrt{2}\,U_P\sin\omega t$	$u_L(t) = \sqrt{2}\,U_L\sin\omega t$ $U_L = \sqrt{3}\,U_P$
含谐波的电流	总的相电流 $i(t) = i_1(t) + \sum iHK(t)$ 基波电流 $i_1(t) = \sqrt{2}\,I_1\sin(\omega t - \varphi_1)$ k 次谐波电流 $i_k(t) = \sqrt{2}\,I_{Hk}\sin(k\omega t - \varphi_k)$ 总电流的有效值 $I = \sqrt{I_1^2 + I_2^2 + I_3^2 + \cdots}$ 电流的峰值因数 $= \dfrac{\text{电流峰值}}{\text{电流有效值}}$ 电流的总谐波波形失真度 $\text{THD}i = \dfrac{\sqrt{I_2^2 + I_3^2 + I_4^2 + \cdots}}{I_1}$	
视在功率（kVA）	$S = U_P I_P$	$S = \sqrt{3}\,U_L I_L$
有功功率（kW）	$P = U_P I_P \cdot PF = S \cdot PF$	$P = \sqrt{3}\,U_L I_L \cdot PF = S \cdot PF$
功率因数 PF	$PF = \dfrac{P}{S}$	

2. UPS 的额定功率计算

一般在 UPS 的产品说明书中给出的 UPS 的额定功率是 UPS 的负载功率因数与实际负载的输入功率因数相匹配时 UPS 的输出的视在功率（S），它的单位为 kVA，对应的是以 kW 为单位的有功功率（P）。

有功功率的计算公式为 $P=S\times\cos\varphi$。对于三相系统，$S=\sqrt{3}\ U_L I_L$；对于单相系统，$S=U_P I_P$。式中的 U_L 为线电压（一般为 380V），U_P 为相电压（一般为 220V）。例如，如果一台三相系统的 UPS 的额定功率为 100kVA，它的负载功率因数为 $\cos\varphi=0.9$，则其后端接功率因数为 0.9 的线性负载时，可以输出 $100\times0.9=90$kW 的有功功率。

3. UPS 的负载率

UPS 的负载率是指负载从 UPS 上有效吸收的功率占 UPS 额定功率的百分比：

$$L（\%）=\frac{S_{负载}}{S}$$

在确定 UPS 的额定功率时，要留出一定的余量（多余的功率），以利于容量的冗余以及将来的扩容，而且也要保证即使在扩容后 UPS 的负载率仍然有冗余的功率，而留出多大的余量，依据就是计算出来的负载功率。

$$UPS 的效率 \ \eta=\frac{P_{输出}}{P_{输入}}\times100\%。$$

UPS 的效率决定了 UPS 使用的经济性。对给定的额定功率，效率越高，则设备利用率越高，热损失越小，进而所需要的制冷设备的制冷量也越小，运行时的耗电量也越低，经济性也越高。

效率随负载率或负载的类型变化很大，一般来讲，负载率较低时效率也会下降。因此，在进行设计时，需注意以下两个问题：

- 核实非线性负载的效率：非线性负载趋于将功率因数减小到额定功率因数以下时，必须按照标准化的非线性负载来核实效率值。
- 核实已规划负载率的效率：生产厂家通常给出的是带 100% 负载时的效率。对主动冗余配置，各个 UPS 均分负载，通常所带的负载低于额定值的 50% 或更低，这时尤其要注意 UPS 的效率，以匹配 UPS 设计的负载率。需要注意的是，UPS 的损耗和负载率是非线性的关系，当负载率减小到 30% 以下时，效率会迅速下降。为了获得低负载率下的高效率，UPS 固定的损耗部分必须控制得非常低。

UPS 的功率管按有功功率设计，由有功功率、负载功率因数和效率即可确定 UPS 的容量。

4.3.2　UPS总容量的确定

对于一台双变换在线式 UPS 来讲，其输出过载曲线如图 4-11 所示。对于大、中容量 UPS 而言，UPS 的过载能力的典型值为 125% 负载时 10min，150% 负载时 30～60s。在逆变器发生故障或负载超过 UPS 的过载能力后，UPS 会自动切换到旁路交流输入。如果不能切换，则 UPS 将以 2.33I 的峰值电流限流 1s（对应的最大正弦波有效值电流为 $\frac{2.33I}{\sqrt{2}}\approx1.65I$），超过 1s 后，UPS 停机。

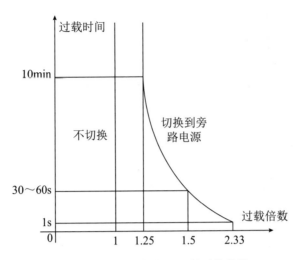

图 4-11 双变换在线式 UPS 的过载曲线

下面以一个示例来说明计算单机 UPS 额定容量的整个过程和步骤。

例 11 如图 4-12 所示为一台 UPS 所带负载示意图。负载为 380V 的三相负载，并联连接，具体如下所示：

- 计算机系统：4 台计算机，每台计算机功率为 10kVA，功率因数 PF_1=0.6，启动电流为 $8I$，并持续 4 个周期（50Hz，80ms）；
- 变频器：1 个，功率为 20kVA，功率因数 PF_2=0.7，启动电流为 $4I$，并持续 5 个周期（50Hz，100ms）；
- 隔离变压器：1 台，功率为 20kVA，功率因数 PF_3=0.8，启动电流为 $10I$，并持续 6 个周期（50Hz，120ms）。

如果选用负载功率因数为 0.9 的 UPS，试计算所需的 UPS 总容量。

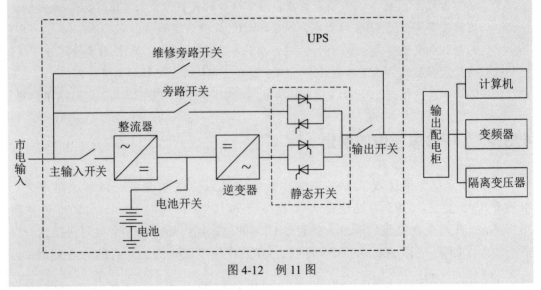

图 4-12 例 11 图

解 （1）功率计算：

S_1=4×10=40kVA，P_1=40×0.6=24kW，Q_1=40×$\sqrt{1-0.6^2}$≈32kVar。

S_2=20kVA，P_2=20×0.7=14kW，Q_2=20×$\sqrt{1-0.7^2}$≈14.3kVar。

S_3=20kVA，P_3=20×0.8=16kW，Q_3=20×$\sqrt{1-0.8^2}$≈12kVar。

负载总有功功率为 24+14+16=54kW。

负载总无功功率为 32+14.3+12=58.3kVar。

负载总视在功率为 40+20+20=80kVA。

负载综合输入功率因数 PF=54/80=0.675。

可以看出，所选用的 UPS 应该给负载提供 54kW 的有功功率和 58.3kVar 的无功功率，总容量应为 80kVA。

（2）功率核实：

UPS 的负载功率因数为 0.9，因此 UPS 可提供的有功功率为 P=80×0.9=72kW。

UPS 输出端电容可提供的无功功率为 Q=80×$\sqrt{1-0.9^2}$≈34.9kVar。

负载所需无功功率为 58.3kVar，因此有 58.3−34.9≈23.4kVar 的无功功率需由功率管提供。

功率管可提供的无功功率为 72×$\sqrt{1-0.9^2}$≈31.4kVar>23.4kVar。

功率管可提供的有功功率为 72×0.9=64.8kW>54kW。

可见，选用 80kVA 的 UPS 可以满足需要。如果该现场已经规划要增容，则额定功率为 80kVA 的 UPS 的容量并不充裕，可考虑选择额定功率为 100kVA 或更大容量规格的 UPS。

（3）核实负载率和额定电流：

如果选用 100kVA 的三相 UPS，则负载率为 $\frac{80}{100}$=80%。

UPS 的额定电流为 $I=\dfrac{100\times1000}{\sqrt{3}\times380}$≈152A。

（4）校验瞬时状态下的启动电流：

负载应该逐个启动，以避免启动电流的叠加。这一步的目的是核实所选容量的 UPS 能否满足启动电流的需要。按公式 $S=\sqrt{3}\,UI$ 计算额定电流：

- 计算机系统：对于每台计算机，$I_1=\dfrac{10\times1000}{\sqrt{3}\times380}$≈15.2A，启动电流为 $8I_1$≈122A，并持续 80ms；

- 变频器：$I_2=\dfrac{20\times1000}{\sqrt{3}\times380}$≈30.4A，启动电流为 $4I_2$≈122A，并持续 100ms；

- 隔离变压器：$I_3=\dfrac{20\times1000}{\sqrt{3}\times380}$≈30.4A，启动电流为 $10I_3$≈304A，并持续 120ms。

参照之前介绍的单台 100kVA 的 UPS 的过载能力，可以得到：

- 125% 负荷：152A×1.25=190A，继续运行 10min；

- 150% 负荷：152A×1.5=228A，继续运行 1min；
- 以 2.33I 限流：152A×2.33=354A，限流运行 1s。

如果 4 台计算机逐台启动，则 UPS 125% 的过载能力（190A，10min）足以承担其启动电流（122A，80ms）。如果 4 台计算机同时启动，则启动电流为 4×122=488A>354A，此时 UPS 将在 80ms 内限流运行。

对变频器来说，UPS 的过载能力足以承担其启动电流。

对隔离变压器来说，2.33I=354A>304A，隔离变压器启动时将发生 1s 限流。

4.4　UPS 的选型

在选购 UPS 时，首先要知道负载的总容量（如上所述），同时还要考虑负载的功率因数以及 UPS 的负载功率因数，这样才能保证选定的 UPS 的额定容量够用。

UPS 用户中 80% 以上都是计算机负载，早前计算机负载的功率因数多为 0.6～0.8，因此 UPS 的额定容量一般是在考虑负载功率因数为 0.8 的情况下确定的，相应地，UPS 的负载功率因数也一般做成 0.8。现在数据中心的 IT 服务器的功率因数一般都在 0.95 左右（甚至以上），所以目前的高频机型 UPS 的负载功率因数一般都做到 0.9 以上，有的厂商在说明书中把自己的 UPS 的负载功率因数写作 1。

UPS 的容量确定之后，便需要选择 UPS 主机和蓄电池。用户在挑选 UPS 主机时，可根据自己的使用要求、产品质量或 UPS 的发展趋势来确定挑选标准。由于高频机型 UPS 拥有工频机型 UPS 所不具有的众多优点，而且代表着 UPS 的发展潮流，所以在选择 UPS 时，可以优先选择高频机型 UPS。

一般来说，UPS 的选择应考虑三个因素：产品的技术性能、可维护性以及价格。

在考虑产品技术性能时，除了要注意输出功率、输出电压波形、波形失真系数、输出电压稳定度、蓄电池可供电时间的长短等因素外，还要重视 UPS 输出电压的瞬态响应特性。有的 UPS 的输出电压瞬态响应特性很差，主要表现在：当负载突然增加或减少时，UPS 的输出电压波动较大；当负载突变时，有的 UPS 根本不能正常工作。其他要注意的性能参数还有 UPS 的负载特性和承受瞬间过载的能力等。需要特别指出的是，准方波输出的 UPS 不能带任何超前功率因数的负载。

在购买 UPS 时，还应注意产品的可维护性。这就要求用户在购买 UPS 时，应注意 UPS 是否有完善的自动保护系统及性能优良的充放电回路。完善的自动保护系统是 UPS 得以安全运行的基础。性能优良的充放电回路是提高 UPS 蓄电池使用寿命的重要保证，同时保证蓄电池的实际可供使用容量尽可能接近产品额定值。选好、用好蓄电池也是用户应考虑的重要因素。

价格是用户在挑选 UPS 时要考虑的一个非常重要的因素。UPS 的价格包括主机和蓄电池两部分，一般是分开报价，因为蓄电池要根据用户后备时间的需要进行配置，不同的后备时间需要的蓄电池容量不同，相应地，价格也就不同。因此，在比较产品价格时，要看主机和蓄电池各自的价格。目前国内使用的 UPS 品牌分为两大阵营：一是世界三大生产厂商伊顿、施耐德和维谛技术的产品，这些产品技术成熟，性能稳定可靠，但价格相对较高；二是众多国产品牌，例如华为、科士达、爱维达、冠军、易事特、山特等，相比较而言，国产品牌 UPS 技术已经成熟，而且性价比高，已经得到普及应用。对于主机的选择，主要看品牌和配置情况，这可能也是价格差别之所在。要格外关注的应该是蓄电池，不要仅仅从表面上看价格的多少，比较客观和科学的比较方法是看蓄电池的两个技术性能指标：一是蓄电池的性能价格比，也就是 UPS 所配备的蓄电池平均每安时容量到底花多少钱；二是蓄电池的放电效率比，也就是 UPS 所配备的蓄电池平均每安时到底能维持 UPS 工作多长时间。显然，维持时间越长，蓄电池利用效率也就越高。当然，还要十分注意 UPS 主机到底配置的是什么类型的蓄电池，以及蓄电池的生产厂家。由于影响蓄电池的实际使用寿命的因素很多，蓄电池的实际寿命与理论寿命往往有很大差距，因此，应该选择业界口碑好的蓄电池生产厂商的产品。

4.5　电缆的选择和接线

选定 UPS 后，需选择与 UPS 容量相匹配的连接电缆。UPS 供电系统中主要用到三种电缆：电力电缆、接地电缆和控制电缆。

4.5.1　电力电缆

电力电缆包括 UPS 的交流输入电缆、交流输出电缆和电池连接电缆。

1. 电力电缆截面积的选择原则

UPS 的安装除自身的就位外，还涉及 UPS 主机与配电柜断路器之间的电气连接，一般采用电力电缆连接，包括 UPS 的主输入电缆、旁路输入电缆（有的 UPS 采用主旁同路的形式，即主机和上级断路器之间采用一根电缆连接，在 UPS 内分为主路和旁路）、UPS 输出至输出配电柜之间的电缆，此外还包括蓄电池和 UPS 主机之间的连接电缆、每块电池间的连接电缆以及每组电池间的连接电缆。由于 UPS 均安装于电源室内，而且距离输出配电柜较近，其走线多为地沟或明线，因此一般采用铜芯绝缘电缆，例如 YJV 电缆或 BVR 电缆，其导体截面积要满足安全载流量的要求，主要考虑三个因素：

- 符合电缆使用安全标准；
- 符合电缆允许温升；
- 满足电压降要求。

UPS 要求的最大电压降为：交流 50Hz 回路 ≤ 3%，交流 400Hz 回路 ≤ 2%，直流回路 ≤ 1%。如果电压降超过上述范围，就必须增加导线截面积。

2. 确定电力电缆截面积的计算方法

电力电缆截面积的计算方法具体如下。

1）求出电流值

交流输入、输出电流的计算：

对于单相输出，$P=UI\cos\varphi$，故 $I=P/U\cos\varphi$。

对于三相输出，$P=3U_{相}I_{相}\cos\varphi$，或者 $P=\sqrt{3}U_{线}I_{线}\cos\varphi$（适用于三相负载平衡的情形），

故 $I_{相}=\dfrac{P}{3U_{相}\cos\varphi}$ 或者 $I_{线}=\dfrac{P}{\sqrt{3}U_{线}\cos\varphi}$。

例如，380V、50Hz、250kVA UPS 的输出电流为（假设不考虑功率因数）：

$$I_{相}=\frac{250\times10^{3}}{3\times220}\approx380\text{A}$$

2）确定导线截面积

100m 长回路的电压降比率（铜芯电缆）如表 4-3 和表 4-4 所示。查表 4-3 确定导线截面积：当输出线约 100m 长时，可选择 185mm² 的铜芯电缆，满足电压降不超过 3% 的要求。电缆超过 100m 长时，则需加粗一些，因为由表中可以看出，100m 长的电缆其电压降已达 2.7%。如果电缆长度远小于 100m，则可适当减小电缆截面积，但应保证其满足安全载流量的要求。

同理，可确定蓄电池至 UPS 主机间的连接电缆的最小截面积：

直流输出电流 $I=\dfrac{P}{U_{\min}}$，这里要注意的是，U 应取最小值。

例如，对于整流器输出电压为 362 ～ 480V 的三相 380V、250kVA 的 UPS 来讲，蓄电池的最大放电电流（不考虑功率因数）为：

$$I=\frac{250\times10^{3}}{362}\approx690\text{A}$$

因此，蓄电池与主机间的连接电缆应该选用 600mm² 以上的铜芯电缆，考虑到其长度会远小于 100m，可采用两根 300mm² 的电缆并联，但直流断路器容量较大，难以选择。实际应用中，一般会采用两组或三组电池并联的方式，这样每组电池与 UPS 主机的连接电缆的截面积会大幅减小。例如，如果采用两组蓄电池并联供电的方式，则每组蓄电池的放电电流为 345A，据此可确定每组蓄电池至 UPS 主机的连接电缆的最小截面积，进而选择直流断路器的容量。

表 4-3　三相线路（铜芯电缆）的电压降比率（%）（50/60Hz，3 相，380V，导线长 100m）

截面积 / mm² 电流 /A	35	50	70	95	120	150	185	240	300
50	1.3	1.0							
63	1.7	1.2	0.9						

续表

电流 /A ＼ 截面积/mm²	35	50	70	95	120	150	185	240	300
70	1.9	1.4	1.0	0.8					
80	2.1	1.6	1.2	0.9	0.7				
100	2.7	2.0	1.4	1.1	0.9	0.8			
125	3.3	2.4	1.8	1.4	1.1	1.0	0.8		
160	4.2	3.1	2.2	1.8	1.5	1.2	1.1	0.9	
200	5.3	3.9	2.8	2.2	1.8	1.6	1.3	1.2	0.9
250		4.9	3.5	2.8	2.3	1.9	1.7	1.4	1.2
320			4.6	3.5	2.9	2.5	2.1	1.9	1.5
400				4.4	3.6	3.1	2.7	2.3	1.9
500					4.5	3.9	3.4	2.9	2.4
600						4.9	4.2	3.6	3.0
800							5.3	4.4	3.8
1000								6.5	4.7

表 4-4　直流线路（铜芯电缆）的电压降比率（%）

电流 /A ＼ 截面积/mm²	25	35	50	70	95	120	150	185	240	300
100	5.1	3.6	2.6	1.9	1.3	1.0	0.8	0.7	0.5	0.4
125		4.5	3.2	2.3	1.6	1.3	1.0	0.8	0.6	0.5
160			4.0	2.9	2.2	1.6	1.2	1.1	0.8	0.7
200				3.6	2.7	2.2	1.6	1.3	1.0	0.8
250					3.3	2.7	2.2	1.7	1.3	1.0
320						3.4	2.7	2.1	1.6	1.3
400							3.4	2.8	2.1	1.6
500								3.4	2.6	2.1
600								4.3	3.3	2.7
800									4.2	3.4
1000									5.3	4.2
1200										5.3

4.5.2　接地电缆

接地电缆具体包括：

（1）安全接地线：安全接地线同 UPS 机壳相连，起保护作用，一般它的线径应为电力电缆的 $\frac{1}{2}$ 至 1 倍左右。

（2）逻辑控制板接地线：它为 UPS 的逻辑控制板提供必要的参考地电平，可以防止因邻近设备中产生的电磁干扰信号串入控制电路而影响 UPS 系统的正常运行。逻辑控制板接地线不但不能同安全接地线相连，而且应将它装入专用的管道中。一般地，逻辑控制板接地线的截面积应选用 4mm² 以上的多股铜芯电缆，并用黄 / 绿相间的颜色作为标志。

4.5.3 控制电缆

在 UPS 电源中，一般需要配置如下的控制线：

（1）从 UPS 报警接口板到远程监视器的控制线；

（2）从 UPS 报警"继电器干接点"接口板到用户"自定义的报警装置"的控制线；

（3）从 UPS 主机到蓄电池断路器的控制线；

（4）从 UPS 的 RS-232/RS-485 接口到远程微机终端或调制解调器的控制线；

（5）从 UPS 主机到远程、紧急停机开关的控制线等。

对于上述的控制线，一般选用带屏蔽的多芯电缆、带屏蔽的扁平电缆或带屏蔽的多股绞线为宜。每根连接芯线的截面积在 1mm² 以上为宜。

4.6 断路器的选择

对于选定容量的 UPS，确定了交、直流电缆的线径之后，还需确定断路器的容量。如图 4-13 所示，UPS 断路器包括输入交流断路器（S_1）、旁路输入断路器（S_2）、输出交流断路器（S_O）和蓄电池组与主机间的直流断路器（S_3）。要正确选择断路器，首先需计算各个断路器的容量。下面以具体的示例来说明断路器容量的计算方法。

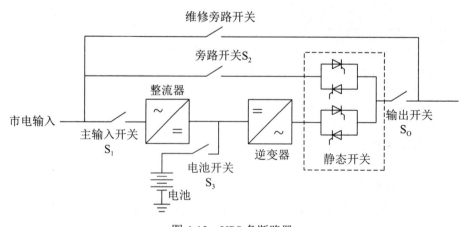

图 4-13 UPS 各断路器

1. 计算电流值

如前所述，交流输入、输出电流的计算方法如下。

- 对于单相输出，$P=UI\cos\varphi$，故 $I=\dfrac{P}{U\cos\varphi}$。

- 对于三相输出，$P=3U_{相}I_{相}\cos\varphi$，或者 $P=\sqrt{3}U_{线}I_{线}\cos\varphi$（适用于三相负载平衡的情形），故 $I_{相}=\dfrac{P}{3U_{相}\cos\varphi}$ 或者 $I_{线}=\dfrac{P}{\sqrt{3}U_{线}\cos\varphi}$。

2. 确定断路器容量

在确定断路器容量时，在 UPS 的供配电系统中应考虑的因素有：高次谐波、充电电流、UPS 的效率、过载能力、市电电压波动等。

（1）充电电流：一般 UPS 的充电效率为额定功率的 10%，即 $I_{充}=10\%I$。

（2）输入侧市电电压的波动：假设在市电电压最低时，仍要求 UPS 全功率输出，此时必须增大输出电流。

（3）过载能力：一般 UPS 的过载能力典型值为 125% 负载时 10min，150% 负载时 30～60s。因此，过载 25% 时，通过 S_O 的电流为 $1.25I$；过载 50% 时，通过 S_O 的电流为 $1.5I$。

（4）高次谐波：由于电路的功率因数为小于 1 的值，例如以前的 IT 负载的功率因数为 0.7 左右，现在的 IT 负载的功率因数为 0.95 左右，因此当无功电流流过断路器的触点时，触点照样会发热。这个热量是断路器的额外负担，需要加以考虑。

例如，对于一台额定功率为 6kVA 的 UPS，允许输入电压波动范围为 220V±20%（机后标示允许输入电压范围是 176～276V），要求全功率供电和充电，其负载功率因数为 0.8，效率为 90%。则输入断路器的电流计算如下：

按照公式 $I=\dfrac{P}{U}$，可得 $I=\dfrac{6000}{220}=27.3$A。

综合考虑各种因素，输出功率＋充电功率 =6×110%=6.6kVA，在最低电压 176V 全功率运行的最大电流为：

$$I_{max}=\frac{6.6\times1000}{0.9\times176}=41.7\text{A}$$

在实际应用中，为了简单起见，对于三进三出的 UPS，主输入断路器和输出断路器的容量一般为 $1.3I$，考虑到 UPS 自身的耗电及给蓄电池充电等因素，主输入断路器容量可稍大于输出断路器容量。旁路输入断路器的容量为 $1.5I$。有时为了方便，主输入断路器、输出断路器和旁路输入断路器都选择相同容量的断路器，其取值为旁路输入断路器的容量。

例如，对于 380V、50Hz、250kVA 的 UPS，其输出电流为（假设不考虑功率因数）：

$$I_{相}=\frac{250\times10^{3}}{3\times220}\approx380\text{A}$$

则 S_1 和 S_0 的大小为 380×1.3=494A，可选择 630A 的断路器；S_2 的大小为 380×1.5=570A，可选择 630A 的断路器。

对于三进单出的 UPS 主机，虽然工作时主输入的三相电流均分，即每相功率为 UPS 总功率的 $\frac{1}{3}$，但考虑到 UPS 转旁路工作时，负载全部加到三相进线的某一相上，因此，对于三进单出的 UPS，其输入、输出和旁路断路器的选择按照和三进三出 UPS 相同的方式进行。

表 4-5 列出了不同容量和类型的 UPS 的断路器容量及电缆线径的经验值，供实际工作时参考。

表 4-5　不同 UPS 的断路器容量及电缆线径的经验值

UPS 额定功率 /kVA	主输入断路器（交流）	输入电缆线径 / mm²	输出断路器	输出电缆线径 / mm²	直流断路器 /A	直流电缆线径 / mm²	备注
1	1P 10A	1.5	1P C10	1.5	32	10	
2	1P 16A	1.5	1P C16	1.5	32	10	
3	1P 32A	4	1P C32	4	32	10	
6	1P 40A	6	1P C32	6	32	10	
10	1P 55A	10	1P 55A	10	65	10	单进单出
	3P 55A	10	1P 55A	10	65	10	三进单出
	3P 32A	6	3P 32A	6	65	10	三进三出
15	1P 80A	16	1P 80A	16	100	16	单进单出
	3P 80A	16	1P 80A	16	100	16	三进单出
	3P 32A	6	3P 32A	6	100	16	三进三出
20	1P 100A	25	1P 80A	25	100	25	单进单出
	3P 100A	16	1P 80A	16	100	16	三进单出
	3P 65A	10	3P 65A	10	100	16	三进三出
30	3P 80A/65A	16	3P 80A/65A	16	80	16	
40	3P 80A	16	3P 80A/65A	16	80	16	部分带脱扣
60	3P 125A	35	3P 125A	35	100	25	部分带脱扣
80	3P 160A	50	3P 160A	50	160	50	部分带脱扣
100	3P 315A/250A	70	3P 315A/250A	70	250	70	部分带脱扣
120	3P 315A/250A	95	3P 315A/250A	95	315	95	部分带脱扣
160	3P 315A	95	3P 315A	95	400	120	带脱扣
200	3P 315A	95	3P 315A	95	400	120	带脱扣
250	3P 400A	120	3P 400A	120	500	150	带脱扣
300	3P 500A 或更大	150	3P 500A	150	800	150+150	带脱扣
400	3P 630A 或更大	185	3P 630A	185	1000	185+185	带脱扣

习题

1. 什么是线性负载？什么是非线性负载？

2. 负载功率因数为 0.8 的 10kVA 的 UPS，若要配置输入功率因数为 1 的 8kW 的电阻性负载，需要做何改变？改变后的负载功率因数为多少？

3. 一台负载功率因数为 0.9 的 100kVA 的 UPS，带输入功率因数为 1 的电阻性负载，UPS 可以输出的有功功率和无功功率分别为多少？

4. 一台负载功率因数为 0.8 的 100kVA 的 UPS，带输入功率因数为 0.9 的电阻性负载，UPS 可以输出的有功功率和无功功率分别为多少？

5. 对于整流器输出电压为 362 ~ 480V 的三相 380V、250kVA 的 UPS，不考虑功率因数，试计算蓄电池的最大放电电流。

第 5 章　蓄电池

蓄电池是将化学能直接转化成电能的一种装置，是按可再充电设计的电池，通过可逆的化学反应实现再充电。蓄电池需用直流电源对其充电，将电能转化为化学能储存起来。当市电中断时，UPS 电源靠储存在蓄电池中的能量维持其逆变器的正常工作。此时，蓄电池通过放电将化学能转化为电能提供给 UPS 电源使用，因此蓄电池是一种可逆电池。

目前在 UPS 电源中广泛使用的是密封免维护铅酸蓄电池。它的价格较高，一般占 UPS 电源主机成本的三分之一以上。对于长延时（例如蓄电池的后备供电时间为 4 或 8h）UPS 而言，蓄电池的成本甚至超过 UPS 主机的成本。因此，在 UPS 的生命周期中，要正确地使用和维护蓄电池组，尽可能地延长蓄电池的使用寿命。如果蓄电池维护不当，便会造成蓄电池寿命大大低于其理论寿命，这样当市电中断时，蓄电池将放不出电来，会造成 UPS 输出电源中断。如果维护、使用正确，则普及型蓄电池的寿命一般可达到 3～5 年，有些蓄电池的寿命可达到 10 年左右。

蓄电池是整个 UPS 系统中平均无故障时间（MTBF）最短的一种器件。在 UPS 系统的故障中，与蓄电池有关的占 30% 以上。目前数据中心蓄电池还是以阀控铅酸蓄电池为主。据统计，中国生产的铅酸蓄电池已经占全球产量的 1/3，其中一部分原因是数据中心建设规模不断扩大，UPS 电源市场快速增长。

5.1　蓄电池在 UPS 系统中的作用

UPS 设备以及以它为核心的整个供电系统是满足数据中心供电质量的最核心部分，而蓄电池又是整个供电系统中最重要的组成部分之一，是整个供电系统的"最后一道屏障"。

UPS 之所以能保证不间断供电，主要取决于蓄电池这一直流后备电源。蓄电池在 UPS 供电系统中的主要作用就是储存电能。在市电正常供电时，逆变器由整流器输出供给直流电源，蓄电池处于浮充充电状态，在整流 - 充电电路中储存电能，同时对直流电路起到平滑滤波的作用，并在逆变器发生过载时，起到缓冲器的作用。当市电发生波动、瞬断甚至中断时，整流器停止工作，逆变器将蓄电池放出的直流电不间断地变为与市电同频率的交流电。所以负载不会出现短暂的供电中断，也不会有显著的电压波动。

因此，蓄电池在 UPS 系统中起着举足轻重的后备电源作用。在三进三出的 UPS 系统中，由于负载功率较大，为了减小逆变器主电路的输入电流，一般应选择高额定电压的蓄电池组（如 260V、280V、410V、460V 等），以减小设备的体积和重量，目前中、大型 UPS 多采用 410V 的蓄电池组。由于供电时间短促，而且短时间放电电流大，因此通常选用放电速率较快而容量较小的蓄电池。

5.2　蓄电池的分类

UPS 要求所选用的蓄电池必须具有在短时间内输出大电流的特性，在 UPS 中应用的蓄电池共有以下几种：铅酸蓄电池、镍镉蓄电池、锂电池等。铅酸蓄电池因其体积较小、密封性能好、绝少维护而被广泛应用于各类 UPS 电源中。

5.2.1　铅酸蓄电池

铅酸蓄电池主要有开放型液体铅酸蓄电池和免维护铅酸蓄电池等。

1. 开放型液体铅酸蓄电池

开放型液体铅酸蓄电池是早期的蓄电池产品，按使用寿命可分为 8 ～ 10 年寿命、15 ～ 20 年寿命两种，可忍受高温高压和深放电。由于此种蓄电池硫酸电解会产生腐蚀性气体，因此须安装在通风并远离电子设备的房间内，而且房间内应铺设防腐蚀瓷砖。由于水分蒸发的原因，开放型液体铅酸蓄电池需定期测量比重、加酸或加水。安装蓄电池的房间应禁烟，并用开放型蓄电池架。由于此类蓄电池充电后不能运输，因而须在现场安装后充电。初充电一般需 55 ～ 90h，初充电电压为 2.6 ～ 2.7V。正常时每节电池电压为 2V。

优点：投资较少，寿命比免维护铅酸蓄电池长，对温度要求较低。

缺点：充电末期水会分解为氢气和氧气析出，需经常加酸、加水，维护工作繁重；气体溢出时携带酸雾，会腐蚀周围设备并污染环境，因此电池的应用受限。

2. 免维护铅酸蓄电池

免维护铅酸蓄电池在结构、材料上做了重要的改进，整个蓄电池的化学反应在密封的塑料蓄电池壳内进行，排气孔上加装单向的安全阀。这种结构的蓄电池在规定的充电电压下进行充电时，正极析出的氧气可通过隔板通道传送到负极板表面，还原为水，因此电解液中的水分几乎不损失，使蓄电池在使用过程中不需加水。免维护铅酸蓄电池意味着可以不用加液，但定期检查外壳有无裂缝、电解液有无渗漏等仍是必要的，因此免维护并不等于不维护。

1）阀控式密封铅酸蓄电池（Valve-Regulated Lead Acid Battery，VRLA）

阀控式密封铅酸蓄电池从结构上来看不但是全密封的，而且还有一个可以控制电池内部气体压力的阀，这也是阀控式密封铅酸蓄电池名称的由来。

VRLA防止电池内部电解液流动的技术有两种：一种是利用超细玻璃纤维将电解液不饱和地吸附住，制成吸液式电池或贫液式电池（简称AGM）。由于其具有较好的大电流放电性能，因此在UPS电源的电池系统中较多采用，国内厂家也大多生产AGM蓄电池。另一种是将硫酸电解液与SiO2胶体混合后充满电池内部，制成胶体电池（简称GEL）。

优点：不需加液等维护，可在满充的状态下运输，不需专人维护。

缺点：不及时进行恢复性充电会损害UPS电源蓄电池，对温度较敏感，寿命较短，价格比开放型液体铅酸蓄电池高。

2）胶体电池

德国阳光免维护胶体电池是世界上胶体电池的鼻祖。胶体电池属于铅酸蓄电池的一种发展分类，是在硫酸中添加胶凝剂，使硫酸电解液变为胶态，胶体电池由此得名。胶体电池的性能优于阀控式密封铅酸蓄电池。

优点：使用性能稳定，可靠性高，使用寿命长，对环境温度的适应能力（高温、低温）强，尤其是抗寒能力强，在零下15℃以下的环境中工作能效要远远优于液态电池，其保温性能极好。承受长时间放电能力、循环放电能力、深度放电及大电流放电能力强，有过充电及过放电自我保护等功能。

缺点：价格较高。

5.2.2 镍镉蓄电池

镍镉蓄电池（Nickel-Cadmium Battery）是一种碱性蓄电池，其正极活性物质主要由镍制成（氢氧化镍），负极活性物质主要由镉制成，电解液是氢氧化钾溶液。为了增加蓄电池的容量和循环寿命，通常在电解液中加入少量的氢氧化锂。

优点：镍镉蓄电池电解时产生氢气和氧气而不产生腐蚀性气体，因而可安装在电子设备的旁边。另外，这种蓄电池水的消耗很少，一般不需维护，其正常寿命为20～25年。这种蓄电池并不会因环境温度升高而影响使用寿命，也不会因环境温度低而影响容量。一般每节电池电压为1.2V，UPS采用此类蓄电池时需设计较高的充电器电压。

缺点：价格昂贵，初始安装的费用约为铅酸蓄电池的三倍。

5.2.3 锂电池

锂电池是一种以锂金属或锂合金为负极材料、使用非水电解质溶液的一次电池，与可充电锂离子电池及锂离子聚合物电池是不一样的。锂电池的发明者是爱迪生。锂电池绿色环保。目前常用的是磷酸铁锂电池，此外也有锰酸锂电池、锂 - 空气电池等。

优点：锂电池不含铅、镍、镉等重金属，相对于普通的铅酸蓄电池而言，锂电池具有重量轻、储能高并且自放电低的特点。

缺点：由于锂金属的化学特性非常活泼，因此锂金属的加工、保存、使用对环境要求非常高，锂电池燃烧爆炸的事件时有发生，锂电池的价格也相对较高。

随着锂离子电池技术不断突破、生产规模不断扩大，锂电池的成本不断下降，目前新建的数据中心，如百度数据中心等，已经采用锂电池作为备用电源，而阿里巴巴等已经开始购置储能设备，在作为备用电源之外，还可发挥削峰填谷、电力需求响应等作用，进行电费管理、增加收益。

5.3 阀控式密封铅酸蓄电池的构造和工作原理

近年来，由于人们日益重视生态和环保，因此许多国家已禁止生产和销售普通开放型液体铅酸蓄电池。目前，UPS 中最常用的蓄电池为阀控式免维护铅酸蓄电池，本节及以下章节主要讨论阀控式密封铅酸蓄电池。

5.3.1 阀控式密封铅酸蓄电池的结构

阀控式密封铅酸蓄电池的主要部件有正极板、负极板、电解液、隔板、电池槽和其他一些零件，如端子、连接条及排气栓等，如图 5-1 所示。

图 5-1　阀控式密封铅酸蓄电池的结构

1. 正极板和负极板

阀控式密封铅酸蓄电池采用无锑或低锑合金作板栅，常用的板栅材料有铅钙合金、铅钙锡合金、铅锶合金、铅锑锡合金、铅锑砷铜锡硫（硒）合金和镀铅铜等，这些板栅材料中不含或只含极少量的锑，可大大减少蓄电池的自放电，从而减少电池内水分的损失。正极板上的活性物质是二氧化铅，负极板上的活性物质是海绵状铅。

2. 电解液

在阀控式密封铅酸蓄电池中，电解液是稀硫酸，全部被极板上的活性物质和隔膜所吸附，电解液处于不流动状态，电解液的饱和度为 60% ～ 90%。当电解液的饱和度低于 60% 时，说明电池失水严重，极板上的活性物质不能与电解液充分接触；当电解液的饱和度高于 90% 时，正极氧气的扩散通道被电解液堵塞，不利于氧气向负极扩散。阀控式密封铅酸蓄电池是贫电解液结构，其电解液密度比普通铅酸蓄电池的要高，其密度范围是 1.29 ～ 1.32kg/L，普通铅酸蓄电池是富液式电池，电解液的密度范围为 1.20 ～ 1.30kg/L。

3. 隔板

目前阀控式密封铅酸蓄电池的隔板采用超细玻璃纤维隔膜，孔隙率高（90%），储液能力强，可使电解液处于不流动状态。这种隔膜中有两种结构的孔：一种是平行于隔膜平面的小孔，能吸储电解液；另一种是垂直于隔膜平面的大孔，是氧气对流的通道。

4. 电池槽

电池槽在蓄电池中起容器和保护作用。对于阀控式密封铅酸蓄电池来说，电池槽的材料要具有耐腐蚀、耐振动、耐高低温、强度高和不易变形的特性，并需采用特殊的结构，目前采用的是强度大而不易发生变形的合成树脂材料，例如 ABS、PP 和 PVC 等。

- ■ ABS：丙烯腈、丁乙烯和苯乙烯的共聚物。其优点是硬度大、热变形温度高、电阻系数大。但水蒸气和氧气泄漏严重。
- ■ PP：聚丙烯。它是塑料中耐温最高的一种，温度高达 150℃ 也不变形，低温脆化温度为 -10 ～ -25℃，熔点为 164 ～ 170℃，击穿电压高，水蒸气的保持性能优于 ABS 及 PVC 材料。但其氧气保持能力差、硬度小。
- ■ PVC：聚氯乙烯。其优点是绝缘性能好，硬度大于 PP 材料，吸水性比较小，氧气保持能力优于 ABS 及 PP 材料，水保持能力较好（仅次于 PP 材料）等。其缺点是硬度比较小，热变形温度较低。

对于阀控式密封铅酸蓄电池来说，电池槽一般采用加厚的槽壁，并在短侧面上安装加强筋，以此来对抗极板面上的压力。此外，电池内壁安装的筋条还可形成氧气在极群外部的绕行通道，提高氧气扩散到负极的能力，起到改善电池内部氧循环性能的作用。

固定用阀控式密封铅酸蓄电池槽有单一槽和复合槽两种结构。小容量电池采用的是单一槽结构，而大容量电池则采用复合槽结构。例如，容量为 1000A·h 的电池分成两格，容量为 2000 ～ 3000A·h 的电池分为四格。由于电池的槽壁太厚不利于电池散热，因此大容量电池的电池槽必须采用多格的复合槽结构。

5. 安全阀

安全阀又称节流阀，其作用是当电池中积聚的气体压力达到安全的开启压力时，阀门打开以排出多余气体，减小电池内压。为了防止外部空气进入电池内部而引起电池的自放电，安全阀只能单向排气。

安全阀的材料采用的是耐酸、耐臭氧的橡胶，主要有三种结构形式：胶帽式、伞式和胶柱式，如图 5-2 所示，其可靠性排序是胶柱式最大，胶帽式最低。

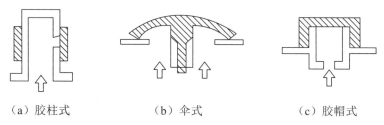

（a）胶柱式　　　　　（b）伞式　　　　　（c）胶帽式

图 5-2　几种安全阀的结构示意图

安全阀开启和关闭的压力分别称为开阀压和闭阀压。开阀压的大小必须适中（通常为 4 ～ 70kPa），太高易使电池内部积聚的气体压力过大，而过高的内部压力会导致电池外壳膨胀或破裂，影响电池的安全运行。开阀压太低会造成安全阀开启频繁，使电池内水分损失严重，并因失水而使电池失效。闭阀压的作用是让安全阀及时关闭，防止空气中的氧气进入电池内部而引起电池负极的自放电，其值的大小以接近于开阀压值为好（通常为 3 ～ 20kPa）。

5.3.2　阀控式密封铅酸蓄电池的工作原理

蓄电池的工作过程是一个化学能与电能相互转换的过程。当蓄电池的化学能转化为电能向外供电时，称为放电过程。当蓄电池与外界电源相连而将电能转化为化学能储存起来时，称为充电过程。铅酸蓄电池内的正极和负极浸在电解液（稀硫酸）中，由于电化学的作用，正极板上的二氧化铅、负极板上的海绵状铅与电解液之间分别产生了电极电位，正、负两极间的电位差就是蓄电池的电动势，约为 2V（这个值便是单体电池基准电压值）。铅酸蓄电池在放电时，正负极的活性物质均变成硫酸铅（$PbSO_4$），充电后又恢复到原来的状态，即正极的活性物质转变成二氧化铅（PbO_2），负极的活性物质转变成海绵状铅（Pb）。放电过程和充电过程中的电化学反应如图 5-3 所示。

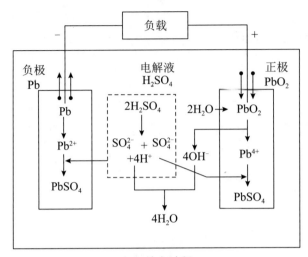

（a）放电过程

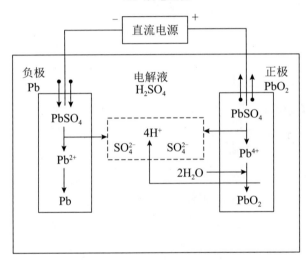

（b）充电过程

图 5-3　蓄电池充放电过程及电化学反应

充放电化学反应方程式如下：

$$PbO_2 + Pb + 2H_2SO_4 \overset{放电}{\Rightarrow} 2PbSO_4 + 2H_2O$$

$$PbO_2 + Pb + 2H_2SO_4 \overset{充电}{\Leftarrow} 2PbSO_4 + 2H_2O$$

（正极）（负极）（电解液）　（正负极板）（液体水）

铅酸蓄电池在放电过程中两极都生成了硫酸铅，随着放电的不断进行，硫酸逐渐被消耗，同时生成水，使电解液的浓度（密度）逐渐降低。因此，电解液密度的高低反映了铅酸蓄电池放电的程度。对富液式铅酸蓄电池来说，密度可以作为放电终了的标志之一。通常，当电解液密度下降到 1.15 ～ 1.17kg/L 时，应停止放电，否则电池会因为过量放电而损坏。

充电时，外接直流电源的正极与负极分别接蓄电池的正极与负极。当外加电压高于蓄电池的电动势时，电子从蓄电池的正极流向负极，从而发生与放电时相反的电化学反应。

　　可以看出，铅酸蓄电池的充电反应恰好是放电反应的逆反应。在充电反应中，正负极板上的硫酸铅分别变成二氧化铅和海绵状铅，电解液中的水分子不断消耗，硫酸分子不断生成，电解液密度不断升高。因此，电解液密度可以作为电池充电终了的标志，如启动用铅酸蓄电池的充电终了密度是 $d_{15}=1.28 \sim 1.30\text{kg/L}$，固定用防酸隔爆式铅酸蓄电池的充电终了密度是 $d_{15}=1.20 \sim 1.22\text{kg/L}$。

　　充电过程中还伴随有电解水的反应，这种反应在充电初期很微弱，但当单体电池的端电压达到2.3V/只时，水的电解开始逐渐成为主要反应。这是因为端电压达2.3V/只时，正负极板上的活性物质已大部分恢复，电解液中硫酸铅的含量逐渐减少，充电电流用于活性物质恢复的部分越来越少，用于电解水的部分越来越多。此时，负极板上有大量氢气冒出，正极板上有大量氧气冒出。对于富液式铅酸蓄电池来说，此时可观察到有大量气泡逸出，并且冒气越来越激烈，因此可用充电末期电池冒气的程度作为充电终了的标志之一。但对于阀控式密封铅酸蓄电池来说，因为是密封结构，其充电后期为恒压充电（2.3V/只左右），充电电流很小，而且正极析出的氧气能在负极被吸收，所以不能观察到冒气的现象。水的分解不仅使电解液减少，而且浪费电能，同时激烈气泡的冲击能加速活性物质脱落，使蓄电池寿命缩短。因此，充电后期必须减小充电电流，减缓冒气的剧烈程度，以延长电池寿命。

5.3.3　阀控式密封铅酸蓄电池的密封原理

　　阀控式密封铅酸蓄电池是利用负极吸收原理实现氧复合循环来达到密封目的的。负极吸收原理是利用负极析氢比正极析氧晚的特点，采用特殊的电池结构，使铅酸蓄电池在充电后期负极不能析出氢气，同时能够吸收正极产生的氧气，从而实现电池的密封，密封原理如图 5-4 所示。

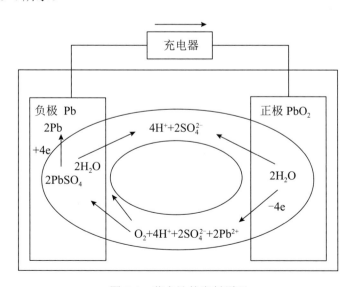

图 5-4　蓄电池的密封原理

充电末期，阀控式密封铅酸蓄电池在正极析出氧气，并形成轻微的过压，而负极吸收氧气使负极产生轻微的负压，于是在正、负极之间压差的作用下，氧气能够通过气体扩散通道顺利地向负极迁移。正极析出的氧气要能在负极被充分地吸收，就必须先顺利地到达负极。氧可以两种方式在电池内传输：一种是溶解在电解液中，通过液相扩散到负极表面；另一种是以气体的形式经气相扩散到负极表面。氧的扩散过程越容易，氧从正极向负极迁移并在负极被吸收的量就越多，这样便允许电池通过较大的电流而不会造成电池中水分的损失。显然，氧以气体形式向负极扩散的速度比单靠液相中溶解氧的扩散速度大得多。所以为了有效地吸收氧气，在阀控式密封铅酸蓄电池中，必须提供氧气的气相扩散通道。

为了提供氧气扩散通道，阀控式密封铅酸蓄电池采取了特殊的电池结构。一是贫电解液结构，使超细玻璃纤维隔膜中大的孔道不被电解液充满，使氧气能通过这些大孔顺利地扩散到负极；二是紧密装配，使极板表面与隔膜紧密接触，保证氧气经隔膜孔道扩散到负极，而不至于使氧气沿极板向上逸出。

5.4　阀控式密封铅酸蓄电池的性能和基本参数

铅酸蓄电池的性能包括电性能、储存性能和温度特性等，其中电性能用下列参数度量：电池电动势、电池容量、开路电压、终止电压、工作电压、放电电流、比容量、电池内阻、使用寿命（浮充寿命、充放电循环寿命）等。

5.4.1　电池电动势和工作电压

蓄电池通过导体在外部连接形成回路时，正极和负极的电化学反应便自发地进行，当电池中电能与化学能转换达到平衡时，正极的平衡电极电势与负极的平衡电极电势的差值便是电池电动势，它在数值上等于达到稳定值时的开路电压。电池电动势可依据电池中的反应利用热力学计算或通过测量计算，有明确的物理意义，开路电压只在数值上近似于电动势，需视电池的可逆程度而定。

电池的工作电压是指电池有电流通过（闭路）时的端电压。对于单体电池来说，电池的工作电压是2V，我们平常所说的12V电池是指电池由6个单体电池串联组成，新出厂的12V电池的测量电压一般都在13V以上。此外，也有6V和4V的电池。限于蓄电池的体积，200A·h以上的蓄电池一般直接用2V单元，容量可做到3000A·h以上。

5.4.2　电池容量

电池容量是指电池储存的电量的数量，有以下几种表征电池容量的参数。

1. 比容量

比容量有两种：一种是质量比容量（Wh/kg），即单位质量的电池或活性物质所能放出的电量，质量比容量＝容量/质量；另一种是体积比容量（Wh/L），即单位体积的电池或活性物质所能放出的电量，体积比容量＝容量/体积。

对于电池来讲，容量单位是 mA·h（毫安时）或 A·h（安时）。

蓄电池的实际比容量要远小于理论比容量，因为涉及壳体、电解液、隔膜及附件重量，还需考虑电池工作时端电压远低于电池标准电动势等因素。

2. 放电率

针对蓄电池放电电流的大小，放电率分为时间率和电流率。

放电时间率指在一定放电条件下，放电至放电终止电压的时间长短。依据 IEC 标准，放电时间率有 20h、10h、5h、3h、1h、0.5h 率及分钟率，分别表示为 20Hr、10Hr、5Hr、3Hr、2Hr、1Hr、0.5Hr 等。

放电电流率是为了比较标称容量不同的蓄电池放电电流大小而设立的，通常以 10h 率电流为标准，用 I_{10} 表示，3h 率及 1h 率放电电流则分别以 I_3、I_1 表示。

3. 放电终止电压

铅酸蓄电池在 25℃ 环境温度下，以一定的放电率，放电至能再反复充电使用的电压称为放电终止电压。大多数固定型蓄电池规定 10h 率蓄电池放电单体终止电压为 1.8V，3h 率蓄电池放电单体终止电压为 1.8V，1h 率蓄电池放电单体终止电压为 1.75V。通常情况下，为使电池安全运行，需要根据放电电流的大小调整放电终止电压值。以 10h 率蓄电池为例，若以小于 10Hr 的小电流放电，则终止电压取值稍高；若以大于 10Hr 的大电流放电，则终止电压取值稍低。

4. 额定容量

额定容量是指制造电池时，规定电池在一定放电条件下应该放出最低限度的电量，用 C_n 表示，单位是安时（A·h），其中 C 表示电池的容量，下标 n 表示放电率，现在一般蓄电池的放电时间率为 10h 率或 20h 率。依据 GB/T 13337.2—2011，在 25℃ 环境下，蓄电池额定容量符号如下：

- C_{20}：20h 率额定容量。例如，如果蓄电池的额定容量为 100A·h，则放电电流为 $I_{20} = \dfrac{100}{20} = 5A$，表示以 5A 的电流放电 20h，可以放出 100A·h 的容量。
- C_{10}：10h 率额定容量。例如，如果蓄电池的额定容量为 100A·h，则放电电流为 $I_{10} = \dfrac{100}{10} = 10A$，表示以 10A 的电流放电 10h，可以放出 100A·h 的容量。
- C_3：3h 率额定容量，数值为 $0.75C_{10}$。
- C_1：1h 率额定容量，数值为 $0.55C_{10}$。

随着电池容量的增大，其体积和质量也随之加大。了解这一点的意义在于，选择电池容量时，要充分了解用户机房所允许的面积和承重。

同一容量的电池在不同温度下、相同时间内放出的容量不同，温度越低，放出的容量越小。

5. 放电率电流

放电率电流主要有以下三种表示方法：

- I_{10}：10h 率放电电流，数值为 $0.1C_{10}$（A）；
- I_3：3h 率放电电流，数值为 $2.5I_{10}$（A）；
- I_1：1h 率放电电流，数值为 $5.5I_{10}$（A）。

5.4.3 电池内阻

蓄电池内阻有欧姆内阻和极化电阻两部分。前者与电极材料、隔板、电解液、接线柱及电池尺寸、结构和装配因素有关；后者由电化学极化和浓差极化引起，是在电池放电或充电过程中两电极进行电化学反应时极化产生的内阻。极化电阻除与制造工艺、电极结构、活性物质的活性有关外，还与电池工作电流大小、温度等因素有关。

电池内阻是衡量电池性能和寿命的重要因素。一般来讲，蓄电池在完全充足电时内阻最小，内阻随承受的放电量的增多而变大。随着电池容量的增大，其内阻逐渐减小，如表 5-1 所示。

表 5-1　阀控式密封铅酸蓄电池的内阻范围

额定容量/（A·h）	内阻 /mΩ			额定容量/（A·h）	内阻 /mΩ
	12V	6V	2V		2V
25	≤ 14	—	—	400	≤ 0.6
38	≤ 13	—	—	500	≤ 0.6
50	≤ 12	—	—	600	≤ 0.4
65	≤ 10	—	—	800	≤ 0.4
80	≤ 9	—	—	1000	≤ 0.3
100	≤ 8	≤ 3	—	1500	≤ 0.3
200	≤ 6	≤ 2	≤ 1.0	2000	≤ 0.2
300	—	—	≤ 0.8	3000	≤ 0.2

蓄电池内阻可用专门的内阻测试仪测量。如果测得的蓄电池内阻值超过表 5-1 所示的内阻范围，则要考虑电池是否接近或超过其使用寿命。

5.4.4 循环寿命

蓄电池经历一次充电和放电过程称为一次循环（一个周期）。在一定放电条件下，电池工作至某一容量规定值之前所能承受的循环次数称为循环寿命。

各种蓄电池使用的循环次数是有差异的，例如，传统的固定型开放型铅酸蓄电池的循环次数约为 500 ～ 600 次，启动型铅酸蓄电池约为 300 ～ 500 次，阀控式密封铅酸蓄电池约为 1000 ～ 1200 次。影响循环寿命的因素主要有两点：一是电池自身的性能质量，也是电池的理论寿命；二是电池使用过程中的维护工作的质量。

对于固定型铅酸蓄电池，其使用寿命还可以用浮充寿命来衡量。浮充寿命是正常维护条件下蓄电池浮充供电的时间，通常阀控式密封铅酸蓄电池的浮充寿命可达 10 年以上。对于启动型铅酸蓄电池，采用过充电耐久能力及循环耐久能力单元数来表示寿命，而不采用循环次数表示寿命，其过充电耐久能力单元数应在 4 以上，循环耐久能力单元数应在 3 以上。

5.4.5 储存性能

蓄电池在储存期间，电池内的杂质（例如正电性的金属离子）可与负极活性物质组成微电池，发生负极金属溶解并析出氢气。有害杂质的存在会使正极和负极活性物质逐渐被消耗，造成电池容量下降，这就是电池的自放电现象。

电池长时间放置时，如果电池自放电后不进行及时充电，就会使电池内部大量的硫酸铅被吸附到阴极表面，使电池阴极板硫酸盐化。阴极硫酸铅越多，导电性越不好，电池的内阻越大，电池的充放电性就越差，如此造成恶性循环。实践中发现，蓄电池的储存寿命是与储存时间和环境温度密切相关的。随着储存时间的增加，蓄电池可供实际利用的容量会有不同程度的下降。储存环境温度越高，电池的自放电越快，电池的剩余可供使用的容量就越小。电池的自放电与温度的关系如图 5-5 所示，储存寿命与温度的关系如表 5-2 所示。因此，为了保证蓄电池总是处于良好的工作状态，应将其保存在低温、干燥的环境中。对于长期搁置不用的蓄电池，必须每隔一定时间（3 ～ 4 个月）再重新充电和放电一次，以达到激活的目的，恢复蓄电池原有的容量值。同样，对于运行在供电质量高、很少发生停电场合的 UPS 电源来说，也应该每隔一定周期（例如半年）人为地中断交流输入电源，使 UPS 的蓄电池放电一次，然后再加市电重新对蓄电池充电。这样操作有利于延长蓄电池的使用寿命，保证蓄电池可供实际使用的容量总是处于非常接近于蓄电池标称容量的状态。

表 5-2　蓄电池储存寿命与温度的关系

温度 / ℃	储存寿命 / 月	温度 / ℃	储存寿命 / 月
0 ～ 10	12	31 ～ 40	3
11 ～ 20	8	41 ～ 50	2.5
21 ～ 30	6		

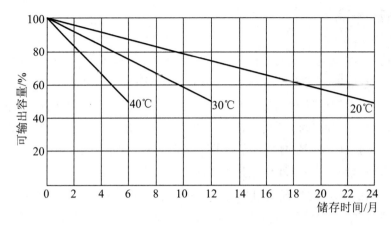

图 5-5 蓄电池存放时自放电与储存环境温度的关系

5.4.6 温度特性

对于电池来说，其实际可供利用的容量除与电池放电电流大小有关系外，还与环境温度有密切的关系。同容量同系列的电池在以相同的放电速率工作的条件下，其可供使用的容量随温度升高而增加，随温度降低而减小。例如，NP 型电池的温度特性如图 5-6 所示。

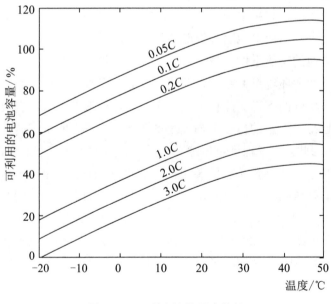

图 5-6 NP 型电池的温度特性

在实际使用过程中，很多用户往往忽视了蓄电池所要求的环境温度。例如，对于蓄电池单独配置的大、中型UPS，有的用户将蓄电池组与UPS主机安装在同一低温条件下，有的用户则将蓄电池组单独安装在温度很高、阳光充足和不通风的电池室内，这都是不科学的。温度过低会影响蓄电池组实际可供利用的容量，而温度过高则影响蓄电池组的使用寿命。因此，对 UPS 的蓄电池组必须工作在低温条件下的用户来讲，在配置蓄电池时，必须考虑到这个因素，否则，当市电供电中断时，UPS 所能支持的负载的实际工作时间将明显低于设计的后备时间。下面是可供这类用户选择的两条技术途径：

（1）增加 UPS 所配置的蓄电池组的标称容量值；

（2）选择耐寒性的 AHH 型蓄电池。

如果蓄电池组单独安装在电池室，一定要保持电池室通风良好，蓄电池不受阳光直晒。有条件的用户最好安装空调，根据蓄电池所需求的最佳温度进行调节（一般在 20～25℃），以保证蓄电池的容量和使用寿命。不同的运行条件对电池的工作寿命有直接的影响。如果运行温度增加 10℃（例如从 25℃升到 35℃），电池的预期寿命会降低 50%。最高的运行温度是 40℃，在短时间内（不超过 3h），60℃ 也是可以接受的，但是也许会造成电池永久性的毁坏。

5.4.7　性能要求

通信行业标准 YD/T 799-1996 中对通信用阀控式密封铅酸蓄电池的技术要求如表 5-3 所示。

表 5-3　通信行业标准 YD/T 799-1996 中对通信用阀控式密封铅酸蓄电池的技术要求

容量 /（A·h）	试验 10h 率容量：第一次循环不低于 $0.95C_{10}$，第三次循环为 C_{10}。3h 率和 1h 率容量分别在第四次和第五次循环达到
最大放电电流 /A	以 $30I_{10}$ 放电 3min，极柱不熔断，外观无异常
容量保存率	静置 90 天不低于 80%
密封反应效率	不低于 95%
安全阀动作	开阀压 10~49kPa，闭阀压 1~10kPa
防爆性能	在充电过程中遇有明火内部不引爆
防酸雾性能	正常工作过程中无酸雾逸出，试验每安时充电电量析出的酸雾应小于 0.025mg
耐过压能力	按规定条件充电后，外观无明显渗液和变形

5.5　放电控制技术

对于使用 UPS 的电源系统来讲，当市电中断后，蓄电池立即由浮充状态转入放电状态，为逆变器提供直流电源，维持负载供电不中断。

5.5.1　放电特性

蓄电池的放电时间定义为蓄电池以规定的电流进行恒流放电时，其端电压从 12V 下降到它所允许的临界电压时所经过的时间。如图 5-7 所示为密封铅酸蓄电池的放电特性曲线，蓄电池以 1C 的速率放电，意味着该蓄电池放电电流的值等于该蓄电池额定容量的值。例如，对于一个额定容量为 100A·h 的蓄电池，若以 1C 的速率放电，则其放电电流为 100A。

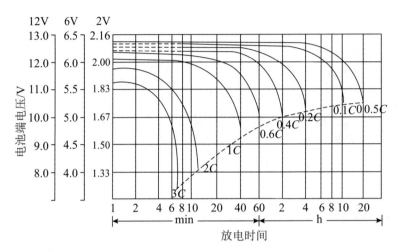

图 5-7　密封铅酸蓄电池的放电特性曲线

由图 5-7 可以看出，放电特性曲线具有如下特点：

（1）放电电流越小，电池的放电特性曲线越平滑，电池输出电压维持稳定的时间越长；放电电流越大，电池维持其输出电压的稳定能力越差。例如，对于 100A·h/10Hr 的蓄电池，当放电电流为 10A 时，其输出电压可在长达 6h 的时间内维持在 12V 以上；若将放电电流增大到 1C 大小，即 100A，则该电池仅能在大约 10min 的时间内维持其输出电压在 12V 以上，超过这一时间，电池输出端电压将迅速下降，会造成电池过度放电，影响电池寿命。实践证明，当放电电流超过 2C 时，不仅会大大缩短电池的稳定工作时间，而且会在接通负载的瞬间造成电池输出电压迅速跌落。例如，若以 7C 的速率放电，则在接通负载的瞬间，电池组的输出电压将马上从 12V 降至 10.2V 左右，而且电池维持在 10.2V 的时间也只有 20s 左右。若在此条件下继续放电，当放电时间超过 50s 时，电池组输出电压将迅速下降至 0V，这意味着很有可能造成电池的永久性损坏。

（2）无论负载轻重如何，在放电的初始阶段，都有电池电压突然下降较多然后略有回升的现象。这是因为由充电转为放电的瞬间，电池极板附近的电荷快速释放出来，而离极板较远的电荷需要逐渐运送到极板附近，然后才能释放出来，这个短暂的过程便使电压有较大的低谷。

（3）无论放电电流大还是小，电池的端电压最终将出现急剧下降的拐点。拐点之前的部分表示电池放电后通过充电可恢复到原来的储电能力，是电池的"容许放电范围"如图 5-8 所示。拐点之后的部分表示电池不易恢复到原来的储电能力，即电池特性受到永久损坏。因此拐点也称为电池安全工作时的终止电压。UPS 的电池工作点都是设计在这个拐点附近的。在 UPS 中，放电终止电压依据不同大小的放电电流通常设计为恒定值。

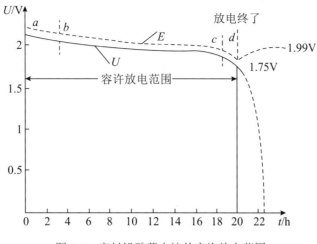

图 5-8　密封铅酸蓄电池的容许放电范围

　　蓄电池可供利用的容量与放电电流大小密切相关。在蓄电池的应用过程中，要控制好放电电流，应避免大电流放电，也要避免小电流长时间放电。

5.5.2　放电终止电压

　　蓄电池以一定的放电率在 25℃ 环境温度下放电至能再反复充电使用的最低电压称作蓄电池的放电终止电压。超过放电终止电压将对蓄电池造成很大伤害，甚至不能恢复容量，使电池的寿命提前终结。

1. 放电终止电压的设定

　　电池放电电流不同，其要求的放电终止电压也不同，放电终止电压值视放电速率和需要而定。随着放电电流的加大，其放电终止电压可适当降低，这是因为大电流放电时，电池的化学反应进行剧烈，带电离子的移动受阻，由此导致端电压下降迅速，若此时放电终止，则那些没来得及移动到电极的离子继续反应，使端电压回升；若小电流放电，由于带电离子的移动和反应都有充分的时间，如果仍和大电流放电时一样设置放电终止电压，就会使电池受到很大伤害。对于蓄电池的放电终止电压的设定可参照表 5-4。

表 5-4　单体阀控式密封铅酸蓄电池放电终止电压的设定

放电速率	$(0.01 \sim 0.025) C_{10}$	$(0.05 \sim 0.25) C_{10}$	$(0.30 \sim 0.55) C_{10}$	$(0.62 \sim 2) C_{10}$
放电终止电压 /V	2.00	1.80	1.75	1.60

2. 深度放电（过放电）

　　过放电，即过度放电。蓄电池放电时，储存的电能逐步释放，电压缓慢下降。当电压降低到某一规定值（放电终止电压）时应停止放电，然后重新充电以恢复电池的储能状态。低于此规定值继续放电即为过度放电，过放电可能造成电极活性物质损伤，失去反应能力，使蓄电池寿命缩短。

另一种过放电情形，是当蓄电池小电流放电时不加以相对较高的放电终止电压控制，以小电流长时间放电，直至电压很低，这也会给蓄电池造成很大的伤害。因为放电电流越小，生成的硫酸铅的晶核越少，硫酸铅晶体的颗粒就大一些，同时，硫酸铅的结晶沉淀速度越慢，生成的晶体就越完善，这样在充电时粗大的晶核难以恢复到原来的活性物质（正极的二氧化铅和负极的铅），使蓄电池的容量难以恢复，而这些颗粒也会造成极板的微孔堵塞。

5.6 充电控制技术

UPS 蓄电池经过放电后一般要在 4h 内进行补充充电，以恢复其容量。不及时为电池充电，会降低电池的容量，严重时会使电池容量无法恢复。IEEE Std 1188—1996 中推荐：固定备用电池容量下降到 80% 以下时，被视为寿命终止，因为从此开始电池将会加速老化。

充电电流要有一定的限制，充电电流太小会影响电池容量的及时恢复，电池寿命衰减很快；如果充电电流过大，则电池内部温升过高，轻者会使电池外壳膨胀，重者会造成外壳破裂。如果充电电压过高，则导致电解水的反应加剧，电池寿命缩短；充电电压过低会使电池内的化学反应不充分，也会缩短电池寿命。因此充电要设置合适的充电电压和充电电流。

5.6.1 浮充充电

UPS 正常工作时，整流器一方面为逆变器提供直流电能，一方面为蓄电池进行浮充充电。在浮充状态下，充电电流主要用于补偿电池因自放电而损失的电量。

1. 浮充电压的设置

在环境温度 25℃时，标准型单体阀控铅酸蓄电池的浮充电压一般设置为 2.25V（对于 12V 的电池即为 13.5V），允许变化范围为 2.23 ～ 2.27V。在 UPS 调试时，可根据蓄电池的浮充电压值来调整整流器的输出电压值。在对 UPS 进行巡视检查时，在 UPS 显示面板上显示的直流电压即为此浮充电压的大小。

标准型阀控铅酸蓄电池采用恒压限流充电，其充电特性曲线如图 5-9 所示。电池放完电后，应先用恒定电流充电，当电池电压达到设定的浮充电压时，自动转入恒压充电。此后，充电电流逐渐减小，电池逐渐恢复额定容量。

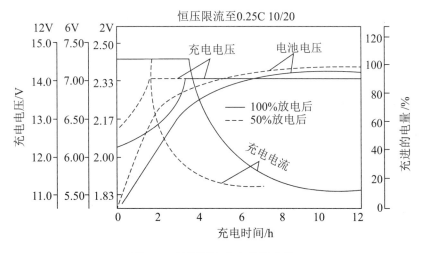

图 5-9 恒压限流充电特性曲线

如果浮充电压设置过低，电池会长期处于欠充电状态，极板深处的活性物质不能参与化学反应，因而在活性物质与板栅间形成高电阻层，使电池内阻增大，电池容量下降。如果浮充电压设置过高，电池会长期处于过充电状态，电解液中水分大量损失，且容易造成热失控。这些都会导致电池容量严重下降，寿命缩短。

2. 浮充电压与温度的关系

在浮充状态下，为了保证阀控电池既不过充电，也不欠充电，除了设置合适的浮充电压外，还必须随着环境温度的变化适时调整浮充电压。浮充电压的温度系数约为 $-3mV/℃$，也就是说，温度每升高 $1℃$，单体电池的浮充电压应当下降 $3mV$。试验表明，在浮充电压不变的条件下，环境温度升高 $10℃$，阀控铅酸蓄电池的浮充电流将增加 10 倍，有可能产生热失控，严重影响电池寿命。浮充电压与环境温度的关系如图 5-10 所示。

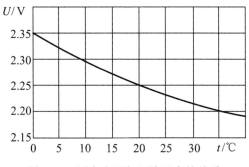

图 5-10 浮充电压与环境温度的关系

在浮充状态下，阀控铅酸蓄电池能够正常供电的时间称为浮充寿命。环境温度升高后，电池的浮充电流增大，板栅腐蚀加速，电池内发生电解水反应，环境温度越高，电解液中水分蒸发越快。环境温度每升高 $10℃$，电池内水分蒸发损失约增加 1 倍。水分减少后，电池容量下降，寿命随之缩短。

为了减小温度对电池寿命的影响,在安装时,各单体电池之间应当留有一定的空隙,并避免太阳照射。与此同时,还应当远离各种热源。当采用多层安装时,安装层数不要太多,最好不要安装在密闭的电池柜内,以免影响散热。

5.6.2 均衡充电

当电池深度放电或长期浮充充电时,其单体电池的电压和容量有可能出现不平衡的现象。为了消除这种不平衡现象,必须适当提高蓄电池的充电电压,这种充电方法叫均衡充电。

1. 时机

当阀控铅酸蓄电池组遇到下列情况之一时,应进行均衡充电:

- 两只以上单体电池的浮充电压低于2.18V;
- 放电深度超过20%(即放出的电量超过额定容量的20%);
- 闲置时间超过3个月;
- 全浮充时间超过3个月。

2. 电压设置

均衡充电时,通常采用恒压限流充电法。当环境温度为25℃时,单体阀控铅酸蓄电池的均衡充电电压应设置在2.35V(对于12V的电池即为14.1V),充电电流应小于$0.25C$ A。例如,对于额定容量为C=100A·h的蓄电池来说,均衡充电电流应小于$0.25 \times 100 = 25$A。

当环境温度发生变化时,均衡充电电压应随之而变。均衡充电电压的温升系数也为-3mV/℃,即环境温度每升高1℃,单体电池的均衡充电电压应下降3mV。

阀控铅酸蓄电池在正常使用过程中不需要均衡充电,因此均衡充电电压的设置对电池寿命的影响不大。均衡充电结束后必须立即转入浮充状态,否则将导致热失控而影响电池寿命。

3. 时间设置

电池的均衡充电时间与充电电压和充电电流有关。当限定的均衡充电电流为$0.25C$ A、均衡充电电压设置为2.35V时,充入100%额定容量所需时间为6h。设置的均衡充电电压改变时,其均衡充电时间应相应改变。

在实际应用过程中,若均衡充电时间过短,则蓄电池充不足电;若均衡充电时间过长,电池将过充电。为了延长蓄电池的使用寿命,必须根据均衡充电电压和电流,精确地设置均衡充电时间。

5.6.3 补充电

蓄电池长期开路存放时，由于自放电的原因，电池容量会不断下降，表现为开路电压也逐渐降低。因此，为了保证电池具有足够的容量，在使用前，应根据电池的开路电压判断电池的剩余容量，然后采用不同的方法对电池进行补充电。

一般来讲，单体蓄电池的电压在 2.05V（对于 12V 的电池即为 12.3V）以上时，剩余容量可达 80% 以上；低于 1.95V（对于 12V 的电池即为 11.7V）时，电池的剩余容量将低于 25%。当剩余容量小于 80% 时，就应进行均衡充电。在进行均衡充电的过程中，如果充电电流连续 3h 不变，则转入浮充充电。

在蓄电池的存放过程中，为了避免蓄电池因过放电而损坏，应每隔 3 个月对蓄电池进行一次补充电。

5.6.4 循环充电

蓄电池循环使用时，放出一定电量后，应及时充电，这种充电称为循环充电。

1. 电压设置

蓄电池循环使用时，放出的电量通常远大于其额定容量的 20%。为了使活性物质充分进行化学反应，充电电压应略高于均衡充电电压。通常设置在 2.40～2.45V，充电电流限制在 $0.25C$ A 以内。同样，要根据环境温度的变化设置充电电压的温升系数。

2. 循环寿命

蓄电池的容量在跌至额定容量的某个百分比之前所完成的完全充放电循环次数称为循环寿命。在不同的蓄电池中，这个百分比会不同。蓄电池使用越久，其容量下降越多。对于铅酸蓄电池来讲，其循环寿命和容量成反比关系。循环寿命还与充放电条件密切相关，一般充电电流越大（充电速度越快），循环寿命越短。

阀控铅酸蓄电池在进行循环充放电时，为了延长电池寿命，应避免深度放电。

5.7 蓄电池容量的计算与选择

在小容量 UPS 中，本身一般标配 30min 左右的蓄电池，但用户往往还需要外配电池以延长后备时间。大容量 UPS 一般都无标配电池，需根据所需的后备时间补配蓄电池。

由于电池放电电流超过放电率（比如 10h 率或 20h 率）所规定的电流界限值时会表现出非线性，因此需通过计算与查表或查曲线相结合的方式来确定需配备的电池的容量。

一般有两种方法来确定电池的容量：

■ 利用恒功率放电表确定电池容量；

■ 利用恒电流放电曲线确定电池容量。

5.7.1 恒功率放电表法

在查表前，先计算出放电功率值，计算公式如下：

$$P_\mathrm{d}= \frac{SF}{\eta}$$

式中：P_d 为放电功率；

S 为 UPS 的额定功率；

F 为 UPS 的负载功率因数；

η 为逆变器效率，小于 1。

> **例 1** 一台负载功率因数为 0.8 的 10kVA 的 UPS，市电断电后要求延时 6h。用户要求采用 100A·h 电池，需多少节？
>
> **解** 根据要求可选某标称容量值为 15kVA 的 UPS。已知逆变器效率 $\eta=0.95$，直流电压采用 16 节 12V 蓄电池来计算。则由公式 $P_\mathrm{d}= \dfrac{SF}{\eta}$，可得 $P_\mathrm{d}= \dfrac{10\times1000\times0.8}{0.95} = 8421\text{W}$。

表 5-5 为某品牌 100A·h 蓄电池恒功率放电表。如果选用该品牌蓄电池，则需以该表所示参数来确定所需电池的数量。当放电终止电压选为 10.5V 时，对应于 6h 放电时间的放电功率为 137W/ 电池，因此可以求出电池的数量 $n= \dfrac{8421}{137} \approx 62$ 节，即需要 4 组（即 4×16=64 节）电池。

表 5-5 某品牌 100A·h 蓄电池恒功率放电表（25℃）（W/ 电池）

放电时间 终止电压 /V	5min	10min	15min	20min	30min	45min	1h	1.5h	2h	3h	4h	5h	6h	10h	20h
9.6	2610	2094	1769	1500	1156	843	681	493	407	280	215	175	147	92.3	47.0
9.9	2564	2049	1751	1493	1143	822	663	480	394	275	211	169	143	89.2	46.7
10.2	2403	2016	1715	1468	1131	815	645	471	391	270	206	164	139	88.1	46.1
10.5	2153	1868	1596	1394	1105	802	627	461	383	265	204	162	137	87.1	45.8
10.8	1903	1633	1460	1330	1046	773	618	439	374	260	199	159	134	86.0	45.5

5.7.2　恒电流放电曲线法

在查曲线前，先计算放电电流 I_d，计算公式如下：

$$I_d = \frac{SFk}{\eta U_{min}}$$

式中：I_d 为放电电流；

　　　S 为 UPS 的额定功率；

　　　F 为 UPS 的负载功率因数；

　　　k 为负载的利用系数（一般取 1）；

　　　U_{min} 为 UPS 关机前一瞬的电池电压；

　　　η 为逆变器效率，小于 1。

上述公式计算出的放电电流是蓄电池的最大放电电流，按照此电流确定的蓄电池容量可以满足设计的 UPS 最短后备时间的需要。

例 2　一台负载功率因数为 0.8 的 10kVA 的 UPS，市电断电后要求延时 6h。用户要求采用 100A·h 电池，需多少节？

解　根据要求可选某标称容量值为 15kVA 的 UPS。已知逆变器效率 $\eta=0.95$，负载利用系数取 1。

根据 UPS 给出的直流电压可计算每组电池的数量，也可以设定每组电池的数量来设置 UPS 的直流电压。一般对于大功率 UPS，每组电池 32 块左右，直流电压即为 $32×12=384V$。在本例中，直流电压采用 16 节 12V 蓄电池来计算。则可得：

额定直流电压：$16×12=192V$。

浮充电压：$16×（2.25×6）=216V$。

逆变器的关机电压：$U_{min}=16×（1.75×6）=168V$。

根据公式 $I_d = \frac{SFk}{\eta U_{min}}$，可求出满载时的最大放电电流为 $I_d = \frac{10×1000×0.8×1}{0.95×168} = 50.13A$。

假定待选用的某品牌蓄电池的恒电流放电曲线如图 5-11 所示。根据该曲线，仍可有两种方法来确定所需电池的数量：

● 由时间查电流法。从图 5-11 中放电时间 6h 的这条横线出发，向右找到对应 25℃ 的曲线，两者的交点向下做一条垂线，与电流轴相交于约 14A 处，即一组 100A·h 的 16 节电池，在以 14A 电流放电时，才能放电 6h。14A 约为 50 的 $\frac{1}{4}$，所以需 4 组 100A·h 的 16 节电池（即 64 节）才能满足要求。

● 由电流查时间法。从图 5-11 中放电电流 50A 的这条竖线出发，向上找到其与 25℃ 的曲线的交点，该交点对应的放电时间约为 1.5h，据此也可得出需要 4 组电池（64 节）才能满足要求。

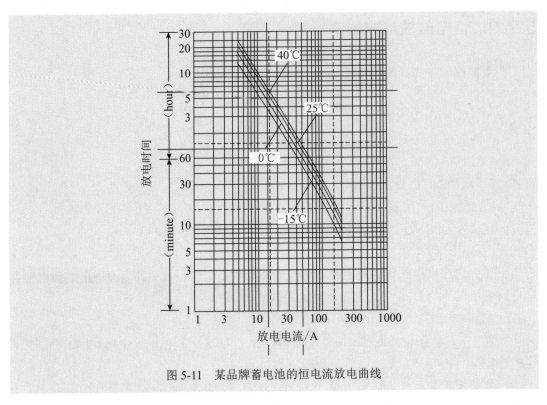

图 5-11　某品牌蓄电池的恒电流放电曲线

表 5-6 为该品牌蓄电池恒电流放电表（25℃）。若用该恒电流放电表来确定所需电池的数量，则放电 6h 到终止电压 10.5V 对应的放电电流为 14.1A，可得电池的数量

$n=\dfrac{50.13}{14.1}=3.55=4$ 组，即需要 64 节。

表 5-6　某品牌蓄电池恒电流放电表（25℃）（A/ 电池）

放电时间 终止电压 /V	5min	10min	15min	20min	30min	45min	1h	1.5h	2h	3h	4h	5h	6h	10h	20h
9.6	250	194	153	129	100	74.1	59.4	43.8	37.6	26.7	20.7	17.6	14.7	9.41	5.13
9.9	247	192	152	127	98.2	72.3	58.6	42.7	37.5	26.2	20.6	17.1	14.5	9.31	5.03
10.2	241	187	149	126	95.1	71.6	57.4	41.8	36.5	25.9	20.4	17.0	14.3	9.21	5.01
10.5	223	173	138	119	93.0	70.5	56.3	41.0	35.2	25.5	20.3	16.8	14.1	9.10	5.00
10.8	195	151	127	114	88.0	68.0	54.0	39.1	32.9	24.5	19.6	16.1	13.9	9.00	4.92

5.7.3　蓄电池与主机连接电缆及直流断路器的选择

蓄电池容量确定之后，蓄电池组与主机之间的连接电缆以及每块蓄电池之间的连接电缆需要满足安全载流量的要求，此外，需配置的直流断路器的容量也应满足保护要求。下面以一个具体例子来说明。

例3　一台负载功率因数为 0.9 的 200kVA 的 UPS，逆变器效率为95%，配备两组蓄电池，每组电池 36 节，放电终止电压取 10.8V（单体电压 1.8V），选择蓄电池组与 UPS 主机的连接电缆的规格以及直流断路器的规格。

解　满载时每组电池最大放电电流为

$I_{max}=200×1000×0.9/0.95×36×10.8×2=244A$。

直流断路器的选择应满足其额定电流大于此最大放电电流。对于本例来讲，总电池开关汇接 2 组电池，每组电池选用 250A 直流断路器，总电池开关选用 630A 直流断路器。

电缆选择 95mm² 或 120mm²YJV 铜芯电缆。

5.7.4　电池的选择

在选择电池时，应选择同一厂家的同型号、同批次的电池，以保证各电池间各种性能的一致性。尽量选择单体电池，以便在使用维护过程中能监测到每只电池的有关数据。禁止将不同厂家、不同型号、不同种类、不同容量、不同性能以及新旧程度不同的蓄电池串、并联使用，因为性能差的电池会影响同组其他电池的寿命，也不便于维护。

5.8　阀控式密封铅酸蓄电池常见的失效模式

由于产品质量、电池结构及使用维护方法不当等，会导致阀控式密封铅酸蓄电池失效，造成电池寿命终止。常见的失效模式有以下几种。

5.8.1　硫化

蓄电池内部正负极板上的活性物质（PbO_2 和 Pb）逐渐变成颗粒粗大、白色坚硬的硫酸铅结晶，充电后依旧不能剥离极板表面转化为活性物质，这就是硫酸盐化，简称为硫化。

硫化后的电池内阻增大，充电较未硫化前电压提前到达充电终止电压，电流越大越明显。电解液密度低于正常值。放电容量下降，放电电流越大，容量下降越明显。充电时有气泡产生，充电温升增快，严重时可导致充不进电。

5.8.2　失水

失水是指电池内的电解液由于氧复合效率低于 100% 和水的蒸发等因素，导致电池内水量的减少，进而造成电池放电性能大幅下降的现象。研究表明，当电池内水损失达到 3.5ml/（A·h）时，电池的放电容量将低于额定容量的 75%；当水损失达到 25% 时，电池就会失效。大部分阀控式密封铅酸蓄电池容量的下降都是电池失水造成的。一旦电池失水，就会引起电池正负极板与隔膜脱离接触或供酸量不足，造成电池内的活性物质无法参与化学反应而放不出电来。

对于阀控式密封铅酸蓄电池，因为其密封和贫电解液结构，所以不能像普通铅酸蓄电池那样直接用肉眼观察到水的损失。当电池失水比较严重而造成电池容量损失达 50% 以上时，会引起电池内阻的快速增加，放电时表现为电池容量和端电压下降，充电时表现为电池充不进电。可以通过测量电池的内阻和端电压来判断电池的失水情况。电池发生失水后表现出来的现象与硫化现象基本相同。在通常情况下，只要平时按照有关规程进行维护，出现硫化故障的可能性很小，但长时间运行会使电池内的水分逐渐减少，电池也逐渐失效。

5.8.3　正极板栅腐蚀

正极板栅腐蚀是指正极板栅在电池过充电时，因发生阳极氧化反应而造成板栅变细甚至断裂，使活性物质与板栅的电接触变差，进而影响电池的充放电性能。

正极板栅腐蚀不太严重，还未影响到活性物质与板栅之间的电接触时，电池的各种特性，如电压、容量和内阻均无明显异常。但当正极板栅腐蚀很严重，使板栅发生部分断裂时，电池在放电时会出现电压下降、容量急剧降低以及内阻增大等现象。如果腐蚀发生在极柱部位并使之断裂，则放电时正极极柱有发热现象。

5.8.4　热失控

浮充电压设置过高时，浮充电流将增大，电池内产生的热量不能及时散发，将导致热量积累，从而使电池的温度升高，而电池温度升高又会促使浮充电流增大，最终造成电池温度和电流不断增加的恶性循环，这种现象称为热失控。热失控对电池的危害很大，会使电池内产生的气体量剧增，造成电解液中的水分损失很快，使得蓄电池的寿命大大降低。实验表明，浮充电压设置在 2.30V（25℃）时，6 ～ 8 个月后，便可导致热失控；浮充电压设置在 2.35V（25℃）时，4 个月后就可能出现热失控。

热失控发生时主要表现为电池温度过高，严重时会造成电池变形，并有臭鸡蛋味的气体排出，甚至有爆炸的可能。

5.8.5　早期容量损失

电池的早期容量损失是指因正极板栅中缺乏某些元素或使用方法不当，引起电池在早期就发生容量下降的现象。

电池的早期容量损失表现为以下几个方面：

（1）负极正常但正极容量下降。

（2）正极板栅无明显腐蚀。

（3）正极活性物质无软化和脱落。

（4）充电后正极 PbO_2 含量正常（$PbO_2>85\%$）。

（5）低倍率放电时仍能给出正常容量。

（6）容量衰减速度快（最高可达 5% 循环，慢者也远高于传统正常电池）。

（7）具有可逆性，即容量可设法恢复。

5.8.6 内部短路

内部短路是指电池内部的微短路，即正负极之间局部发生短接的现象。

铅酸蓄电池发生短路后，放电现象与硫化时的放电现象基本相同，充电时的现象则与硫化电池不同。发生短路后，充电时的现象为：电池的电压在恒流充电时和限流恒压充电的限流阶段明显低于正常值；电解液的温度较高（通常比硫化电池的温度高）且上升的速度快；电解液的密度上升很缓慢，甚至不上升（在富液式电池中）。因此，根据充电时的现象可以区分电池到底是发生了短路故障还是硫化故障。

5.8.7 负极板栅及汇流排的腐蚀

一般情况下，电池的负极板栅及汇流排不存在腐蚀问题，但在阀控式密封铅酸蓄电池中，当发生氧复合循环时，电池上部空间充满了氧气，当隔膜中电解液沿极柱上爬至汇流排时，汇流排的合金会逐渐被氧化而形成硫酸铅。如果汇流排焊条合金选择不当或焊接质量不好，汇流排中会有杂质或缝隙，腐蚀便会沿着这些缝隙加深，致使极柱与汇流排断开，使阀控式密封铅酸蓄电池因负极板栅腐蚀而失效。

5.9 阀控式密封铅酸蓄电池的使用与维护

阀控式密封铅酸蓄电池的缺点表现在：不能观察到电池内部的情况，不能补加纯水，散热性能差，失效模式多，使用寿命短，等等。这些主要是由其结构特点决定的，尤其是对温度特别敏感，这些都对它的使用及维护提出了更高的要求。

5.9.1 蓄电池的安装

阀控式密封铅酸蓄电池的安装质量会直接影响蓄电池日后的运行和维护，对减少运维人员的工作量及保持蓄电池性能和延长使用寿命起着十分重要的作用。蓄电池的正确安装涉及以下几个方面。

1. 连接方式

最好只对电池进行串联，即选择合适容量的电池，通过串联组成 UPS 所需要的电压等级的电池组。如果所需的电池容量超过 1000A·h，可采用几组电池并联的方式。

2. 安装位置

蓄电池应避免受到阳光直晒，宜放置在通风、干燥、远离热源和不易产生火花的地方。不能在完全密闭的场合安装电池，以免氢气积聚引起爆炸。电池排列不可过于紧密，单体电池之间应至少保持 10mm 的间距，对于在电池架上安装的电池，架子高度不宜过高，建议电池不要超过 2 层，否则会给维护带来不便。

3. 环境温度

在条件允许的情况下，蓄电池室应安装空调设备，将室温控制在 25℃左右，这不仅可延长蓄电池的使用寿命，而且可使蓄电池有最佳的容量。

4. 极柱的连接

在符合设计截面积的前提下，极柱的引出线应尽可能短，以减少大电流放电时的压降；两组以上电池并联时，每组电池至负载的电缆线最好等长，以利于电池充放电时各组电池电流的平衡。

在连接蓄电池的正负极柱时，紧固螺栓所用的力量要合适，力量太大会使极柱内的铜套溢扣，力量太小又会造成连接条与极柱接触不良，因此安装时最好采用厂家提供的专用扳手，或用扭矩扳手保证螺栓的松紧度达到要求。

5. 安全事项

在安装过程中，要防止扳手等金属导体同时接触单只电池的正负极而造成短路。安装结束时应再次检查系统电压和电池正负极方向，以确保电池摆放正确，坚决杜绝反接现象发生。

由于电池串联后电压较高，故在装卸导电汇流排时，应使用绝缘工具，戴好绝缘手套，以防因短路导致设备损坏和人身伤害。

5.9.2　蓄电池的更换

蓄电池的更换按以下步骤和方法进行：

（1）检查新电池的外观是否完好，电压、内阻是否正常。

（2）对 UPS 主机、旧电池组、电池监测仪等设备做好相关的登记记录，特别是每层电池的摆放、电池监测仪的接线要做好标记，画好连接图，以保证电池组更换后的效果和原有的情况一致。

（3）将旧电池拆除。

①如果要将蓄电池全部更换，则需将电池分组拆除。中、大型 UPS 配置蓄电池时，一般根据容量需要配置两组以上（不要超过 4 组），这样在进行蓄电池的更换拆除时，先拆除一组、更换一组，再拆除一组、更换一组。如果同时将几组电池全部拆除，那么在市电停电时，UPS 所带负载将失去保护。

②断开一组电池的直流断路器，拆除整组电池或者该组电池中的某一块或某几块。如果系统接有蓄电池在线监测系统，应将在线监测系统关闭，并按照在线监测系统使用说明对信号线缆和模块进行拆卸，并对在线监测系统接线位置予以记录，更换完成后重新复原。

（4）按原接线方式将新电池接入电池组或完成整组电池电缆的连接。

（5）合上电池组的直流断路器，按照串联电池数量和环境温度设置正确的浮充电压进行浮充电，使电池投入正常运行。

（6）UPS 主机调试正常后，断开 UPS 主机的输入电源开关，模拟市电故障中断，测试 UPS 系统能否正常由市电转为电池组后备电源供电，确保机房机柜内的设备正常运行。

（7）更换电池时的注意事项：

①更换电池之前需将待更换的电池与 UPS 主机断开连接；

②操作人员禁止戴戒指等金属物件，避免短路；

③使用的工具需做绝缘处理，如果工具未做绝缘处理，要防止工具导电部分同时误碰单只电池的正负极；

④连接电池线时在接头处出现小火花属正常，不会对人身安全及设备造成危害；

⑤切记不可将单只电池的正负极短接或反接；

⑥电池在搬运时要小心轻放，以免损坏电池；

⑦由于较大容量的电池重量较大，在搬运时要注意安全，以免砸伤自己；

⑧淘汰下来的电池不能随便遗弃，必须由专门的回收机构进行回收。

5.9.3 电池安装更换后的调试

电池安装完成后，需经过调试合格方可投入运行。

1. 检查

逐只检验全部电缆连接螺栓是否拧紧，并确认电池组总开路电压 $U_总 = U_{平均} \times$ 串联只数。

2. 设置浮充电压

一般 25℃环境温度下，浮充充电电压每单体 2.25V±0.02V。

3. 设置均衡充电电压

一般25℃环境温度下，均衡充电电压每单体2.35V±0.02V。

4. 温度补偿

若电池工作环境温度超出20～30℃范围，应对浮充及均衡充电电压做相应修正。单体修正电压为$V_{修正}=V_{25℃}-3mV/℃\times(t_{实际}-25℃)$，即温度每升高1℃，浮充电压降低3mV（均衡充电时为4mV）；温度每降低1℃，浮充电压升高3mV（均衡充电时为4mV）。

5.9.4　日常维护

为了保持阀控式密封铅酸蓄电池的性能，延长其使用寿命，必须做好日常性维护工作。由于电池系统有电击和高短路电流的危险以及腐蚀、火灾、爆炸和热事故的危险，因此电池的维护和使用需要由熟悉电池的专业人员实施，并且应注意人身和设备的安全。

1. 清洁电池

每周定期擦拭蓄电池和机架上的灰尘，保持蓄电池的清洁。灰尘积累多，会使蓄电池组连接点接触不良，改变蓄电池充放电时的电压值，容易引起故障。擦拭蓄电池时切记要用干布或毛刷，最好使用吸尘器。

2. 按时巡视

每天要定时查看蓄电池，并注意以下几点：一是要保证蓄电池的环境温度适宜，最好是25℃；二是闻空气中是否有微酸气味，如果有微酸味，则有可能是浮充电压设置过高，导致蓄电池排出酸雾，此时要及时调整电压和进行通风处理；三是要看蓄电池的外观有无鼓包变形，温度是否正常，接线柱是否有腐蚀现象，有无污迹、裂纹、变形、发热变色等，蓄电池的端子和安全阀有无渗液。如果蓄电池渗液严重而未及时发现，渗液有可能造成电池的正负极短路而发生严重的失火事故。

3. 定期测量

目前大多数数据中心都安装了蓄电池在线监测系统，会实时监测每只蓄电池的浮充电压及温度情况，巡检人员要察看监测系统，看有无告警信息。除此之外，运维人员要定期对相关参数进行测量，以便精确掌握每只蓄电池的性能和状态，具体做法如下：

（1）每半年用电池内阻测试仪测量蓄电池内阻是否合格。蓄电池的内阻在电池的剩余容量大于50%时，几乎没有什么变化，但在剩余容量小于50%后，其内阻呈线性上升。当电池的内阻出现明显上升时，便表明电池的容量已显著下降。所以，可通过测量电池的内阻来发现落后电池或失效电池。

（2）在有条件（例如不会对设备供电造成中断）的情况下，可让蓄电池脱离充电设备，静置 2 小时后测量其内阻和开路电压。内阻大和开路电压低的蓄电池应及时进行容量恢复处理，若不能恢复（容量达不到额定容量的 80% 以上），则应对其进行更换。

（3）用扭矩扳手测试接线柱连接螺栓的紧固程度，如果连接松动，易造成热量积累而引起发热甚至着火。2V 系列电池的扭矩约为 15N·m，12V 系列的扭矩约为 10N·m。

4. 核对性放电

如半年以上未出现市电停电情况，可进行一次核对性放电，有条件的话推荐使用在线式核对性放电，即断开市电直接用电池放电的方式运行，一般放电 30% 左右，记录放电终止时的电压。如果为了安全，可外接假负载放电。

1）核对性放电的意义

核对性放电的意义如下：

（1）可对蓄电池的容量进行检测，评估蓄电池的容量，以作为铅酸蓄电池使用寿命是否终结的判据。

（2）可以消除电池的硫化。

若经过 3 次测试，蓄电池组的容量均达不到额定容量的 80% 以上，可认为此组蓄电池的寿命已终止，应予以更换。

2）核对性放电要求及方法（接假负载）

外接假负载进行核对性放电的要求及方法具体如下：

（1）核对性放电前，应提前对电池组进行均衡充电，以使电池组达到满充电状态，一般以 2.35V 单体充电 12h，静置 12～24h。

（2）记录电池组浮充总电压、单只电池的浮充电压、负载电流、环境温度以及整流器的其他设置参数。

（3）为了保障负载的供电，对于多组配置的蓄电池，要一次一组进行核对性放电测试，另外一组或几组仍接入 UPS 系统。测试时断开需测试的电池组和 UPS 主机之间的断路器，确认假负载处于空载状态后，把假负载正确连接到电池组正负极上，15min 后记录电池的开路电压。

（4）根据蓄电池的放电小时率在假负载上选择相匹配的负载档，对电池组进行放电。

（5）在放电过程中，用钳形电流表测量实际放电电流，根据测量值对假负载进行调整，使电池组放电电流与要求的放电电流一致。等放电 5min 左右，开始记录电池组的总电压、单只电池的电压、放电电流、环境温度以及连接点的温度等。

（6）以 10h 率放电为例，每小时测量一次电池的放电电压、放电电流等。在放电的后期，应提高测量的频率，9h 后每 30min 测量一次。放电过程中，同时应重点监控环境温度、电池单体和连接点的温度，看是否有异常情况出现，要特别注意电池组中电压下降快的电池。

（7）当电池组中有一只电池的单体电压下降到 1.80V 时，应立即停止放电，并找出落后电池。

（8）如果在放电终止时电池组放出的容量经核算没有达到所规定的额定容量，则电池组的容量可能存在问题，应及时更换电池，如在质保期内可联系电池厂商解决处理。

（9）放电结束后，先让假负载空载，接着断开电池组与假负载的连接。放电结束后应及时闭合蓄电池与 UPS 主机之间的断路器，给电池进行再充电，为防止极板硫酸盐化，放电 - 充电间隔时间不超过 8h 为宜（一般在 4h 内进行均衡充电，随后转为正常的浮充充电）。

3）核对性放电要求及方法（在线测试）

当负载较大时，可以采用在线测试法进行放电测试。在线测试不必将蓄电池组脱离系统，只需将整流器关闭，让蓄电池组直接对系统放电即可。其余步骤与离线测试（接假负载）时基本相同，只是放电电流是由负载大小决定的。放电终止电压的大小应根据负载电流的范围来确定，同样，当蓄电池组中有一只电池的电压下降到终止电压时，就应停止放电。

与离线测试（接假负载）相比，在线测试具有劳动强度较小、操作简单、节省电能等优点。但存在如下问题：

- 需人工进行电压的测量，两次测量的间隔期存在某些单体电池过度放电的可能性（可装上监控系统解决这个问题）；
- 如果在放电期间发生停电，则有可能使系统瘫痪，所以为了系统的安全，经常只放电 20% 左右，而失效电池在放电深度 20% 的情况下不一定能检测出来；
- 由于放电电流不能恒定，因此测得的容量不够准确。

5. 在线测试落后电池

在线测试落后电池是一种新的蓄电池维护技术，即用专用的设备对电池组的在线放电情况进行监测，找出落后电池，然后对落后电池进行容量检测和恢复处理。其具体步骤如下：

（1）关断整流器，利用电池监测设备对蓄电池组进行 5 ～ 10min 的在线放电监测，找出落后电池。

（2）开启整流器，用单体电池容量测试设备（可充电和放电的设备）对落后电池做在线容量试验（先用 10h 率电流放电至 1.80V，再用 20h 率电流充电），整个过程自动完成，试验结束时，落后电池恢复原有状态。

（3）若落后电池容量仍然偏低，可利用单体电池容量测试设备对其进行在线小电流反复充放电，直至恢复其容量。

（4）当某一电池要报废时，可利用单体电池容量测试设备对单一落后电池进行在线容量试验，所得结果作为报废依据，不必对整组蓄电池放电，从而减少工作量。

在线测试落后电池时，电池组不需脱离系统，操作安全可靠，可降低系统瘫痪的风险；不需要使用庞大的试验设备（例如假负载）及人工调整假负载电流和测试记录各项数据资料；只对落后电池做深放电，不必对整组电池深放电，以免降低其使用寿命；在集中监控与维护时更显优越性，并可提高维护工作的效率，节省电能。

5.9.5 电池常见故障原因分析

蓄电池在使用中会出现一些故障，这些故障除了材料和制造工艺方面的原因之外，在很多情况下是由于维护和使用不当造成的。铅酸蓄电池的常见故障及其可能的原因如表 5-7 所示。

表 5-7 铅酸蓄电池常见故障及原因

检查项目	检查内容	可能故障原因
外观检查	电池外壳是否鼓包（开裂）	● 参数设置不当：浮充电压、充电限流等参数设置过高，电池过充 ● 充电机故障，电池过充 ● 单只电池故障，造成单只充电电压过高，引起过充 ● 安全阀压力过高 ● 环境温度过高
	端子是否变形	● 摔磕损坏 ● 电池短路 ● 螺栓未拧紧，电池大电流放电或充电时，电阻过大，引起此处高温损坏 ● 电池壳质量不良 ● 端子焊接时过热，铅件与电池壳结合不良漏液 ● 密封胶密封不良 ● 端子损坏（抬动搬运时损坏）
浮充电压	浮充电压相对低	● 浮充电压设置过低 ● 安装时有电池正负极接反 ● 电池组充电不足
	浮充电压高	● 浮充电压设置过高 ● 个别电池极柱端子虚焊（电阻仪测试内阻异常）
	浮充电压不稳定	● 连接条或者连接螺栓松动 ● 交流供电不稳定
开路电压	单只开路电压为负值	● 电池连接时极性接反（单只电池） ● 初充电时单只电池极性接反
	开路电压低	● 补充电不足 ● 电池被摔过，导致内部极板短路
电池内阻测量	电阻偏差大	极柱与端子脱离或接触不良
电池重量	重量明显减轻	过充电
放电	放电初期电池电压表现正常，短时间内电压急剧下降	可能为 PCL（Premature Capacity Loss，早期容量衰减）现象。电池的早期容量损失
容量实验	未补充电就放电；如果补充电后再放电，则容量明显升高	充电不足
	未补充电就放电；如果补充电后再放电，则容量与前者相差不大	隔板渗透短路（深放电后长时间开路放置）

续表

检查项目	检查内容	可能故障原因
电池是否干枯	壳体外观	密封胶密封不良
	安全阀	安全阀损坏或安装不合格
	浮充电压	浮充电压过高
	放电	放电深度过大，电流过高
	环境温度	环境温度过高
电池是否出现燃烧、爆炸及连接件打火	连接件螺丝	螺丝未拧紧
	电池短路	导电物品连接电池两级

5.10 新型电池

铅酸蓄电池对环境污染比较严重，需由专业回收机构回收，但由于它的价格低廉，且具备其他优点，目前仍被广泛应用。目前，某些品牌和型号的 UPS 已开始配置磷酸铁锂蓄电池，更多新型蓄电池正在开发、研制，例如燃料电池便是一种没有污染的绿色电池，有希望用在 UPS 上。

1. 燃料电池

燃料电池是一种化学电池，是利用燃料（如氢气）和氧化剂（如纯氧或空气中的氧）直接连续发电的装置，利用物质发生化学反应时释出的能量，直接将其变换为电能。从这一点看，它和其他化学电池（如锰干电池、铅酸蓄电池等）是类似的。由于它是把燃料通过化学反应释出的能量变为电能输出，所以被称为燃料电池。

燃料电池是目前公认的能量转换效率更高的供能方式（电化学反应转换效率可高达40% 以上），且无污染气体排出，噪声也很低，因此是一种环保电源，也是未来高效和清洁的发电方式，与目前应用广泛的锂离子电池相比更具优势。但是目前燃料电池成本过高，仍然难以得到广泛推广应用。不过在美国银行、可口可乐、沃尔玛、eBay 以及谷歌、苹果等公司，都已在数据中心采用燃料电池供电。总之，燃料电池是蓄电池技术今后发展的方向，若成本能得到进一步降低，一旦投入应用，其经济效益和社会效益极大。

2. 铅碳电池

铅碳电池是在铅酸电池的负极中加入碳材料制成的电池。铅碳电池技术是一种新型电化学储能技术，从本质上来说，是对铅酸电池配方的优化。碳的加入解决了硫酸盐化问题，使电池在保留铅酸电池原有功率密度的基础上，充放电性能得到大幅改善，电池寿命也延长了若干倍。而且铅碳电池和铅酸电池一样，基本可实现 100% 回收，是安全、廉价、易于再生的电池。目前在大多数数据中心中，铅酸电池、铅碳电池仍然是 UPS

电源常用的储能设备，但从循环寿命、设备成本角度来说，铅碳电池显然是比较保守的第一选择。

3. 螺旋卷绕式铅酸蓄电池

螺旋卷绕式铅酸蓄电池改变了铅酸电池原来的注液式结构，采用了电容式卷绕工艺和固体硫酸的设计，不产生环境污染。这种新结构电池具有 350 次的 100% 深度放电能力和 4000 次 30% 的浅度放电能力，比注液式结构的电池的寿命增加了一倍多。其工作温度范围大，可达 -55 ～ 75℃，并可在任意位置放置，这些都扩大了它的适用范围。由于制造电池的材料还是铅酸，因此价格上也具有竞争优势，是数据中心储能电源的新选择。

4. 钠硫电池

钠硫电池是一种以金属钠为负极、硫为正极、陶瓷管为电解质隔膜的二次电池。在一定的工作温度下，钠离子透过电解质隔膜与硫之间发生可逆反应，形成能量的释放和储存。

钠硫电池具有能量密度高、能量转化效率高、无电化学副反应、高功率特性、无自放电、大容量且设计简单、灵活等优点，因此应用广泛，可用于数千瓦至数百兆瓦的系统。

5. 锂塑料蓄电池

锂塑料蓄电池（LIP）是以金属锂为负极、导电聚合物作电解质的新型电池，其比能量可达到 170Wh/kg 和 350Wh/L。由于有机电解液储存于一种聚合物膜中，或是使用导电聚合物为电解质，因此电池中无游离电解液。这种电池可以用铝塑料复合膜实现热压封装，具有重量轻、形状可任意改变、安全性更好的特点。

6. 液流电池

液流电池是利用正负极电解液分开并各自循环的一种高性能蓄电池，具有容量高、使用领域广、适应环境能力强、循环使用寿命长、清洁环保等特点，是目前的一种新型储能产品。它不同于通常使用固体材料电极或气体电极的电池，其活性物质是流动的电解质溶液，它最显著的特点是规模化蓄电。目前，液流电池普遍应用的条件尚不具备，对许多问题尚需深入研究。据悉，中国移动襄阳云计算中心与襄阳大力电工已在共同探讨全钒液流电池在数据中心的应用，以推动数据中心的节能减排。

7. 固态电池

全固态锂电池是相对液态锂电池而言的储能器件，其结构中不含液体，所有材料都以固态形式存在。固态电池具有能量密度高、体积小、柔性程度高、安全性好等优点，是电动汽车很理想的电池，也可能是未来电池技术的发展方向之一。

8. 石墨烯电池

石墨烯是超导体，具有高导电性，且透明度高，非常坚硬，价格低廉。石墨烯电池充电效率高，其储电量是市面上最好产品的三倍，且体积小、重量轻、价格低，应用前景广泛。

9. 飞轮储能式电池

飞轮储能式电池是一种纯绿色的动态电池，属于机械储能，寿命长，可作为UPS的储能电源。这种电池在UPS的市电工作模式下，通过飞轮的旋转将动能变成势能（无功功率）储存在介质中，此时的工作状态类似于普通化学电池的充电过程。一旦市电停电，"电池"中的能量就向逆变器放电，以维持UPS不间断供电的功能。国机重装成功研制了国内首台100kW飞轮储能装置，该装置可应用于数据中心。

5.11 大型数据中心蓄电池的规划与应用的几个问题

蓄电池是数据中心整个供电系统中最重要的组成之一，是整个供电系统的"最后一道屏障"。数据中心蓄电池的规划与配置要科学、合理，既要满足不停电的需要，又要避免成为绿色数据中心发展的障碍。在蓄电池的规划与应用过程中，要注意以下几个方面。

（1）依靠蓄电池技术的创新，提高数据中心蓄电池规划设计水平。

据不完全统计，目前规划设计的大型数据中心电池间的面积约占总建筑面积的3%～10%。对于大型数据中心项目而言，机房面积可以说是寸土寸金，客户希望最大化地提高机柜数量，基础设施的占地尽量小。如果电池间面积占用总建筑面积的份额较多，则从经济效益上讲是一种资源的浪费，因此UPS蓄电池系统对数据中心的规划设计而言非常重要。

目前多数数据中心采用阀控式密封铅酸蓄电池，随着电池技术的发展，很多新型电池得到应用。比如磷酸铁锂电池的应用，由于其具有寿命长、耐高温、体积小、无污染等优点，相比传统铅酸蓄电池技术更能体现"节能""节材""节地"等节能减排需求。随着新型电池性价比的提高，其尺寸和占地面积越来越小，将会对未来数据中心的规划设计产生革命性的影响，可以创造出更大的经济效益。

（2）电池监测系统的应用。

近年来国内数据中心行业参考、学习了很多国外先进的理念和技术，但是电池监测系统的应用还不完善，很多已建成机房的电池系统没有监测设备或者监测数据不完善，存在很大的安全隐患。

如果电池故障引起UPS系统宕机而造成关键业务中断，将产生很大的政治、经济损失。从发生的机房电池火灾爆炸事故可以看出，电池监测系统可以在早期报警，将事故防患于未然。因此在数据中心的规划设计及应用中，对蓄电池监测系统的设置应引起足够的重视。

（3）与数据中心生命周期匹配，降低总的应用成本。

铅酸蓄电池的寿命普遍在 5 ～ 6 年，好的在 7 ～ 8 年。如何更好地与数据中心的生命周期匹配，从而降低总的应用成本，是摆在数据中心行业人士面前的一道难题，关键在于以下两点：

①依靠技术的进步。蓄电池技术的革命一定会深刻地影响数据中心行业未来的发展，大容量、长寿命电池技术的研发需要研究数据中心行业特点，与数据中心生命周期对接，从而更符合数据中心行业的需要。

②科学运维。通过对蓄电池系统进行科学的运维管理和监测维护，可及时发现故障隐患，从而在客观上延长蓄电池的使用寿命，降低总体运维成本。

（4）蓄电池对于环境的耐受性提高，有利于数据中心降低能耗。

目前，铅酸蓄电池对于环境温度的要求是比较高的，其最佳工作温度为 20 ～ 25℃。有关资料显示，当环境温度在 25℃时，温度每升高 6 ～ 10℃，阀控式密封铅酸蓄电池的寿命将缩短一半。当环境温度降低时，有利于延长电池的使用寿命，但电池的可用容量会迅速降低。高温型阀控电池的研究为进一步降低数据中心的建设成本和能耗带来了曙光。未来，随着高温型电池的应用，再加上对空调需求的降低所产生的节能效益，相信高温型电池技术会是未来数据中心采用的一种技术方向。

习题

1. 试描述铅酸蓄电池的基本构造。

2. 简述铅酸蓄电池的工作原理。

3. 描述常用阀控式密封铅酸蓄电池的基本参数。

4. 蓄电池的放电终止电压是如何设定的？

5. 蓄电池的充电模式主要有哪几种？充电电压设定值分别是多少？

6. 铅酸蓄电池的内阻范围是多少？

7. 阀控式密封铅酸蓄电池的储存寿命和放电能力与温度有什么关系？

8. 一块蓄电池的铭牌上标明容量为 C_{10} 100A·h，试解释其含义。

9. 一台负载功率因数为 0.8 的 10kVA 的 UPS，逆变器效率 η=0.95，负载利用系数取 1，采用两组蓄电池，每组电池 32 块，试求满载时蓄电池的最大放电电流。

10. 简述数据中心蓄电池的维护方法。

11. 简要描述阀控式密封铅酸蓄电池常见的失效模式。

12. 试说出几种新型电池的名称。

第 6 章　数据中心 UPS 供电方案

UPS 作为不间断电源系统，是保证所带负载不停电工作的重要因素。在数据中心中，UPS 是 IT 设备的直接供电者，要求其具有很高的供电质量和可用性，而 UPS 的配置方案则决定了供电系统可用性的高低。不同的应用需求要求采用不同的 UPS 和低压配电解决方案（包括新的技术结构），来支持数据中心综合现场在各个运行阶段和维护期间（包括计算机的维护、变更供电系统或计算机的供电电缆、从中压到末端配电系统的电力维护等）始终具有高可用性。

在介绍数据中心 UPS 供电方案之前，先了解一些与供电安全相关的概念。

6.1　几个基本概念

作为数据中心电源系统运维人员，要想掌握电源系统和电源设备的组成、架构及运行情况，就需要掌握衡量数据中心供电系统的指标以及一些相关概念。本节介绍几个基本概念。

6.1.1　可靠性

可靠性是对硬件而言的一个性能指标。

1. 可靠性的概念

可靠性是指设备硬件本身在运行中不出故障的概率，一般将一定数量的元器件或设备在 t 时间内无损坏的概率称为元器件或设备的可靠性，用 $p(t)$ 表示：

$$p(t) = e^{-\frac{t}{MTBF}}$$

式中，MTBF 是 Mean Time Between Failure 的缩写，即平均无故障时间，它表示设备正常运行并由此而产生效益的平均时间。

2. 可靠性的计算

1）串联系统的可靠性

对于由 n 台设备串联组成的系统，如图 6-1 所示，若每台设备的可靠性分别为 p_1、$p_2 \cdots p_n$，则整个串联系统的可靠性为：

$$P = p_1 p_2 \cdots p_n$$

图 6-1　串联系统

因为可靠性为小于 1 的百分数，所以串联系统的可靠性低于系统中每一个设备的可靠性。

2）并联系统的可靠性

对于由 n 台设备并联组成的系统，如图 6-2 所示，若每台设备的可靠性分别为 p_1、$p_2 \cdots p_n$，则整个并联系统的可靠性为：

$$P = 1 - （1 - p_1）（1 - p_2）\cdots（1 - p_n）$$

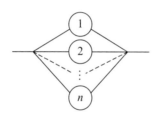

图 6-2　并联系统

例如，对于一个由 2 个设备组成的并联系统，假设每个设备的可靠性均为 99%，则系统可靠性为 $P = 1 - （1 - 0.99）（1 - 0.99）= 0.9999$。

可见，对于并联系统，其可靠性大大增加。

对于数据中心的 IT 设备来说，单机 UPS 是无法保证供电可靠性的，因此会采用 UPS 并联冗余的方法，在单机的基础上再并联一台或多台 UPS，以此来提高供电可靠性。

6.1.2　可用性

相比于可靠性，可用性是一个较为抽象的概念。可用性是指除设备本身的硬件因素外，还有一些其他因素加入后的效果。例如，设备结构、管理人员的素质、运行环境和维修速度等。

1. 可用性的概念

国标中对可用性的定义为：在要求的外部资源得到保证的前提下，产品在规定的条件下和规定的时刻或时间区间内处于可执行规定功能状态的能力，它是产品可靠性、维修性和维修保障性的综合反映。对于供电系统来讲，可用性是指电源在规定时间内的正常供电时间与规定时间的百分比。可用性可用下式进行计算：

$$可用性（\%）=（1-\frac{MTTR}{MTBF}）\times100\%$$

式中，MTTR 是 Mean Time To Repair 的缩写，即平均故障修复时间，它是系统从非运行状态到重新给系统加电的平均时间（包括故障的检测、维修到重新启动所需要的时间）。MTBF 和 MTTR 如图 6-3 所示。

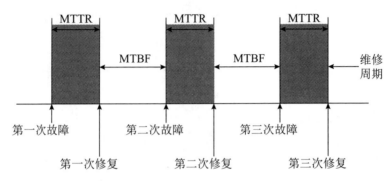

图 6-3　MTBF 和 MTTR

从数学上讲，100% 的可用性意味着 MTTR 为零（立即修复）或 MTBF 为无穷大（即连续供电而永远不出现故障），这在统计学上和事实上是不可能的。但 MTTR 越短或 MTBF 越长，则可用性越高，意味着电源供电的有效运行时间也越长。

2. 可用性的内涵

当系统出现故障后，修复时间非常重要。如果使用单机 UPS 供电，一旦出现故障，修复时间就无法保证，少则几个小时，多则数日。维修期间如果市电存在，则由市电直接供电，使设备长时间处于无保护的供电状态。因此，设备必须在指定运行时间内保证一定的正常供电时间比例，是保证 90% 的时间还是 99.9% 的时间能正常供电，这就是可用性的含义，这已不属于可靠性衡量的范围，单一的可靠性指标 MTBF 已经不足以描述电源系统正常工作的时间。因此，可用性是一个更能全面表示有效供电的概念。

事实上，所有现场的基础设施故障中，95% 是发生在 UPS 与负载之间的。因此，"电源可用性"就是考虑从公用电网直到负载设备之间的所有供电环节的有效性。

可用性的概念包含了多种关键因素。

1）故障容错

故障容错结构能够在出现各种突发问题所造成的非正常运行状态下，例如市电停电、设备故障等，允许电力系统以降级方式为负载供电，但不中断供电，而是持续运行并产生效益。例如，备用发电机组供电是供电系统故障容错的一种形式，$N+1$ 冗余结构是 UPS 系统故障容错的一种形式，而静态旁路、维修旁路等是设备故障容错的一种形式。

2）可维护性和可增容性

在考虑可用性的同时，必须考虑可维护性和可增容性。一个典型的数据中心可能是封闭的、高度安全的，由基础设施（至少由机械、电力、环境、消防、安保等10个以上的主要系统）组成，它们之间相对独立又相互联系，人为地干预某个至关重要的设备都必须经过预先计划，整个过程需要受到控制、限定时间并具备高度的安全性（任何人为的错误都将导致灾难性的停机）。由于负载始终处于不断变化之中，例如设备的搬移或增加、电源系统的增容等，因此必须保证发生这些变化时不会危及整个供电过程的连续性和可用性，同时对各种带电部件的维护（例如电缆的连接、电源到负载之间的供电路径等）必须是灵活而且安全的。

3）防止故障扩散

由于大多数的故障都发生在UPS的负荷端，因此必须采用一种特殊的结构来消除故障扩散到各路电源上线的任何风险，否则可能会危及整个系统的安全。在物理上应将故障限制在电源系统的一个最小范围内，以便于容易隔离故障并允许精确和快速地服务（减小MTTR）。此外，应更加容易地为其他负载提供一条冗余的供电路径。

4）可管理性

可管理性包括对电源系统提供运行的实时信息，对设备进行有效的监控（状态、报警等），并通过先进的手段对配电系统的各种电气参数进行测量，以实现对负载的有效管理，甚至提供非常重要的信息来防止故障或预测可能发生的变化（例如，某个断路器可能具有过载的风险等）。

5）设备的一致性

高可用性的系统必须采用高可靠性的设备，这意味着这些设备应该具有获得认证的设计、研发和生产过程；具备由主要的独立认证机构测试认证的设备性能；在电气安全、设备性能、电磁兼容性（EMC）等方面满足相关的国际标准。

6）专业化的服务

除了系统的结构及性能外，服务的质量同样是一个关键因素，因为通过它可能进一步缩短MTTR，进而直接提高可用性。专业化的服务主要包含以下几个方面：

- 具有国际化的生产厂家和技术支持；
- 具备通过长期实践获得的专业技能和经验；
- 具有相当数量和资质且经验丰富的专业人员；
- 具备技术支持的专业设备和优越的地理位置；
- 项目所在地可提供原厂备件；
- 具备专业的生产工具和测试方法；
- 具备远程诊断通信能力；
- 有针对客户量身定制的培训计划。

3. 改善可用性的方法

在传统经济时代，电网电力的可用性通常为99.9%，即3个"9"；数字化经济时代的数据机房的电力可用性通常为99.999…%，即5个"9"以上；而大数据时代，以IT服务器为主的数据中心机房的电力可用性为99.99999…%，即7个"9"以上；等等。

与可用性相对应的是"不可用性",通常用来表示一年中供电的"无效时间"。例如,可用性3个"9"对应的每年无效时间为8.76h,5个"9"对应的每年无效时间为5.3min,7个"9"对应的每年无效时间为3.15s,可见,供电安全对于数据中心何等重要。

由可用性的计算公式可以看出,提高可用性有两个途径,即提高电源的平均无故障时间MTBF,或降低电源的修理时间MTTR。由于元器件的可靠性及设备的设计水平、制造工艺是有限的,所以MTBF的提高也受到了限制。但降低电源的修理时间MTTR是可能的。如果能将MTTR降到零,那么可用性就会为1(100%)。这就需要采取一些措施,比如供电设备的冗余配置、设备结构的模块化设计等,这些都是有效的手段。

尽管如此,要提高可用性不能只注重降低MTTR,而忽略产品的质量和性能,也就是说,还是要考虑提高MTBF。例如,对于由两台UPS并机组成的2N系统,两台UPS有着同一量级的可靠性,如果可靠性较低,则两台UPS同时出故障的概率增大。当两台UPS同时出现故障时,负载电源便失去保护,此时即便MTTR再低,负载也会出现停电或者处于不安全的市电供电方式,这无疑存在极大的隐患。而如果两台UPS的质量很好,可靠性很高,那么它们的平均无故障时间可能很长,甚至超过UPS本身或数据中心的生命周期,在此基础上再减少MTTR才有真正的意义。

对于UPS供电系统来讲,改善系统可用性的方法是通过不同的UPS配置来实现的。对于每种不同的UPS系统配置,其可用性是不同的,详见本章第6.2节。

6.1.3 冗余和分布式冗余

1. 冗余

冗余指重复配置系统的一些部件,当系统发生故障时,冗余配置的部件介入并承担故障部件的工作,由此减少系统的故障时间。通俗地说,就是为了保障重要系统设备不停止运转而采取的一些技术措施。冗余配置的初衷是为了加强系统的可靠性,但冗余配置会导致系统变得更为复杂,从而极易引入新的问题。

对于数据中心而言,除了核心的IT设备需要2N冗余配置外,作为基础保障设施的电源系统也需要冗余配置,以增加供电可靠性。在UPS供电系统中,一般采用N+X冗余配置,对于数据中心,由于IT负载对供电要求极高,因此UPS也多采用N+N冗余配置,即2N冗余配置。

2. 分布式冗余

UPS或HVDC通常采用集中式供电方案,集中式系统的优点是可以实现资源共享,降低成本,其缺点是系统故障范围大,影响面广。

分布式是相对于集群而言的一个概念,将同一个服务分成多个子服务,每个子服务各不相同,然后把每个子服务分别部署到独立的服务器上,这样就实现了分布式。在此基础上进行的冗余配置便是分布式冗余。

在一套UPS配电系统中,从UPS到其最终保护的负载之前,通过其下口的各分配电柜和其他的电气开关之间会有一个较长的能量通路，其间就存在一些有可能导致整个系统出现问题的故障点。理想的UPS电源系统应该是UPS的输出直接连接后端需要保护的关键设备，于是分区电源分配系统应运而生。在这种工作方式中，UPS更加靠近负载，有可能其中某个或者几个区域的电源系统出问题，但不会出现整个电源系统崩溃的情况。

例如，图6-4是一个分布式UPS供电系统的方案示例。多套小型UPS分布式安装于各机柜中，各机柜服务器电源直接来自与UPS输出相连的机柜PDU。这种方案中的UPS容量较小，仅满足于单个机柜的功率要求。与集中式大型UPS系统相比，这种方案中小型机的数量多，故障点多，成本高，在大中型数据中心中一般较少采用。

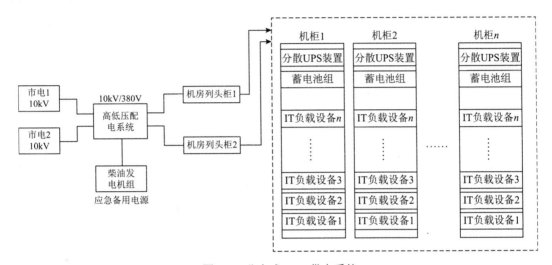

图6-4 分布式UPS供电系统

在分布式UPS供电的基础上形成的分布式冗余的供电方式是目前业内公认的最可靠及可行的工作方式。对UPS供电系统而言，整个系统内部的UPS各自独立，适用的负载包括机房内的双电源服务器、精密仪器等。此种冗余方式最基本的配置是2台UPS，独立输入，不共享数据，但是因为均分负载，因此仍然是并联运行。例如，图6-5所示的系统为某数据中心10/0.4kV供配电系统架构，其中的UPS系统便是分布式冗余架构。

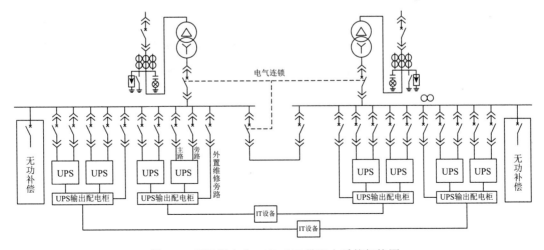

图6-5 某数据中心10/0.4kV供配电系统架构图

3. 分布式不间断电源系统在数据中心数据机房中的应用的探索

谷歌和 Facebook 都在探索分布式不间断电源系统在数据中心数据机房中的应用。

谷歌是最早进行服务器自研定制的互联网公司，同时也最早放弃了集中式 UPS 电源方案，转而将蓄电池分布到每台服务器电源直流 12V 输出端。市电正常时，交流市电进入服务器电源转换成 DC12V 为服务器主板供电，同时为蓄电池提供浮充电源；市电停电后，由 DC12V 母线并联的蓄电池继续给服务器主板供电，直到柴油发电机启动后恢复交流供电。蓄电池的后备时间为分钟级（通常为 1 ~ 3min）。此方案的优点是大大简化了 IT 设备前端供电系统，缺点是服务器电源需要深度定制。

Facebook 自建数据中心的供电系统采用 DC48V 离线备用系统。该系统为每 6 个 9kW 的机柜配置 1 个铅酸蓄电池柜，输出为 DC48V，服务器电源采用 AC277V 和 DC48V 双路输入，市电正常时市电作为主用，市电中断后由蓄电池输出 DC48V 为服务器供电。蓄电池后备时间为 45s。

随着业内日益关注数据中心的能耗问题，国内近几年出现了一种新型的分布式 DC240V 电源设备，同样采用离线方案。市电正常时，直接输出交流市电电源，市电停电后，由内部锂电池提供 DC240V 输出。这种方案的优点是 IT 设备无须定制，只需兼容 DC240V 电源即可。其缺点是电源内部存在 AC220V 和 DC240V 的切换，系统可靠性降低；锂电池串联数量多，单只电池故障会影响系统的可靠性。从实际应用效果来看，此架构还需完善。

6.2　UPS 的供电方案

UPS 系统是数据中心供电连续性的重要保障，其可靠性高低直接影响数据中心的可靠性，同时，在绝大多数数据中心，UPS 系统的损耗可占 IT 设备能耗的 10% 以上。因此，提高 UPS 系统的可靠性，同时降低其损耗，成为数据中心 UPS 系统架构演变的主旋律。

数据中心 UPS 供电的系统架构是一个不断完善的过程，主要有单机供电方案、热备份供电方案、并机供电方案和双汇流排或三汇流排供电方案等，不同方案均有各自的适用性和特点，其可靠性和可用性也不同。在实际应用过程中，需具体情况具体对待，以取得最佳的性能要求和最低的成本投入。

6.2.1　单机供电方案

单机供电方案是 UPS 供电方案中结构最简单的一种，系统仅由一台 UPS 主机和电池系统组成，如图 6-6 所示。由单台 UPS 电源输出直接承担 100% 负载，无论市电的干扰达到何种程度，均能为负载提供高质量的电压。

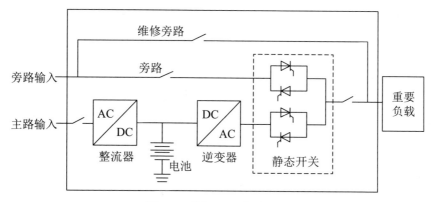

图 6-6 单机 UPS 供电方案

优点：结构简单，经济性好。

缺点：单路径单节点供电，不能解决由于 UPS 自身故障所带来的负载断电问题，虽供电质量优于市电，但供电可靠性仍相对较低。

可维护性：非常容易维护，因为内置的维修旁路在服务期间能继续为负载供电。

可升级性：在现场就能实现扩容到多台并联。

可用性：99.9979%，MTBF 可达 475 000h（而市电的 MTBF 仅为 96h）。

可靠性：假设单台 UPS 主路的可靠性为 P_U=0.99（则不可靠性为 1-0.99=0.01），旁路的可靠性为 P_B=0.99（实际上要高得多）。对于单台 UPS 来讲，主路和旁路部分是并联冗余的关系，因此，根据并联系统可靠性的计算公式，整台 UPS 主机的可靠性为：

$$P=1-（1-P_U）（1-P_B）=1-（1-0.99）（1-0.99）=0.9999$$

不可靠性为 1-0.9999=0.0001。

从计算结果可以看出，两个可靠性都为 0.99 的单元并联后，其可靠性增加到原来的 100 倍，不可靠性由原来的 1% 下降到 0.01%。

应用场合：小型网络、单独服务器和办公区等重要程度较低的场合。

6.2.2 热备份供电方案

热备份供电方案是由两台或多台 UPS 通过一定的拓扑结构连接在一起，实现主、备机切换工作的 UPS 冗余供电系统。该系统在 UPS 系统正常时，由主机承担 100% 的负载，备机始终处于空载备用状态，即作为热备份机；当主机故障退出工作时，便切换到热备份机工作，由备机承担 100% 的负载。

与单机运行相比，热备份供电方案的优点是可以解决由于 UPS 自身故障所引发的供电中断问题，增加了系统供电的可靠性；缺点是至少需要增加一台 UPS，增加了成本，且主、备机的切换有一定的供电间隙（通常中断时间小于 5ms）。在并机技术成熟以前，热备份供电方案一度被广泛地应用于各个领域来提高单机 UPS 的可靠性。

热备份供电方案主要可分为串联热备份和并联热备份两种方案。

1. 串联热备份

串联热备份系统就是将备机 UPS 的输出端串接到主机 UPS 的旁路输入端构成的冗余供电系统，如图 6-7 所示。在正常运行时，主机承担 100% 的负载供电，备机处于热备状态，负载率为零；当主机逆变器故障时，自动切换到旁路工作，由备机的逆变器通过主机的旁路向负载供电；如果备机的逆变器再次出现故障，则切换到市电，通过备机、主机的旁路向负载供电。

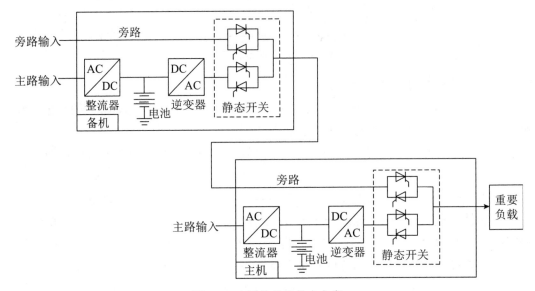

图 6-7 串联热备份供电方案

仍然假设单台 UPS 主路的可靠性为 P_U=0.99（则不可靠性为 1-0.99=0.01），旁路的可靠性为 P_B=0.99（实际上要高得多），则：

可靠性：$P=1-（1-P_{U主机}）（1-P_{B主机}P_{U备机}）（1-P_{B主机}P_{B备机}）$

$\qquad\qquad =1-（1-0.99）（1-0.99^2）（1-0.99^2）$

$\qquad\qquad =0.99999604$

可用性：99.9997%。MTBF 比单机 UPS 高 6.8 倍。

可维护性：在维护其中一个单元时，负载供电仍受保护。

优点：与单机供电方案相比，多了主机逆变器故障时的供电保障；除了两台 UPS 以外，不需要其他额外的设备，两台 UPS 除了电源线的连接外不需要其他信号的连接，相互之间没有控制，可以实现不同品牌、不同系列、不同功率 UPS 的串联备份。但要注意，不同功率 UPS 串联时，要确保功率小的 UPS 系统也能够完全承担负载的功率需求。

缺点：主机故障时，如果其旁路也出现故障，则将导致输出中断；主、备机老化状态不一致，尤其是备机如果长期空载运行，会造成电池寿命降低较快；主、备机切换瞬间，备机将承受全部负载突加的冲击，工作稳定性存在一定的不确定性。

2. 并联热备份

并联热备份（也称"隔离冗余"）供电方案如图6-8所示，主机和备机的输出通过静态开关STS接在一起。在正常运行时，主机承担100%的负载供电，备机的负载为零；在主机故障时，主机切断输出并退出运行，备机的逆变器输出承担100%的负载供电；主、备机UPS的连接与切换是通过外部的静态转换开关STS来实现的，切换有小于5ms的切换间隙，STS一般是独立柜体安装。要保证主机故障时的快速切换，除了静态转换开关外，每台UPS还要有状态及同步跟踪通信部件，以实现输出的同步控制。同步控制器的作用是保证两套UPS系统输出电压波形的同步，以使STS能在小于5ms的中断时间内实现主、备机的切换。同步控制器的工作方式为：同步控制器可以允许将两套UPS中的任意一套设定为主系统（Master），另一套自动成为从系统（Non-Master），同步控制器同时持续监视两套UPS系统输出汇流排上的频率及相位，一旦发现它们超出同步跟踪范围（例如0.1Hz或10°，该参数可调），同步控制器便将主系统输出汇流排的频率与相位信号传递给从系统作为跟踪参考源，使从系统始终保持与主系统输出汇流排的同步。

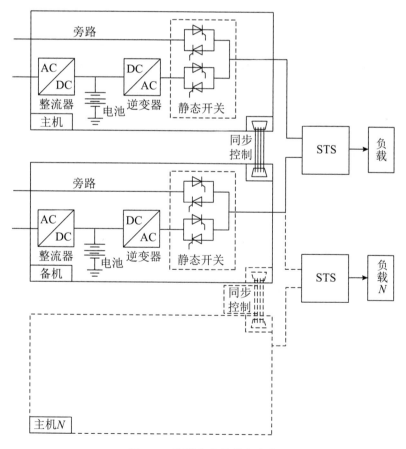

图6-8 并联热备份供电方案

对于双电源负载，由于其输入端的两个电源模块是变换后的直流并机，因此不存在同步问题，使用同步控制器没有意义。但是，对于单电源/三电源负载，为了确保在两路电源切换时不发生掉电的情况，必须采用 STS 及同步控制器。

优点：可以实现"一备机，多主机"的热备份。

缺点：主、备机的供电与切换都是通过 STS 来实现的，增加了单点瓶颈故障。

对于热备份的供电方案，可以通过人工定期设置主、备机的状态，使其轮流工作，来尽量弥补主、备机老化状态不一致的问题。

6.2.3 并机供电方案

一般来讲，UPS 的并机供电出于两个目的：一是加大系统的容量，二是保证系统的高可用性。

在大功率 UPS 电源供电系统中，当因负载增大而需要加大 UPS 系统的容量时，可以通过两条路径实现：①提高单台 UPS 的设计容量；②采用多台 UPS 并联，共同承担负载电流。对于第一种方案，当单台 UPS 电源供电时，一旦发生故障，则可能导致系统瘫痪，从而造成不可估量的损失，而 UPS 电源并联技术则可以很好地解决大容量场合的需求。

对于数据中心而言，所带 IT 及其他重要负载对电源安全性要求极高，供电的短时中断将造成大面积的服务器宕机，同样会造成不可估量的损失。采用 UPS 并联冗余模式，可以保证 UPS 在冗余范围内发生故障时，继续承担 100% 的负载供电。此外，对于模块化并机的 UPS 来讲，采用并联冗余技术还可以实现 UPS 电源模块的在线式更换，即保证在系统供电能力不间断的情况下更换系统的失效模块。

并联冗余技术理论上可以无限制地增加供电系统的容量，因而越来越受到人们的重视，成为高可用性 UPS 供电系统的研究热点。

1. 技术要求

与直流电源不同，UPS 电源输出的是正弦波，并机时需要同时控制输出电压的幅值和相角，即要求同频率、同相位、同幅值运行。如果各 UPS 电源模块的输出电压幅值或相位不一致，则各模块之间会产生有功环流和无功环流；另外，即使各模块同频率、同相位、同幅值运行，如果各自输出电压谐波含量较大，各 UPS 之间也会存在谐波环流。因此，要保证逆变器安全并机运行，需要满足以下条件：

（1）功率均分：并联系统中的各个逆变模块输出电压频率、相位、幅值、波形和相序基本一致，各模块平均分担负载电流，使输出静态功率和瞬时功率分布平衡。

（2）故障自动诊断：当单模块出现故障时，并机系统能快速定位故障逆变器，将它从并联系统中切除，并将其功率均匀分配给其他模块。

（3）热插拔：待投入逆变模块控制输出电压与并机系统电压之间的频率、相位、幅值和相序等参数差别小于允许误差时自动投入并机系统，投入时对并机系统冲击小。任意模块发生故障或需要检修时，能在线退出并联系统而无须断电。

2. 技术特点

1）并机供电方案的技术优势

根据负载对可靠性的不同要求，可以实现 $N+1$（N 台工作，一台冗余）或者 $M+N$（M 台工作，N 台冗余）乃至 $N+N$（N 台工作，N 台冗余）的冗余配置，可以实现更高和更灵活的冗余度配置；并机供电方案中所有 UPS 的负载完全均分，设备的老化程度与寿命基本一致；并机供电方案中的故障脱机对负载供电是无间断的，提高了供电可靠性；并机供电方案可以通过增加并机 UPS 的台数实现系统的带载扩容，也可以有计划地退出并机的 UPS 以进行维护，使系统可维护性大幅度提高。

2）并机供电方案存在的缺点

并机供电方案的缺点具体如下：

（1）并机供电方案中所有 UPS 的输出必须严格保持锁相同步，技术复杂度大幅度提高。

（2）需要增加并机控制部件等额外部件。

（3）并机板、通信线故障和并机信号可能受到外部干扰等，可能导致并机系统故障。

3. 实现方式

将两台或多台（一般不超过 4 台）同品牌、同型号与同功率的 UPS 的输出端并联连接在一起，便构成 UPS 冗余（或不冗余）供电系统。

通过并机通信及控制功能，该系统在正常情况下，所有 UPS 输出实现严格的锁相同步（同电压、同频率、同相位），各台 UPS 的逆变器均分负载。当其中 1 台 UPS 故障时，该台 UPS 从并联系统中自动脱机，剩下的 UPS 继续保持锁相同步并重新均分全部负载。

并机供电使得系统的供电容量得以扩充，可以是冗余的配置，也可以不是冗余的配置。如果没有冗余，所有 UPS 单元都要用来给负载供电，任何一个单元的故障都意味着整个系统的停机。如果具有 $N+1$、$N+2$、……的主动冗余，正常运行时只需要 N 个 UPS 单元给负载供电。

例 考虑一个额定功率为 100kVA 的重要负载，为负载供电的 UPS 为 2+1 冗余配置，如图 6-9 所示。在此模式下，由于失去冗余时，2 个 UPS 单元必须能够完全为负载供电，因此，每个 UPS 单元的额定功率为 50kVA。

正常情况：3 个 UPS 单元均分 100kVA 的负载，即每个单元提供 33.3kVA，这 3 个 UPS 单元正常运行时，每台所带的负载率为 33.3/50=66.6%，如图 6-9 所示。每个单元都有一个静态旁路，当需要切换到旁路时，切换的控制逻辑是 3 个 UPS 单元同时切换到 3 个静态旁路。

失去冗余：其中一台 UPS 单元故障停机，剩下 2 个单元满载运行，即每台 UPS 所带的负载率为 100%，如图 6-10 所示。可以通过开关隔离故障的 UPS，进行维修。

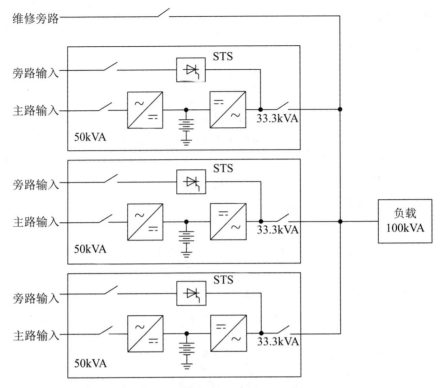

图 6-9 具有公共维修旁路和 2+1 冗余的并联 UPS 正常运行

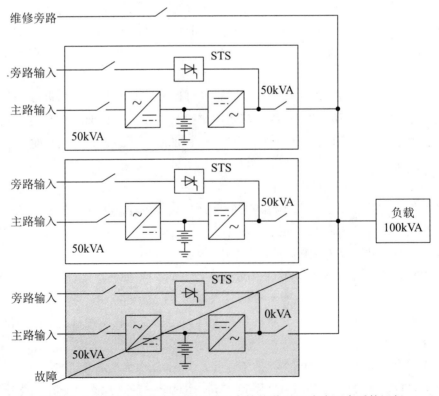

图 6-10 具有公共维修旁路和 2+1 冗余的并联 UPS 失去冗余后的运行

并机供电方案有多种分类方式，具体如下。

（1）按照旁路形式，UPS并机可分为分散静态旁路和集中静态旁路两种并机形式。

①分散静态旁路并机模式。

如图6-11所示是由三台UPS构成的分散静态旁路并机模式，每台UPS具有各自独立的旁路，并机的UPS合用一个维修旁路。这种配置的额定功率可以扩容到1000kVA以上，而且是可以升级的，并可以逐步建立并联。

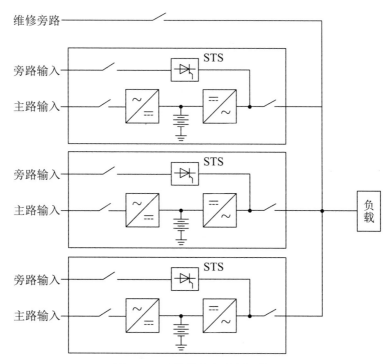

图6-11　分散静态旁路并机模式

可用性：99.99947%，MTBF比单机UPS高4倍。

可维护性：在维护其中一个单元时，负载供电仍然受到其他单元的保护。

可升级性：能够并联多个功能相同的UPS单元，满足低成本和减小占地的要求。

分散静态旁路并机模式的优点：控制简单，开发难度小，仅需将原有的UPS并机系统移植并优化监控部分即可；机柜成本低；旁路器件因为容量较小，成本也相对较低；静态旁路有多路冗余。

分散静态旁路并机模式是由多路小功率静态旁路来承担负载，由于旁路回路是低阻回路，多回路的均流没有办法用软件方法来控制，模块间的均流完全取决于以下几个因素：

■ 个体器件间的差异，主要是导通压降的差异，器件厂家的分散性不可避免；

■ 回路阻抗的差异，主要是各回路线缆的长度无法保证一致，且线缆连接点阻抗因工艺控制等原因无法把握。

②集中静态旁路并机模式。

集中静态旁路并机模式是继分散静态旁路并机模式之后发展起来的技术路线，相比于传统的并机 UPS 系统，集中静态旁路并机模式在并联均流控制、系统逻辑协调、容错能力等方面都做了非常大的改动，可以说是一个全新的技术领域，开发难度大。

如图 6-12 所示是三台 UPS 构成的集中静态旁路并机模式，并机的 UPS 共用一个旁路和一个维修旁路。这种配置的容量可高达几兆伏安，其升级取决于静态开关柜的额定功率。

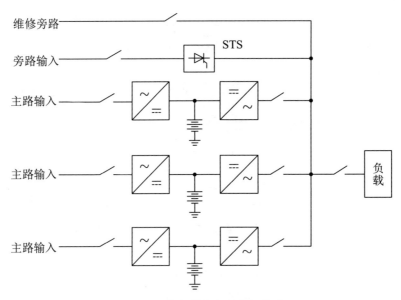

图 6-12　集中静态旁路并机模式

可用性：99.99968%，MTBF 比单机 UPS 高 6.5 倍。

可维护性：在维护其中一个单元时，负载供电仍受到其他单元的保护。

可升级性：可达多个 UPS 单元并联。各个 UPS 单元均分负载。

旁路供电时，由于只有一个旁路提供全部电流，因此旁路容量按照系统最大容量来设计，跟模块配置数量无关。

（2）按照 UPS 的装配结构和维护方式，UPS 并机可分为直接并机供电和模块机并机供电。

①直接并机供电方案。

直接并机供电方案指的是两台或多台独立的 UPS 直接连接构成 UPS 并机供电系统，如图 6-13 所示，系统中的每台 UPS 是最小的并机单位，自行安装在机房地面上。通常每台 UPS 的容量较大，组成的系统容量可高达数兆伏安。

直接并机供电方案又可细分为两种并联方式：分散静态旁路和集中静态旁路，分别如图 6-13（a）和 6-13（b）所示。

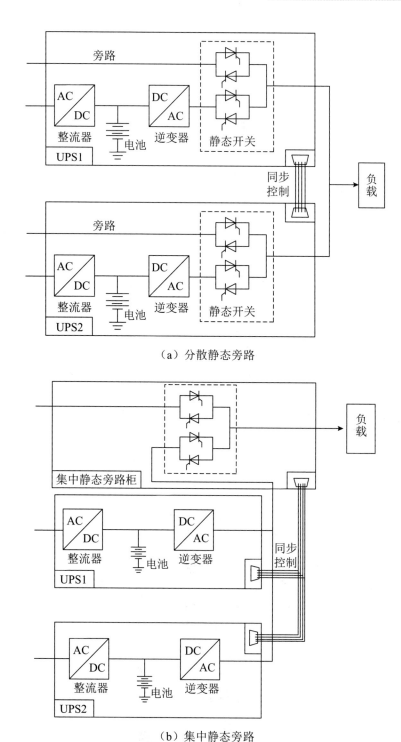

（a）分散静态旁路

（b）集中静态旁路

图 6-13 直接并机供电方案

②模块机并机供电方案。

模块化 UPS 是将大功率的 UPS 系统分成多个子模块并联，通过优化的系统控制，实现系统的在线扩容升级、维护，并大幅提高系统的可靠性、可用性和节能效果，降低客户的维护成本，近年来已经渐渐成为主流客户的首选。

模块机并机供电方案是将两个或多个模块化的可并联UPS模块（包含整流、逆变、旁路的功率模块、充电模块、监控模块和电池模块等）安装在标准的机柜内，通过内部并机汇流排将输入、输出端分别连在一起，从而构成UPS并机供电系统，如图6-14所示。每个模块通常可进行热插拔维护，机柜内还可集成配电模块等。

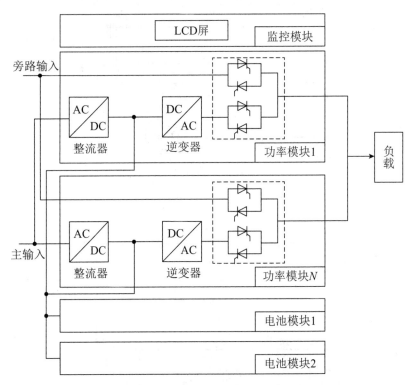

图6-14　模块机并机供电方案

该系统中，每个UPS模块是机柜内部最小装配单位，而机柜是外部最小装配单位。

模块机并机供电方案也有两种并联方式：分散静态旁路和集中静态旁路。

分散静态旁路架构是每个功率模块除了含有整流、逆变和电池变换等部分以外，还含有与功率模块容量相等的静态旁路，可以认为是一台没有液晶监控的UPS。多个模块在机柜中并联组成系统，模块间的相互关系类似于传统的并机UPS系统。系统切换到旁路供电时，负载由所有功率模块内的分散旁路来并联供电。

集中静态旁路架构是系统只有一个与系统容量相等的集中旁路模块，功率模块内仅包含整流、逆变和电池变换电路，每个部分均有独立的控制器，模块间的并联不再是传统的UPS并机系统，而是包含复杂的逆变均流、旁路控制和监控等逻辑。

直接并机与模块机并机各有优势。同等容量的冗余系统，直接并机的UPS数量较少，可靠性更高，价格也更便宜，但工程量较大，主要应用在系统容量较大的场合；模块机并机可以进行热插拔扩容与维护，维护简单便利，还可与机房IT机柜融为一体，系统整齐美观，较多地应用在中小规模的场合。

6.2.4　双汇流排（2N）或三汇流排（3N）供电方案

尽管热备份供电方案和并机供电方案可以提高UPS供电的可靠性，但是随着数据中心负载规模的扩大和重要性的不断提高，这种单系统供电方案所存在的固有的故障风险，如输出汇流排或支路短路、开关跳闸、保险烧毁、UPS冗余并机或热备份系统宕机等极端故障情况，仍然威胁着数据中心重要负载的供电安全。为保证机房UPS供电系统的可靠性，以两套独立的UPS系统构成的2N或2（N+1）系统开始在大、中型数据中心中得到规模化的应用，这就是业界称为双总线或者双汇流排或者2N架构的供电系统。这是一种分布式冗余配置系统，在可用性、现场操作和安全性等方面都是最佳的解决方案，并且这是唯一一种可对负载进行电力分配和重组的解决方案。它的灵活性提供了多种升级电气系统的可能性，使得供电系统特别容易实现负载所需要的冗余。

可用性：超过99.9999%，具有最高的可用性等级。

可维护性：完全分布式冗余，维护可在负载供电没有任何中断的情况下进行，达到最大的安全性。

可升级性：利用部分隔离分布组件的能力，非常容易升级和扩容。

可以用电力管理模块PMM来完善这种分布式配置，它提供了：

■　对负载的管理性；

■　对负载的多路供电（来自不同的电源）；

■　对电气系统进行部分隔离来进行维护或升级。

1. 双汇流排供电方案

双汇流排供电方案由两套独立工作的UPS系统、同步控制器、静态切换开关、输入和输出配电柜组成，每一套UPS系统也可由几个并联的UPS单元组成主动冗余系统，如图6-15（a）所示。所有的负载都能由两路独立的UPS电源供电，这实际上是一种分布式冗余供电系统。

1）工作原理

系统正常时，所有的双电源负载或三电源负载中的两个输入通过列头柜直接接入两套UPS系统的输出汇流排，由两套UPS系统均分所有的负载。这里双电源负载的主用供电源设定为汇流排A或B取决于用户的人工设定，设定的原则是使两套UPS供电系统的负载率尽可能相等；单电源负载则通过STS接入两套UPS系统的输出汇流排，STS主用供电源的设定方式和原则与双电源负载相同。因此，系统正常时，两套UPS的带载率应小于其额定带载率的50%。当2N或2（N+1）系统中的任意一台UPS故障时，负载依然维持初始的双汇流排供电系统不变，但是当其中一条汇流排系统出现断电事故或需要维护检修时，双电源负载将由余下的一条汇流排供电，不受影响地继续正常工作，而单电源负载则会通过STS切换到余下正常的输出汇流排上继续工作。

若负载均为双电源负载，或者另有技术手段确保两套UPS系统的输出汇流排同步，则同步控制器和STS均为可选器件，如图6-15（b）所示。

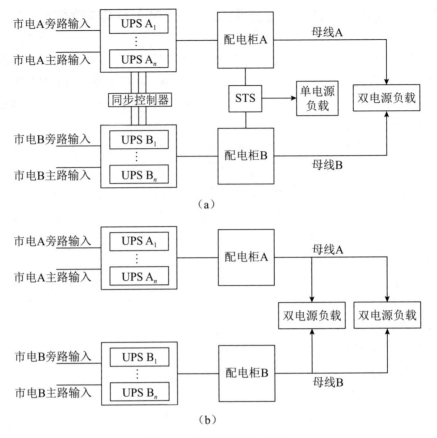

图 6-15　双汇流排供电方案

2）优缺点

与单机、热备份和并机等单系统供电方案相比，双汇流排供电方案的优点是显而易见的，它可以在一条汇流排完全故障或检修的情况下，无间断地继续保证双电源负载的正常供电，是具有最高可用性等级的供电方案，系统可用性超过 99.9999%。在提高供电可靠性和容错等级的同时，为在线维护、在线扩容、在线改造与升级带来了极大的便利。

双汇流排供电方案的缺点是需要两套 UPS 系统，电源系统的投资成本成倍增加，且 UPS 设备的使用率低。

2. 三汇流排供电方案

三汇流排供电方案是双汇流排供电方案的一种变形形式，同步关联和无同步关联的三汇流排供电方案如图 6-16 所示。三汇流排系统基本继承了双汇流排系统的特点，且可以使单条汇流排最大安全带载率由双总线系统的 50% 提升至 66%，增大了每套 UPS 的使用率，但也使供电系统、负载分配等变得更加复杂。

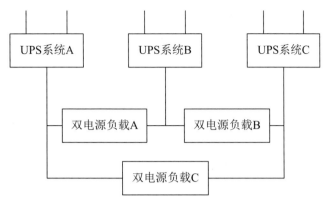

图 6-16　三汇流排供电方案

1）优点

三汇流排供电方案的优点是，在一条汇流排完全故障或检修的情况下，无间断地继续保证双电源负载的正常供电，在提高供电可靠性和容错等级的同时，为在线维护、在线扩容、在线改造与升级带来了极大的便利。

2）缺点

三汇流排供电方案的缺点是需要两套 UPS 系统，电源系统的投资成本成倍增加。

在实际应用中，采用什么样的 UPS 供电方案受到很多因素的制约。例如，一些小的应用现场，由于资金和容量的限制，不可能采用具有并联冗余功能的大容量 UPS，而小容量的 UPS 有的不能并联，具有冗余并联功能的小容量 UPS 的并联方案的价格或相关问题也让有些用户无法承受，串联热备份性能又不理想，等等。于是很多计算机房的供电大多是"大马拉小车"的配置，容量有足够的富余，当然这也造成了一定的浪费。近年来，随着 UPS 技术的发展，模块化 UPS 逐渐占领市场，"边投资边成长"的概念逐渐被认可，并且发展很快，这也是对 UPS 供电方案的补充完善。

6.3　数据中心 UPS 供电系统的发展趋势

在数据中心中，广泛采用双变换在线式 UPS 来为 IT 负载提供不间断电源，UPS 消除了市电电能质量问题，但存在 6% ～ 10% 的电能损失以及其自身可靠性低的问题。通过冗余可以提高系统的可靠性，于是 UPS 发展出主备供电、$N+1$ 冗余并机、双总线、分布冗余等方案，但也使成本和能耗进一步增加。

为了避免 UPS 设备故障率高的问题，国内提出并已规模部署了直流 240V 电源系统，大部分 IT 设备可以直接兼容直流供电。数据中心 UPS 系统架构呈现如下三方面趋势：

（1）从在线到离线。UPS ECO 模式、DC48V 电池备用、DC12V 电池备用、DC240V 电池备用等，本质上都是将电源离线，从而降低电源成本和运行损耗。

（2）从集中到分布。随着锂电池等新型储能设备的发展以及大数据时代服务器快速部署、灵活扩展的需要，UPS 设备正在从集中到分布变化。

（3）未来数据中心供电发展的整体趋势是由"高压、集中式、交流大UPS"向"低压、分布式、直流小UPS"方向发展，由机房外集中式铅酸蓄电池向IT机柜内分布式小（锂）电池方向发展，从化石能源向绿色能源方向发展。

习题

1. 什么是可靠性？分别写出计算串联系统和并联系统的可靠性的公式。

2. 对于由3台设备组成的串联系统，如图6-17所示，设每台设备的可靠性均为0.9，试求出整个系统的可靠性。

图 6-17

3. 对于由3台设备组成的并联系统，如图6-18所示，设每台设备的可靠性均为0.9，试求出整个系统的可靠性。

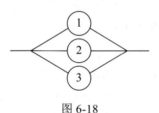

图 6-18

4. 什么是可用性？写出计算可用性的公式。

5. 什么是MTTR？什么是MTBF？

6. 什么是冗余？

7. UPS供电方案有哪几种？数据中心常用的UPS系统架构是什么？

8. UPS的热备份供电方案和并机供电方案有何不同？

9. 对于由3台100kVA的UPS组成的2+1冗余的并机系统，所带负载为200kVA，则每台UPS的带载率为多少？如果有1台UPS故障，则每台UPS的带载率为多少？如果有2台UPS故障呢？

10. 若负载容量为100kVA，采用2N架构的UPS供电方案时，如果N=2，则每台UPS的容量至少应为多少？

11. 试说出UPS直接并机供电和模块机并机供电的优缺点。

第7章 直流UPS

直流UPS也称高压直流电源，即HVDC（直流UPS和HVDC的输出都是240V，因此本书在名称上不做特别区分），是一种新型的直流不间断供电系统，这里说的高压是相对于传统的−48V直流通信电源而言的。直流UPS按照输出电压的不同，大致可以分为48V、240V和380V的直流电压等级。由于48V直流很难适应数据中心单机架高功率密度的发展，所以在数据中心领域应用有限，而240V高压直流供电系统和380V高压直流供电系统，近年来则发展较为迅速。

7.1 数据中心高压直流供电（HVDC）系统概述

目前，交流电仍然是数据中心供电的主流方式，但是交流电并不是最高效的供电方式。19世纪，爱迪生最先发明了直流电，并一直强调直流电的简单方便。特斯拉继爱迪生发明直流电后不久发明了交流电，并制造出世界上第一台交流发电机，创立了多相电力传输技术。对于三相交流电来说，交流电输送方便，可以使用更细更便宜的线缆。行业最终选择了交流电。现在看来，交流电本身的使用效率并不高。但是经过多年的发展进步，交流供电已经成为最主流的供电方式，绝大部分的用电设备要求交流标准输入。可以说，交流电的使用已经深入人心，并影响到了数据中心领域。所以一直以来，数据中心设备都要求支持交流输入，但是对其他供电方式则不做硬性要求，这也使得数据中心里能够支持其他供电方式的设备很少。

7.1.1 出现背景

20世纪70年代，我国工程师师元勋首先推出了YX3kW/300V的直流UPS，其推出该产品的理由是：UPS是两次变换，即交流变直流，直流变交流，而计算机本身自带的电源又是两次变换，即首先将交流电压整流成300V的直流电压，再变成元器件所需要的5V、12V等电压，这就造成了能量的浪费。如果直接给计算机输入300V的直流电压，省去计算机电源的一次变换，就可以达到节能的目的。根据这个思路，就产生了最早的直流UPS，其主电路原理图如图7-1所示。与此同时，浙江大学也推出了多电压（±5V，

±12V 和 ±24V）直流 UPS。这两种直流 UPS 的推出为当今高压直流系统的发展奠定了理论基础。

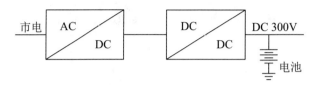

图 7-1　YX3kW/300V 直流 UPS 的主电路原理图

近年来，IDC 数据中心机房业务发展迅猛，服务器托管需求激增，而且由于 IDC 设备电路集成度的增加，其单位功率密度较常规通信设备高出很多，甚至是普通通信机房的 8 ~ 10 倍。例如，大型数据中心的电源系统需求已达到 10 000kW，预计将来会增加到 50 000kW。服务器在寿命期内的能耗超过设备本身的购买价，因此数据中心电源系统的设计对于数据中心的节能至关重要。

目前 IDC 机房的供电系统主要是交流 UPS 电源和低压 −48V 直流电源，其中交流 UPS 电源是主要的供电系统。由于数据中心运营成本越来越高，制约了数据中心的发展。在这样的背景下，面对不断增加的高功耗负载，高压直流供电系统被引入。高压直流电源具有稳定、高效、节约成本的特点，几乎结合了交流和直流供电的优点，是很有发展前景的高效率电源方案，已经逐渐被多数通信电源专业人士和数据中心电气规划设计及使用人士所接受，并在数据中心逐渐得到推广。例如，中国电信、中国移动、中国联通这三大运营商都在大力推广高压直流供电系统，其总体成交额度呈 50% 以上的速度增长。其中，江苏电信已全面采用 HVDC 取代 UPS。在不久的将来，高压直流供电方案也许会取代现在的交流 UPS 供电方案，成为数据中心机房供电系统的标准配置。

7.1.2　高压直流的技术原理和可行性

现在数据中心机房的服务器大都采用 220V 交流不间断电源，需要用到交流 UPS，但其电路板芯片及元器件都是低压直流供电，如 12V、5V、3V 和 1.1V 等，因此其内部一般使用可靠性较高的高频开关电源，其原理图如图 7-2 所示，其核心部分是 AC/DC、DC/DC 变换电路，可以把外部输入的交流电转化为内部电子电路所需电压等级的直流电给设备直接使用。应用于数据中心的服务器均配置两个及两个以上的模块（俗称双电源）并联运行。因此，如果输入一个范围合适的直流电压给 DC/DC 变换电路，同样能满足服务器设备的工作要求。因为图 7-2 的输入端没有工频变压器，所以输入直流不会产生短路阻抗，也就没有必要使用交流输入，不用交流也就没有必要用 UPS，由此因 UPS 交流供电引发的一切不利因素也就自然而然地消失了。

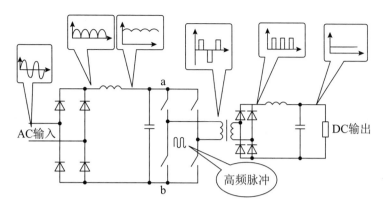

图7-2 数据中心机房设备内部高频开关电源原理图

对于服务器、通信设备和计算机来说，不仅需要在UPS供电的情况下能够正常使用，在交流市电直接输入时也要能正常使用，因此其交流输入的电压范围应该满足176～264VAC，对应的直流脉动电压则为217～374VDC。也就是说，如果将交流输入改成直流输入，只要直流输入电压在这个范围内，这些开关电源同样能正常工作。根据中国电信和腾讯等用户的实际使用状况，的确未发现电源不匹配的情况。

将输入的直流电压合理地配上蓄电池，辅以远程监控，便构成了一个可靠的直流供电系统，因此，高压直流供电系统能够替代目前的交流UPS供电系统为数据中心机房的服务器供电。

7.1.3 数据中心直流供电电压等级与选用

根据服务器的特点，目前高压直流供电系统电压等级的选择主要有两个标准。

1. 240V电压等级

这类服务器电源在DC/DC的输入端电压范围为100～373VDC，通过对服务器电源输入电压的分析，以及在实际中对服务器进行测试的数据，以240V为标称电压的观点已经得到认同。

在标称电压为240V的直流电压供电模式下，电池组配备120只2V电池（也可采用40只6V电池或者20只12V电池）。平时电池处在浮充状态，供电电压为270V。在电池供电时，最低电压为216V。在目前进行的测试中，服务器在这个电压范围内均能正常工作。

2. 380V电压等级

这类服务器电源在DC/DC的输入端电压范围为380～400VDC，对应此类服务器电源则需要选择380V或380V以上的高压直流供电系统。

相较于240V电压等级的供电模式，380V电压等级的供电模式会减少电缆耗铜量，线路损耗也会降低。

这种供电模式并不适用于国内现有的服务器设备，是对未来机房建设以及服务器设计的前瞻准备，因此要采用这种供电模式，电源设备、直流供电系统均需专门设计和制造，也需要服务器厂商的配合，也就是服务器电源要支持 380V 的高压直流供电模式。

7.2　240V HVDC 系统的组成及工作原理

本章中关于 240V 直流供电系统的相关内容主要参考中国联通公司企业标准 QB/CU 157—2012《中国联通通信机房配套设备技术规范 第一分册 240V 直流供电系统技术规范 V1.0》。

7.2.1　系统组成

HVDC 高压直流供电系统由交流配电、整流模块、直流配电、列头柜、电池组、配电监控、电池巡检和绝缘监测单元等部分组成，HVDC 系统框图如图 7-3 所示。

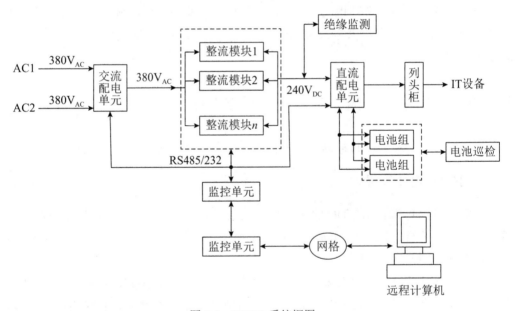

图 7-3　HVDC 系统框图

HVDC 系统的组成部分具体介绍如下。

（1）交流配电单元。将两路或一路市电分配给整流模块以及其他交流设备，并配有防雷保护系统。

（2）整流模块。将交流电整流成直流电（AC/DC）给负载供电，并对电池进行浮充充电。

（3）直流配电单元。对 AC/DC 输出的直流电能进行分配，通过直流低压断路器或熔断器转换为多路输出到配电列头柜，再由列头柜分配输出到各服务器机柜，给服务器提供直流电源。

（4）电池组。作为后备能源，保证交流市电停电时，继续提供不间断的直流供电。电池组标称电压为240V或者336V。根据电池容量需要，单个电池一般选2V或12V的，例如240V系统的电池组为120节2V的电池或者20节12V的电池，336V系统的电池组为168节2V的电池或者28节12V的电池。

（5）监控单元。监控单元是整个高压直流供电系统的控制中心，担负着将下层系列配电监控情况和交、直流电检测及故障信号上传的任务。

（6）电池巡检单元。实时检测每节电池的关键物理参数，并上传给监控单元。

（7）绝缘监测单元。对直流汇流排和输出支路对地的绝缘状况进行监测。汇流排绝缘监测只能检测正、负汇流排对地绝缘是否不良；支路绝缘监测不仅可以检测正、负支路对地绝缘是否不良，还能检测出对地绝缘阻值的大小。

7.2.2　工作原理

正常工作情况下，输入的交流市电经整流模块整流后，将380V交流转换成240V高压直流输出，经直流配电单元、列头柜、PDU等给服务器提供直流电源，在此过程中电能只经过一次变换，省去了逆变环节，系统效率得到提升。电池组并联接在HVDC系统的输出端，处于浮充充电状态。当交流输入发生故障（例如市电停电）时，由电池组输出的直流电直接给负载供电，在电池组的后备时间范围内，负载的供电连续不中断。当市电恢复正常后，由整流模块输出的直流电给负载供电，电池组转为充电状态。高压直流供电系统的原理图如图7-4所示。

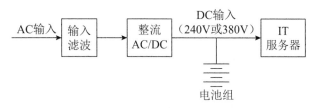

图7-4　高压直流供电系统原理图

整流模块是HVDC系统的核心部件，其原理框图如图7-5所示。

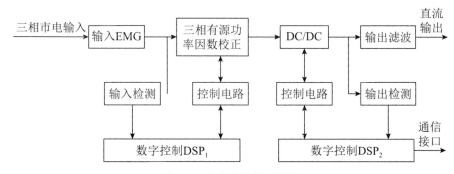

图7-5　整流模块原理框图

整流模块由三相有源功率因数校正（PFC）功率模块和 DC/DC 功率模块组成，除这两个功率模块之外，还有辅助电源、输入 / 输出检测保护电路、驱动控制电路和通信电路等。前级的三相有源 PFC 电路由输入电磁干扰（EMI）滤波器和有源 PFC 组成，用以实现交流输入的整流滤波和输入电流的校正，使输入电路的功率因数大于 0.99，总谐波波形失真度 THDi<5%。后级的 DC/DC 电路由 DC/DC 变换器及其控制电路、整流滤波与输出 EMI 滤波器等部分组成，将前级整流电压转换成通信电源要求的稳定的直流电压。辅助电源位于输入有源 PFC 之后、DC/DC 变换器之前，利用三相有源 PFC 的直流输出产生控制电路所需的各路电源。输入检测电路实现输入过 / 欠电压、缺相等检测功能。DC/DC 的检测保护电路包括输出电压 / 电流的检测、散热器温度的检测等，所有这些信号用以实现 DC/DC 的控制和保护。PFC 和 DC/DC 之间由 SCI 通信进行数据和指令传送，再由 DC/DC 部分的 DSP 通过 CAN 总线建立通信与监控的联系。

7.3 240V 高压直流供电与传统 UPS 供电的对比

本节主要从供电结构和供电特点的角度，对高压直流供电与传统 UPS 供电进行比较，二者各有所长，在确定数据中心的供电架构时，需根据实际情况采用合适的供电系统。

7.3.1 传统UPS供电和理想高压直流供电结构对比

传统 UPS 供电和理想高压直流供电结构的对比如图 7-6 所示。

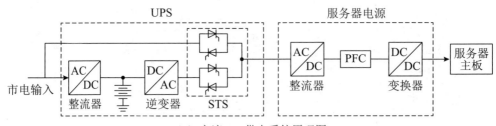

（a）交流UPS供电系统原理图

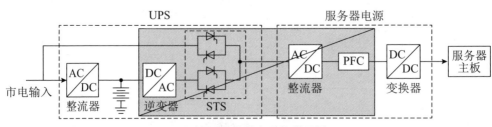

（b）高压直流供电系统原理图

图 7-6 传统 UPS 供电和理想高压直流供电结构对比

从供电结构上看，理想高压直流供电取消了两级变换：在 UPS 内部取消了逆变环节，将整流器输出的直流电源直接送到电源分配柜供后端负载使用；在服务器内部取消了交流变直流这级变换，直接将输入的直流电源变压至元器件所需的直流工作电压。这样降低了电源自身的能耗，提高了负载的电源使用效率。由于取消了两级变换，减少了逆变器、整流器、静态开关及相关的控制电路，因此系统故障率也相应降低。

7.3.2 交流UPS存在的问题

通信电源发展至今，IT 设备一直采用 UPS 系统供电或低压直流系统（−48V）供电。但近年来，随着计算机网络的迅速普及和数据业务的快速发展，特别是 IDC 业务的快速发展，传统的 UPS 供电模式在安全性、经济性方面的问题越来越多。UPS 固有的特点决定了其具有可靠性较差、转换效率较低、输入电流谐波较大等一系列缺点，大型 UPS 系统故障导致的通信阻断频繁发生，造成重大的经济损失和社会影响。交流 UPS 系统供电主要存在以下弊端。

1. 可靠性低

对于 UPS 交流供电系统，就单台 UPS 设备而言，通过冗余技术可以使其 UPS 设备本身的可靠性大为提高，但就整个 UPS 供电系统而言，有很多不可备份的系统单点故障点，比如同步并机板、静态开关、输出切换开关等，这些单点故障点中的任意一个出现故障，都可能导致数据中心某个数据机房掉电瘫痪。如果因设计不完善或 UPS 质量问题造成瞬间过载的容错能力差，则一旦 UPS 过载保护切换至市电旁路，负载将失去保护。

2. 维护、扩容难度大

由于 UPS 交流输出涉及电压的频率、幅值、相序、相位、波形等问题，因此在并机运行时必须保证并联的每台机组输出电压的相位、频率、幅值相同，并且跟踪市电，保持对市电的相位、频率的同步，这样可在需要时安全切换到旁路供电。当市电发生大范围变化时，其各种参数总会在一定范围内波动，因此 UPS 系统也在不断地调整输出参数。在实际运行中，随着市电的不断变化以及 UPS 电子元器件的老化，尤其是采集模块的零点漂移，往往会在切换时造成供电中断。这种中断在以往的案例中屡见不鲜，给数据中心的设备运行带来了巨大的负面影响。

此外，随着数据中心规模的扩大及服务器功率密度的提高，会对在用 UPS 系统有扩容改造的需求。由于交流 UPS 不像直流电源系统那样，在扩容时只关注电压幅值一个参数，因此每一次 UPS 在线扩容都是一次巨大的风险操作。虽然模块化 UPS 的广泛应用使得在线扩容变得方便可行，但由于 UPS 制造商产品的更新换代造成的 UPS 不可扩容的问题仍不可避免，这使得 UPS 单台故障时没有设备替换。

3. UPS 利用率低

目前，单机的高频机型 UPS 的效率可达到 95% 以上，但对于 UPS 供电系统来说，为保证 IT 设备用电的安全可靠性，UPS 系统一般配置为 $N+1$ 并机冗余模式或 $2N$ 独立双系统模式。按照中国电信相关设计规范的规定，在正常情况下，系统负载率一般都限制在 80% 以下。而单机负载率，即使是采用 2+1 并机冗余模式，最高也不超过 53.3%，如果是 1+1 并机冗余模式或 $2N$ 独立双系统模式，则单机负载率更低。另一方面，在实际使用中，业务发展是一个渐进的过程，为兼顾建设周期和业务发展规划，一般供电系统都按终局容量设计，使得单机实际负载率在大多数时间只有 20% ～ 30%。如此使用 UPS 系统供电，必然导致效率低下。

7.3.3 高压直流供电的优势

同交流 UPS 相比，高压直流供电具有多种优势，主要体现在以下几个方面。

1. 供电可靠性大幅提升

引入高压直流供电技术的主要目的就是提升供电系统的安全性和可靠性，具体表现为：

- 对于交流 UPS 供电系统，只是并联的主机具有冗余备份，系统组件之间更多的是串联关系，其总体可靠性低于单个系统组件的可靠性。而对于直流供电系统，系统的并联整流模块、蓄电池组均构成冗余关系，不可靠性是各组件连乘的结果，总体可靠性高于单个组件的可靠性。
- 采用直流供电时，蓄电池作为电源直接并联在负载端。当停电时，蓄电池的电能可以直接供给负载，确保供电的不间断。
- 直流供电只有电压幅值一个参数，各个直流模块并联时，彼此之间不存在相位、相序、频率同步问题。

理论和实践都表明，直流供电系统的可靠性要远远高于传统的交流 UPS 供电系统，一个有力的证据就是几乎没有大型直流供电系统瘫痪的事故发生。

2. 工作效率大大提高

目前数据中心大量使用的 UPS 主机均为双变换在线型，在负载率大于 50% 时，其转换效率与开关电源相近。但一个不容忽视的现实是，为了保证 UPS 系统的可靠性，UPS 主机均采用 $n+1$（$n=1$、2、3）方式运行，加之受后端负载输入的谐波和波峰因数的影响，UPS 主机并不能满载运行，通常 UPS 单机的设计最大稳定运行负载率仅为 35% ～ 53%。而受后端设备虚提功耗和业务发展的影响，很多 UPS 系统通常在寿命中后期才能达到设计负载率，甚至根本不能达到设计负载率，UPS 主机单机长期运行在很低的负载率，其转换效率通常为 80%，甚至更低。

对于直流供电系统而言,其首先省掉了逆变环节,而一般逆变的损耗在3%~5%,因此电源的效率得以提高。其次,由于服务器输入的是直流电,也就不存在功率因数及谐波的问题,降低了线损。最后,由于直流电并机技术简单,因此可采用模块化并联结构,可根据输出负载的大小,由监控模块、监控系统或现场值守人员灵活控制模块的开机运行数量,使整流器模块的负载率始终保持在较高的水平(可达到70%~80%),因此系统的使用效率可以保持在较高的水平。

3. 输入功率因数大大提高

现场测试发现,传统的12脉冲在线双变换型UPS主机,加装11次滤波器后,其输入功率因数通常在0.8~0.9,最大仅为0.95,输入电流谐波含量通常在7.5%左右。当然,现在高频机型UPS的输入功率因数也可达到0.99以上。对于240V高压直流供电系统,由于PFC电路的应用,在额定工况下,开关整流器模块的输入功率因数通常都在0.99以上,输入电流谐波含量通常在5%以下。

输入功率因数提高的直接效果是,可以降低其前端电源设备(例如柴油发电机组)的容量,前端的低压配电柜可以不再配置电抗器,从而也可以降低补偿电容的耐压要求。

4. 带载能力大大提高

对于直流供电系统而言,首先不存在功率因数的问题,因此其带载能力不必考虑功率因数是否匹配;其次,因其并联了内阻极低的大容量蓄电池组,加之整流器模块有大量的富余(充电和备用),因此其带高电流峰值系数的负荷的能力很强,不需专门考虑安全富余容量。

5. 能耗大大降低

交流供电损耗大,而直流供电正好相反。直流供电方式相比交流供电来说,可以节省15%~30%的能耗,这对作为能耗大户的数据中心来说是无法拒绝的。数据中心的能耗问题已经严重制约了数据中心的发展,高额的用电费用已经成为数据中心运营成本的主要支出。如今的数据中心同质化竞争非常激烈,若是能在用电上有所节省,将大大提升竞争力。所以现在数据中心开始出现了一批直流供电的机房。

6. 系统可维护性大大增强

现在的交流UPS并联系统涉及复杂的同步并机技术,整机的维护只能依靠厂家,更何况是扩容问题。当出现紧急情况时,维护人员的办法并不多,只能等待厂家派技术人员过来解决,这就造成了UPS供电存在较大的隐患。直流供电系统由并联模块组成,虽然电压增高,但只要做好安全防护措施,维护人员是可以自己进行维护的。

7. 扩容便捷

由于直流供电系统采用模块化结构,现在一个模块的容量一般在10kW左右,只要预留好机架位置，保证输出电压和极性相同可连接到一起，就能实现不停电增容，因此扩容非常方便。同时在建设时，可以根据服务器的数量逐渐增加模块数，使每个模块的负载率尽可能提高，对于节能也非常有利。

7.3.4 高压直流供电的缺点

高压直流供电很有可能是交流UPS发展的下一个阶段，但其目前还面临一系列问题需要解决。

1. 对配电断路器要求高

对于交流电，电流在一个周期内会有过零点。当短路时，过零点的存在使断路器断开时产生的电弧容易熄灭。直流电不存在过零点，因此直流断路器灭弧困难，直流断路器制造的技术难度较大，会相应增加建设成本。

2. 电缆成本增加

按目前的配电结构，从UPS输出到各级配电柜采用的一般是三相五线制（TN-S）供电。如果采用高压直流（HVDC）供电，则是一相两线制供电，在相同电压下输送同等功率，电缆的消耗量将会有所增加。如在相同的电缆数（4根）和相同的电压下输送电能，则直流和交流输送的功率比约是2:3。

3. 设备投资成本增加

要支持直流供电，需要所有的设备都是直流电源。相比于交流电源，直流电源的制造成本要高些。而且电网都是交流电，要增加额外的整流转换设备。

4. 数据中心采用高压直流供电要考虑的问题

如果要在大型数据中心机房采用高压直流供电，那么首先要考虑的问题是，现行的服务器是否能够输入直流电压，以及理想的直流电压幅值是多少。从理论上来说，服务器电源使用直流电压输入没有问题，但不能保证实际使用中是否会发生一些意外，比如可能存在某些服务器电源的特别设计而不能使用直流电，或者长时间使用会不会增加服务器的故障率等，这都要经过实际使用的检验。

7.3.5 关于高压直流供电系统使用的探讨

关于高压直流供电系统的使用，我们主要讨论以下几个方面。

（1）将240V称为高压直流是否合适？

在已有的电力划分中，根据GB/T 2900.50—2008中定义2.1的规定（也是IEC标准规定），高压通常指高于1000V（不含）的电压等级，低压指用于配电的交流电力系统中1000V及以下的电压等级，高低压电器的电压等级分界线则是交流电压为1200V，直流电压为1500V。我国没有1000V电压等级，高压与低压的分界线实际为3000V，即3000V以上电压等级为高压。对于交流输电来说，一般将10kV以上、220kV及以下的电压等级称为高压。直流输电则稍有不同，±100kV以上的统称为高压。可见，将240V称为高压直流与国家标准中的术语矛盾，不过根据行业中约定俗成的叫法，本书也沿用240V高压直流这一称谓。

（2）数据中心的IT设备原来的交流输入接口接入直流电源存在故障隐患。

从理论上讲，服务器使用直流电压输入是没有问题的，但是并不能保证实际使用中是否会发生一些意外。例如，是否所有服务器都能使用直流电，交流电源的服务器接入240V直流电后，长时间使用会不会增加服务器的故障率等，这都要经过实际应用的检验。

现在的IT设备的交流电压接入口接交流220V输入时，经整流滤波成300V直流电压，如图7-7（a）所示。在电源正半波时，电流I_+的路径为"UPS上端→VD_2→负载→VD_3→UPS下端"，如图7-7(a)中粗线箭头所示；在电源负半波时，电流I_-的路径为"UPS下端→VD_4→负载→VD_1→UPS上端"，如图7-7（a）中虚线箭头所示。从图中可以看出，交流UPS供电时由4只整流二极管承担全部负载。

如果IT设备的交流电压接入口接240V直流电源，则电流路径如图7-7（b）所示。由于只有正向电压而无负向电压，因此只有VD_2和VD_3导通，VD_1和VD_4一直处于截止状态，也就是说，VD_2和VD_3承担了100%的负载。

这两个电源提供的能量应该相等，根据能量守恒定律，有300V×I_+（正半周）+300V×I_-（负半周）=240V×I_{++}，因$I_+=I_-$，故$I_{++}=\dfrac{300}{240}$（I_++I_-）=1.25×2I_+=2.5I_+。

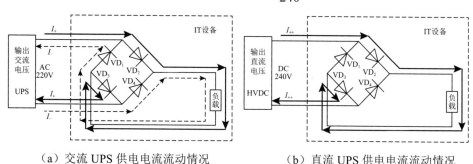

（a）交流UPS供电电流流动情况　　（b）直流UPS供电电流流动情况

图7-7　交、直流UPS供电时IT设备内部电流流动情况

可以看到，如果直接将240V直流电源输入到原来IT设备的交流输入端，就会使VD2和VD3通过的电流是交流电源输入时的电流I_+的2.5倍，电流过载150%，这就埋下了IT设备的故障隐患，长时间运行难免会出现故障。所以这种直接将240V直流电源输入到原来交流的输入端的做法是危险的。如果使用直流电源，当服务器设备损坏时，有可能会因为使用直流电源供电不符合服务器的设计要求而导致厂家对故障不认可，从而不愿意承诺提供设备的维保服务。

一种解决办法是另外设置直流电源输入接口，即在IT设备上采用交、直流两种电源接口，如图 7-8 所示。例如在 IT 设备原来双路交流供电的基础上，将其中一路 DC240V 变换器的交流输入改为 240V 直流输入。这就需要 IT 设备厂商对设备进行设计上的变更，而这又要求数据中心机柜引入交、直流两路电源，两者相互制约，且有的通信公司采用的是 336V 的直流输入，由于并没有统一的标准，因此，这种混合供电方式虽然在原理上没问题，但在实际运用中仍受到一定的限制。

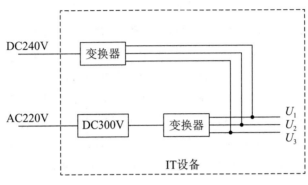

图 7-8　交直流电源混合供电示意图

（3）大功率高压直流供电系统直接并联在输配电环节上受到制约。

直流电源并机简单方便，扩容容易，但对于大功率直流电源的并机来讲，在结构上虽然可以很容易地做到，但在输配电环节受到一定的制约。例如，对于 1 台 400kVA 的三相输出的交流 UPS，分到每一相的电流大约是 600A，考虑到 UPS 不会满负荷运行，因此用一根 300mm² 的五芯铜芯电缆基本可以满足安全带载要求，并可以选用容量为 800A 的交流断路器。但是如果是并联成 400kW 的直流系统，则由于直流电能传输用到两根电缆，传输的电流近 2000A，一般这么大的电流只能用铜排传输，但铜排价格高，施工难度大。而且 2000A 级别的直流断路器很难找，价格也高得惊人。如果采用小电流分别传输，则会增加系统的复杂程度，且故障点也增多。

（4）电池放电带载时电压的不稳定因素。

直流 UPS 的并联电池在市电故障时可以直接给负载供电，这是直流 UPS 的优势之一，但在电池供电时电压是不稳定的。蓄电池的放电特性决定了随着电池放电时间的延长，电压是逐渐下降的，尤其是超过容量规定的放电时间时，电压将快速下降。当负载较大、放电电流较大时（例如超过 2C），不仅会大大缩短电池的稳定工作时间，而且会在接通负载的瞬间造成电池输出电压迅速跌落。这些都对负载的供电安全造成一定的隐患，因此掌握蓄电池的容量、放电电流和放电时间对于保证直流电压的稳定输出至关重要。

（5）直流断路器可以用交流断路器代替吗？

目前交流 400kVA UPS 并机已经得到普遍应用，但大容量直流 UPS 并机尚需经过实践考验。在 −48V 直流系统中常见的大系统电流有 3000A，对于 240V 直流系统来说相当于 600A，这对直流断路器提出了很高的要求。直流断路器在小电流时切断故障电流还不成问题，但在大电流时由于"拉弧"的作用，往往使断路器不能断开，使故障范围扩大。

在产生短路电流时，对于-48V的低压直流，灭弧要容易一些，但对于240V的高压直流，灭弧就非常困难。因此直流断路器的价格是同容量的交流断路器的数倍，尤其是大容量的直流断路器价格非常昂贵。为了节约开支，在很多场合都会用交流断路器来代替直流断路器。但用交流断路器代替直流断路器存在一定的安全隐患。对于几安培到十几安培的电流，交、直流断路器是可以通用的。当电流达到几百安培时，就必须选用专门的直流断路器。

交流断路器分断直流短路电流相对困难。短路时会产生电弧，电弧分断的条件是分断电弧电压大于电源电压。直流电与交流电的一个重大区别就是直流电没有电压自然过零点，因此直流电弧分断更为困难。如果电弧持续时间超过20ms，就可以称为"爆炸"。直流断路器采用专门的吹弧线圈或使用永磁体吹弧技术，强制直流电弧进入灭弧室，使电弧被切割、拉长，弧电压升高并迅速冷却，实际上交流断路器并没有完全在设计上采取与此类似的技术措施，因此在许多直流电路上使用时，其可靠性、耐久性不如采用直流断路器效果好。

断路器除了要判断其能否切断直流电流外，还需要考虑整定值。如果选用直流断路器，则要按直流电流进行整定，直接用交流断路器代替就要重新考虑整定值。交流断路器用于保护直流电路时会提高瞬时脱扣值。交流断路器的瞬时脱扣值是按照有效值来整定的，但实际上交流断路器的瞬时脱扣器是靠交流峰值电流动作的，直流电流相当于交流的有效值，故两者相差1.414倍。例如，C脱扣曲线的交流断路器的瞬时脱扣电流为$5I_n \sim 10I_n$（I_n为额定电流），当其应用于直流系统时，脱扣电流就变为$1.414 \times 5I_n \sim 1.414 \times 10I_n$，即$7I_n \sim 14I_n$。这样，当交流断路器在直流系统里应用时，瞬时脱扣电流要比在交流系统里高，这也是在直流系统里交流断路器分断短路电流困难的另一个原因。而从相反的角度看，就相当于交流断路器的电流规格也不能与直流电路中的电流直接对应，而是偏大，这就使得其不够安全、不够精确可靠，并留下隐患。

此外，在GB/T10963.2—2020《电气附件 家用及类似场所用过电流保护断路器 第2部分：用于交流和直流的断路器》中规定，额定电压为230V的单极微型交流断路器用于直流系统时，直流电源电压一般不能超过220V，大于220V时应考虑2级串联使用。如表7-1所示是从安全角度出发并考虑大量工程实践的经验得出的交流断路器用于直流系统时的情况。

表 7-1 交流断路器用于直流系统

交流断路器的串联级数	1P	2P-3P	4P
可用直流电压	DC 60V	DC 125V	DC 250V

鉴于此，在有些情况下继续使用交流断路器就不如选取直流断路器经济了。

7.3.6 市电+高压直流供电与传统UPS供电架构的对比

目前新建的互联网数据中心大量采用市电＋高压直流双路供电模式，本小节主要从设备占地空间和用电效率两个角度对市电＋高压直流供电与传统UPS供电架构进行比较。

如图7-9所示是2N UPS系统和市电+240V HVDC系统这两种供电方式从低压侧到服务器的供电拓扑图。目前数据中心应用最为广泛的UPS容量等级约为400kVA，UPS负载功率因数的典型值为0.8～0.9，折算成360 kW，相当于同样功率的单套1200A的高压直流系统。下面分别从低压配电柜、不间断电源系统、电源输出配电柜、末端列头柜等多级配电路由来对两者进行对比。

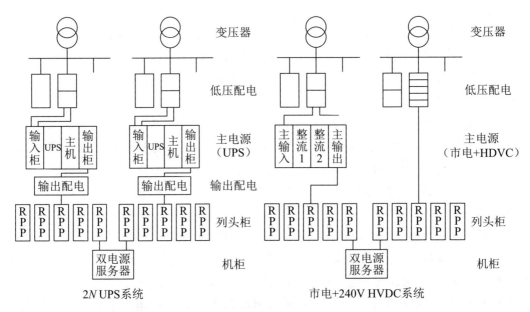

图7-9　两种供电架构对比

1. 低压配电柜

对于2N UPS架构的每台400kVAUPS，其主路和旁路分别需要一个800A左右的框架断路器作为输入断路器，这两个断路器占用一个低压配电柜。因此两套UPS占用两个低压配电柜。对于市电+240V HVDC供电架构，市电直供支路由低压母线排直连的1个低压配电柜直接输出多路到各个列头柜，例如图7-9中所示，该低压配电柜内有5个250A的抽屉式塑壳断路器，输出5路直接到5个市电直供的列头柜。而高压直流系统只需要1个800A的框架断路器，占用半个低压配电柜，剩余1个800A框架断路器预留给另外一套高压直流系统用。所以，在变压器输出低压侧，2N UPS系统需要2个低压配电柜，共4个800A的框架断路器；市电+240V HVDC系统在低压配电部分占用半个低压配电柜（即1个800A的框架断路器）和1个低压配电柜（带5个250A的塑壳断路器）。

2. 不间断电源系统

考虑同样大小的负载及同样 15 ～ 30min 的后备电池时间，理论上电池的安时数应该是基本一样的，因此不再深入比较。考虑不间断电源系统本身。400 kVA 的 UPS 通常有 1 个输入配电柜、2 个主机柜及 1 个输出配电柜，共 4 面柜子的空间。1200A 的 240V HVDC 也类似有 1 个输入配电柜、2 个整流柜及 1 个输出熔丝配电柜，共 4 面柜子。可见，从机柜数量及占地面积来说两者差异不大。但对于这一级配电市电直供支路无须任何断路器及配电柜。因此，2N UPS 架构占用 8 个机柜位，而市电 +240V HVDC 架构只占用 4 个机柜位。

3. 输出配电柜

每套 400 kVA 的 UPS 输出通常都需要一个 800A 或者 630A 的断路器和 5 个左右的 250A 抽屉式断路器到每个列头柜，所以每套 UPS 的输出配电柜会占用 2 个配电柜位，即 1 个 800A 的框架断路器及 5 个 250A 的塑壳断路器。因此，2N 配置的 UPS 系统共需要 4 个配电柜位、2 个 800A 的框架断路器及 10 个 250A 的塑壳断路器。对于市电 +240V HVDC 系统，市电直供支路无须配电柜及断路器，而对于 240V HVDC 系统，由于其输出配电部分已经包含在电源系统的输出熔丝柜内了，所以也不需要额外的输出配电柜及输出断路器等。

4. 列头柜

基于同样的总功率及单机柜功率密度来测算，2N 架构的 UPS 系统和市电 +240V HVDC 系统在列头柜数量及配电断路器数量方面基本一样，只是在微断及线缆方面有些差异，造价有所不同。直流微断比交流微断价格贵，因此在断路器投资方面，市电 +240V HVDC 系统会贵一些。在线缆投资方面，2N UPS 系统需要两套输出配电柜的线缆以及手动维修旁路线缆等，而 240V HVDC 系统由于是单相供电，因此高压直流输出到列头柜的单相线缆成本会比 2N UPS 的三相传输线缆成本稍高些，但总功率一样，耗铜量差别不会很大。可以认为市电 +240V HVDC 系统的线缆总投资不会超过 2N UPS 系统的线缆总投资。

综上，供电能力均为 360 kW 的市电 +240V HVDC 系统相比 2N UPS 系统，减少了配电柜的投资成本，并节省 6 个配电柜以上（6.5 个）的占地面积。

对于数据中心而言，运营成本中很大一部分是电费。对于 2N UPS 架构，每套 UPS 的负载率往往只有 30% ～ 40%，即使选用效率为 94% 以上的高频 UPS，实际的运行效率也可能只有 90% 甚至更低。而对于 240V HVDC 系统，由于有电池直接挂接母线，因此是允许节能休眠的，监控会自动开启需要工作的电源模块数量，并使电源系统在任何负载情况下都可以工作在最高效率点附近，即高压直流系统可以在全负载范围内都达到 94% 以上的效率，而市电直供支路基本是 100% 的供电效率，因此市电 +240V HVDC

系统的综合供电效率可达 97%。因此，在相同的生命周期内，市电 +240V HVDC 系统相比 2N UPS 系统，可以节省大量电费。

7.4　240V HVDC 系统在数据中心的设计应用

240V 高压直流供电系统（HVDC）在可靠性、转换效率等方面较传统的交流 UPS 系统有更大的优势，其经济效益和社会效益显著，虽然尚未有后端 IT 设备厂商宣布支持 240V HVDC，但 HVDC 技术早已被通信运营商所接受，目前正在数据中心中广泛推广使用。

高压直流供电系统的投资包括高压直流、前端电源（市电、油机）和机房高压直流供电三个部分。数据中心采用高压直流供电方案可以大幅降低总投资成本，此外，不仅电源系统可分期建设，系统的电源模块也可根据需要分期建设，因此，高压直流供电方案的投资节约率非常明显。

7.4.1　系统组成

高压直流供电系统至少应由交流配电、整流模块、直流配电、蓄电池组、监控单元、绝缘监察装置以及接地部分等组成。下面分别介绍高压直流供电系统在设备的结构、容量的选择、系统架构等方面的情况。

（1）高压直流供电系统设备的结构可选用分立式系统或组合式系统。

分立式系统的交流配电、整流模块和直流配电可以分别设置在不同的机架内，蓄电池组单独安装，监控单元以及绝缘监察装置可安装在其中某一机架内。

组合式系统的交流配电、整流模块、直流配电、监控单元、绝缘监察装置以及接地部分等应同机架设置，蓄电池组可单独安装。

（2）高压直流供电系统容量的选择。

国内的 240V 高压直流供电系统的制造技术及供电体制还处在摸索阶段，无论是模块制造技术还是系统结构，或者是维护方式，都没有丰富的经验可循，因此，在工程设计时宜遵守《通信用 240V 直流供电系统技术要求》的规定。当系统远期容量大于 500A 或要求具有较好的可扩展性时，应选用分立式系统，组合式系统的容量不宜超过 500A。

（3）高压直流供电系统的系统架构。

在高压直流供电系统的设计中，关于如何选取系统架构的问题，需要在系统的安全性、可靠性与工程建设的经济性之间做出取舍，可根据现场实际情况及负荷重要性等诸多因素灵活选取。例如，根据负载的重要程度，可采用单电源系统单回路或双回路供电，必要时也可采用双电源系统双回路供电。

①高压直流单电源系统双路供电模式。

如图 7-10 所示为高压直流单电源系统双路供电模式，其优点是系统结构简单，建设投资小；缺点是由于服务器双路输入均来自于同一套高压直流电源系统，系统在电源侧存在单点故障瓶颈。

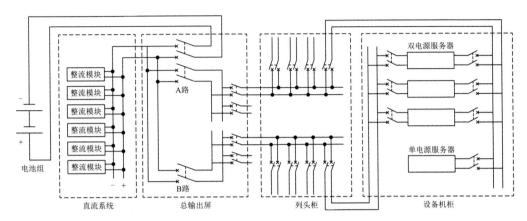

图 7-10　高压直流单电源系统双路供电模式

②高压直流双电源系统双路供电模式。

高压直流双电源系统双路供电模式如图 7-11 所示。与单电源系统双路供电模式相比，双电源系统双路供电模式中，每台列头柜配置的输入电源分别来自 2 套高压直流电源系统，这就消除了系统的单点故障风险，提高了供电的可靠性；缺点是系统配置采用 $2N$ 方式，系统的冗余度较大，建设投资大。

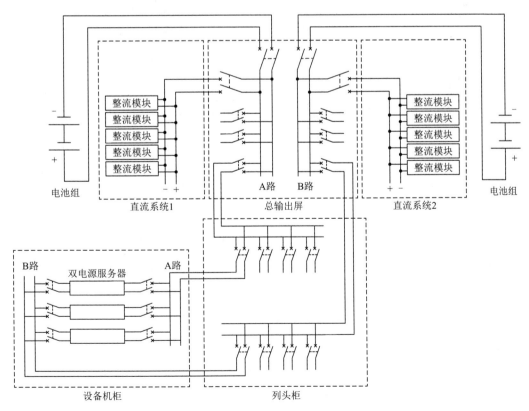

图 7-11　高压直流双电源系统双路供电模式

③市电＋高压直流双路供电模式。

市电＋高压直流双路供电模式如图7-12所示。这种方式采用1路市电电源和1路高压直流电源为负载供电的双路供电形式，消除了系统的单点故障瓶颈，提高了供电的可靠性，且在每个机架内提供了交、直流2路电源，且市电一路无须电能的转换，可最大程度地提高系统效率。

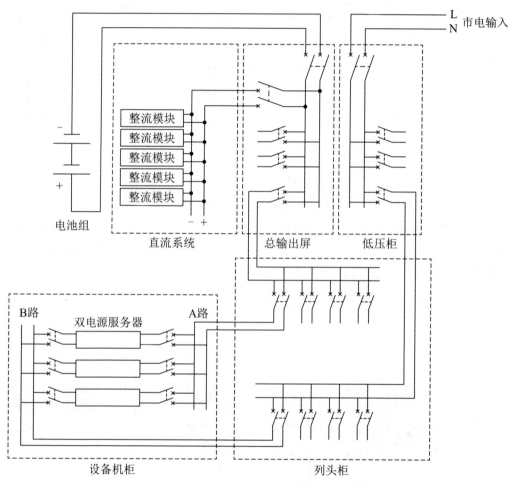

图 7-12 市电＋高压直流双路供电模式

目前新建的互联网数据中心大量采用第三种设计方式，即市电＋高压直流双路供电模式。

7.4.2 交流输入电源

交流输入电源主要包括市电和备用发电机组。高压直流供电系统对交流输入电源的要求具体如下：

（1）系统宜利用市电作为主用电源，应为三相引入，并采用 TN-S 或 TN-C-S 接线方式。

（2）对于数据中心，系统宜采用一类以上市电。

（3）交流输入的要求：

■ 交流输入电压变动范围：三相380V允许变动范围为323～418V（即
-15%～+10%），单相220V允许变动范围为187～242V（即-15%～+10%）。
交流输入电压超出上述范围但不超过额定值的±25%时，系统可降额使用。

■ 输入频率变动范围：50Hz±2.5Hz（±5%）。

■ 输入电压波形失真度：交流输入电压总谐波含量不大于5%时（即$THD_U \leqslant 5\%$），
系统应能正常工作。

（4）系统所在数据中心宜配置Dyn ll接线组别的专用变压器，变压器容量应满足
后期扩容需求，即应满足各种交、直流电源的浮充功率、蓄电池组的充电功率、交流直
供的通信设备功率、保证空调功率、保证照明功率及其他必须保证设备等的功率需求。

（5）系统需配置柴油发电机组作为应急备用电源，其基本容量也应满足后期扩容
需求，并按一类市电供电的要求核实其容量。

7.4.3 安全规定

高压直流供电系统的安全规定具体如下：

（1）系统输出必须采用悬浮方式，系统交流输入应与直流输出电气隔离。

对于高压直流供电系统，如果将一极接地，由于系统的电压远高于人体的安全电压
（42V），当人触及未接地的一极时，触电电流通过大地形成回路，将发生电击事故。因此，
《通信用240V直流供电系统技术要求》明确规定：高压直流供电系统正、负极均不得接地，
应采用对地悬浮（即不接地）的方式；系统的交流输入应与直流输出电气隔离；系统直
流输出回路应全程与大地、机架和外壳保持电气隔离。系统应有明显标识标明系统输出
不能接地。

（2）整流机架、直流配电设备内部的经常性操作区域与非经常性操作区域应设置
隔离装置。设备内交流或直流裸露带电部件应设置适当的外壳、防护挡板、防护门和增
加绝缘包裹等措施。用外壳作防护时，防护等级应不低于GB/T 4208—2017中的外壳
防护等级IP20的规定。

（3）统一系统末端负载的接线标准。

在设计设备机架内部配电时应考虑高压直流的正、负极与IT设备L、N电源线之
间的对应关系。虽然从理论上说，直流系统的正、负极和IT设备的L、N极无须严格
地采用某种对应关系，但是，从管理的规范、运行的安全及维护的方便等方面考虑，应
该统一遵循《通信用240V直流供电系统技术要求》的建议：直流输出"正"极对应于
设备输入电源线的"N"端，直流输出"负"极对应于设备输入电源线的"L"端，设
备输入电源线的"地"端与系统保护地可靠连接。系统直流输出汇流排处应套上区分颜
色标识的热缩套管（正极母线用棕色表示，负极母线用蓝色表示），并在醒目处设置警

告标志。

（4）设备内的器件和材料必须采用阻燃材料。

（5）机房预留孔洞的防火封堵材料和装修材料必须为不燃性材料。

7.4.4 整流设备配置

高压直流供电系统整流设备的配置应遵循下面的原则：

（1）整流设备的容量应按近期负载配置，远期负载增加不大时，可按远期配置。

（2）组合式系统的满架容量应考虑远期负载发展。

（3）单体模块功率根据系统设计容量大小合理选择，模块数量 3 ～ 64 只。

（4）系统的整流模块数量配置按负载电流 $0.1C10$ 的充电电流计算，应按 $N+1$ 冗余方式配置，其中 N 个主用，当 $N \leq 10$ 时，1 只备用；当 $N>10$ 时，每 10 只备用 1 只。

（5）主用整流模块的总容量应按负载电流和电池的均衡充电电流（宜按 10h 率充电电流）之和确定。

（6）每一个整流模块输入应有独立的断路器。

7.4.5 配置建议

高压直流供电系统各组成部分的配置建议具体如下。

1. 交流配电设备的配置建议

交流配电设备的配置建议具体如下：

（1）由市电和备用发电机组组成的交流供电系统在满足数据中心等用电负载要求的前提下，应做到接线简单，操作安全，调度灵活，检修方便。

（2）配电系统中的谐波电压允许限值应符合现行国家标准规定，不满足规定的应进行治理，经治理后总的电压谐波含量应不大于 5%。

（3）交流配电设备应可接入两路交流输入，且应具备切换功能。

（4）系统的交流总输入应采用交流断路器进行保护，每一台整流模块交流输入应有独立的断路器。

（5）交流输入配电设备容量、线缆线径应按远期负载考虑。

2. 直流配电设备的配置建议

直流配电设备的配置建议具体如下：

（1）对于数据中心或其他大型或重要的用电场所，宜采用分散供电方式。

（2）系统的直流配电设备宜按远期负载配置。

（3）分立式系统的直流配电环节宜为三级，组合式系统的直流配电环节宜为两级。

（4）根据负载重要程度的不同，直流配电回路可采用单路或双路配电方式。

（5）直流配电全程电压降应根据蓄电池的放电终止电压与设备的额定工作电压计算确定。

（6）输出全程正负极各级都应安装过流保护器件进行保护，系统的直流输出宜采用直流型断路器及双极过电流保护器件，其耐压范围应与系统电压相适应。

在 $-48V$ 直流供电系统中，由于 48V 电压比较低，灭弧相对容易，所以可使用交流断路器作为保护电器。但是对于 240V 的直流供电系统而言，其电压高，灭弧会困难很多，因此绝不能将交流型断路器用在直流电路上，要选用专门针对直流设计的直流型断路器。

另外，240V 高压直流供电系统的输出正负极均未接地，并且直流电压高，单极的断路器往往达不到这个电压等级的要求，因此两极都应安装开关，通过采用双极开关来分担分断电弧电压。

如果是采用高压直流供电系统对现有的 UPS 系统进行替换，为了安全起见，应将末端设备机架原有 PDU 的交流单极输入空开更换成同容量的双极直流断路器。

（7）当采用熔断器、直流断路器或交直流两用断路器串级保护时，上一级保护装置的额定电流应不小于下一级保护装置额定电流的 1.5 倍以上。

（8）机房直流配电柜、电源列头柜采用双汇流排供电方式时，应设置独立的两路输入总开关，正极和负极应分别采用过电流保护器件。双路输入的机房直流配电柜、电源列头柜可配备可改成单路输入的连接端子，以便能够灵活调整供电方式。

（9）总的直流配电柜、机房配电柜和电源列头柜，如采用熔断器进行过电流保护，则正极、负极的端子不宜相邻并列布放。正负极熔断器宜错开一定距离，按上下分层或水平分组或前后分开布放。

（10）服务器机柜内直流配电单元应采用断路器保护，输入侧和输出侧应采用双极断路器。为负载设备接电有接线端子和插座两种方式，宜采用接线端子。

（11）若网络设备允许，可在网络机架内将高压直流电源变换为 12V 或 48V 直流电源后为网络设备进行供电。

3. 蓄电池组配置建议

蓄电池组配置建议具体如下：

（1）系统的蓄电池宜配置 2 组，最多不宜超过 4 组。

（2）不同厂家、不同容量、不同型号和不同时期的蓄电池组严禁并联使用。

（3）蓄电池单体电压可选 2V、6V、12V，容量为 200A·h（不含）以上的大容量蓄电池宜选用 2V 单体电池。

（4）蓄电池组正极、负极宜采用熔断器作为过电流保护装置，组合式系统应设在组合机架内，分立式系统应设在直流配电屏内。

（5）蓄电池组过电流保护器的容量应满足系统远期负载需求，不得采用带电磁脱扣功能的断路器。

（6）为了便于蓄电池组的日常维护测试和安全，在蓄电池与总配电柜之间的连接电缆靠近蓄电池一侧，宜设置一组负载开关或不带电磁脱扣功能的直流断路器。

4. 绝缘监察配置建议

由于高压直流供电系统不接地，当高压直流供电系统的负载出现故障时，对高压直流供电系统本身的保护及对维护人员的保护就显得非常重要。假如负载甲发生设备负极碰地故障，负载乙发生设备正极碰地故障，此时通过两个故障设备就构成了电源系统的短路故障。更严重的情况是，如果仅在一极发生绝缘降低或碰地，由于没有短路电流流过，断路器不会断开，系统仍能继续运行，若此时有人触摸了另一极或者电池端子，将造成电击事故，有可能造成严重的人身伤亡事故。

为了及时发现这种碰地故障，有必要对系统配置绝缘监察装置，用于监视高压直流供电系统的对地绝缘状况，便于维护人员对供电回路的绝缘故障进行判断、查找和处理，保障人身安全和系统安全。

绝缘监察配置建议具体如下：

（1）绝缘监察装置应具备对总汇流排的对地绝缘状况的在线监测功能，并可对每个支路（包括总配电柜、机房配电柜、电源列头柜的分支路等）的绝缘状况进行在线或非在线监测。

（2）绝缘监察装置应具备与监控模块通信的功能，当系统发生接地故障或绝缘电阻下降到设定值时，应能显示接地极性并及时、可靠地发出告警信息。

（3）对人工坐席用 IT 设备采用高压直流供电时，宜增加针对分支路正负极对地绝缘下降监测的绝缘监察装置。

（4）绝缘电阻告警设定值应在 15 ～ 50kΩ，缺省值为 28kΩ。

（5）绝缘监察装置本身出现异常时不得影响直流回路正常输出带载。

5. 机房布置要求

机房布置要求具体如下：

（1）机房应尽量靠近负载中心，在条件允许的通信局（站），机房宜与通信机房合设。

（2）机房总体工艺要求应符合 YD/T 5003—2010《通信建筑工程设计规范》的规定。

（3）机房内应无爆炸、导电、电磁的尘埃，无腐蚀金属、破坏绝缘的气体，无霉菌。

（4）蓄电池室应选择在无高温、无潮湿、无振动、少灰尘、避免阳光直射的场所。

（5）机房防火要求应符合 GB 50016—2014《建筑设计防火规范》和 GB 50045—95《高层民用建筑设计防火规范》中的相关规定。数据中心机房应安装火灾自动检测和告警装置，并配备与机房相适应的灭火装置。

（6）机房应采取防水措施。

（7）机房楼面的等效均布活荷载，应根据工艺提供的设备重量、底面尺寸、安装排列方式以及建筑结构梁板布置等条件，按内力等值的原则计算确定。机房楼面均布活荷载应满足 YD/T 5003—2010《通信建筑工程设计规范》第 8.2 节的相关规定。

（8）机房应采取防止小动物进入机房内的措施。

7.4.6　数据中心高压直流供电系统的实践

腾讯从 2010 年开始采用高压直流技术，目前存量在用的高压直流供电系统的数量占多数。腾讯第三代数据中心供电系统采用市电 +240V HVDC 系统架构，该架构开启 ECO 模式后的供电效率高达 98%，比双路高压直流系统节能 2% 以上，比传统 UPS 节能 6% 以上。在轻载下节能效果尤为明显，开启 ECO 模式后的高压直流系统在负载为 30% 及以下时，总系统节能高达 10% 以上，这还未算电源系统散热能耗带来的额外节能收益。

通过对腾讯数据中心过去两三年的基础设施事故进行统计，我们发现 UPS 故障发生的次数较多，总发生次数占比达 9%，基本上每年都会发生四五起，UPS 故障导致的服务器掉电恶性事故时有发生。但采用高压直流供电的数据中心，虽然偶尔会有整流模块故障发生，但从来没有因高压直流供电系统故障而导致的服务器掉电事故发生，所以从基础设施故障次数来看，采用高压直流供电的数据中心的可靠性要高于采用 UPS 供电的数据中心。

从基础设施故障导致服务器掉电总数量的层面来分析，高达 41% 的服务器掉电是因为 UPS 故障，虽然 UPS 故障发生次数占比仅为 9%，但其中某次 UPS 故障就导致了上千台服务器掉电，故障波及面非常大。因为高压直流供电机房没有出现过因为高压直流供电系统问题导致的服务器掉电事故，所以从这个层面上看，受高压直流供电系统故障影响的服务器数量为零，采用高压直流供电的数据中心在可靠性方面有了非常大的提升。

7.5　巴拿马电源（10kV AC 直转 240V DC）简介

2019 年 11 月 20 日，在北京国家会议中心举办的 2019 年度数据中心标准峰会上，阿里巴巴联合中恒电气、台达正式推出面向 IDC 应用的最新供电技术——巴拿马电源，这是数据中心领域的又一个重要技术进展和里程碑，彻底颠覆传统 IDC 从市电引到终端设备之间多级转换分配的架构。

7.5.1　什么是巴拿马电源

1914 年巴拿马运河开凿完成，极大地缩短了太平洋和大西洋之间的航程，被誉为"世界七大工程奇迹之一"和"世界桥梁"，由此，巴拿马也成为高效、快速的代名词。与之相对应，巴拿马电源是指可以从中压 10kV 交流（AC）直接转换到 240V 直流（DC）（或 336V DC）的电源系统，该系统让供电传输一步到位，更加高效可靠。

巴拿马电源系统推动数据中心配电技术向着预制化、一体化的方向快速迭代，是数据中心行业的一体化高效、高可靠直流不间断电源解决方案，是新一代一体化直流不间断电源，它重新定义了 10kV AC—240V DC 供电链路，省去传统低压配电环节，容量最高可达 2.5MW，可实现高可靠和低成本的目标。据悉，巴拿马电源现已成功应用于浙江阿里某数据中心及江苏阿里某数据中心。图 7-13 展示了阿里巴巴数据中心三代供电系统的演化进程。

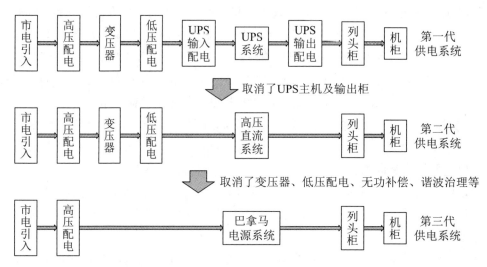

图 7-13　阿里巴巴数据中心三代供电系统的演化进程

7.5.2　巴拿马电源的工作原理和组成结构

大部分 IT 设备的元器件都是直流电源供电，在供电系统为交流电源的环境下，IT 设备都有将交流电源转化为直流电源的整流装置，如图 7-14 所示。

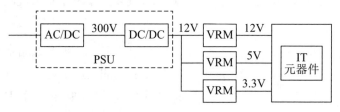

图 7-14　IT 设备的电源系统

由传统的 UPS 作为电源的供电系统如图 7-15 所示。该系统存在两次将交流整流为直流和一次将直流逆变为交流的转换过程，每一次转换都会造成电源能量损失，因此系统效率有一定的下降。

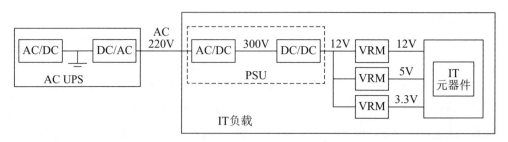

图 7-15　传统的 UPS 供电系统

为了提高效率和降低能量损失，可省去一级直流变交流和一级交流变直流的变换，直接将400V交流变为240V或336V直流，然后直接输入到IT负载，如图7-16所示。

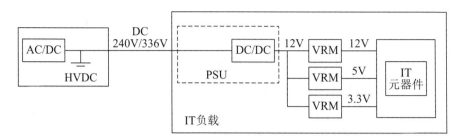

图7-16 省去两级变换的HVDC供电系统

随着数据中心的建设规模越来越大，电力容量的需求也越来越大，需要提高供电的电压等级来满足容量需求。因此，出现了高压直流电源HVDC，即通过降压变压器将中高压交流电源降压到交流380V后，再由HVDC为服务器等供电。HVDC只通过一次整流将交流电源整流为直流电源：

AC 10kV → 变压（AC 10kV/AC 0.4kV）→ AC/DC → IT元器件 DC

但变压器在降压的过程中也伴随着能量的损失，为此，可将降压和整流这两个环节合二为一来提高系统效率，即只通过一次整流变压，将10kV变为HVDC的电压等级：

AC 10kV → 整流变压（AC 10kV/DC 240V）→ IT元器件 DC

这就是阿里巴巴提出的巴拿马电源方案，该方案利用多脉波变压器将中高压电源AC 10kV直接降压整流为直流电源DC 240V，将中压配电柜、变压器、HVDC等设备高度集成化，便形成巴拿马电源，如图7-17所示，这种电源方案减少了设备的占地面积，省去了低压分配和电缆连接等环节，进一步提高了系统效率。

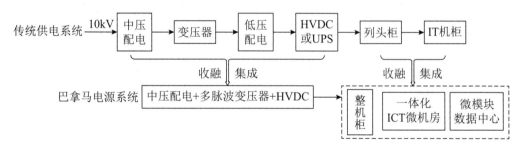

图7-17 巴拿马电源系统图示

7.5.3 对巴拿马电源的评价

巴拿马电源的核心是多脉波变压器，其实质是整流变压器。在民用领域常用的是电力变压器，而在需要大容量直流电源的工业领域常用到整流变压器。所以从技术成熟度的角度看，该方案应用的产品技术是相对成熟的，其整体方案与常规的HVDC方案变化不大，仅为变配电设备的高度集成化。

1. 巴拿马电源的优势

巴拿马电源具有如下优势：

- 系统构架简洁、模块化设计，高可靠、易维护；
- 效率高达98.5%（全球第一），可提升机房效率3%，损耗降低66%；
- 占地面积减少50%，有效提升机房利用率；
- 低成本的管理供应商，供配电总投资成本减少20%以上；
- 数据中心工程产品化，大幅降低供应商管理成本，提高系统部署效率。

2. 巴拿马电源的缺点

巴拿马电源存在以下几方面缺点：

（1）可靠性问题。

巴拿马电源含有大量的整流设备，结构比较复杂，其可靠性比传统的高低压配电设备和传统的整流设备（开关电源）低，使用年限在10年左右。

（2）通风散热问题。

巴拿马电源是将传统分散式的降压和整流设备集中到一个设备中，除了普通干式变压器铁芯绕组产生的热量外，还有大量整流设备也会产生热量，因此其通风量和散热量需要经过详细计算来相互匹配。另外，这些设备产生的热量对配电室室内环境的影响应该是显著的，常规的空调选型应该满足不了设备的热交换量。

（3）谐波问题。

谐波是指对周期性非正弦交流量进行傅里叶级数分解所得到的大于基波频率整数倍的各次分量，通常称为高次谐波，而基波是指其频率与工频（50Hz）相同的分量。常见的谐波源主要有换流设备、电弧炉、铁芯设备、照明设备等非线性电气设备。

换流器利用整流元件的导通、截止特性来强行接通和切断电流，由此便会产生谐波电流。一般来说，多相换流设备是电力系统中数量最大的谐波源，这种设备主要包括整流器（交流-直流）、逆变器（交流-直流-交流）、变频器（交流-直流-交流）等，例如三相6脉冲整流器所产生的主要是5次和7次谐波，而三相12脉冲整流器所产生的主要是11次和13次谐波。高次谐波对电网和设备都会造成较大危害。

巴拿马电源采用的大量整流设备会不可避免地产生谐波分量，且谐波分量产生在10kV侧。当采用数量较多的巴拿马电源时，由于谐波分量的叠加对10kV侧供电系统造成的污染是不可忽视的，这就将低压侧的谐波治理问题转移到了高压侧，相应地会增加这部分投资成本，也会增加与电力部门沟通协调的难度。如何在高压侧治理谐波问题、采用何种产品、产品价格是否超出预算、产品如何使用、运行是否稳定可靠是随之产生的一系列问题。

3. 总结

从理论上讲，巴拿马电源方案能够提高系统的效率，减少产品间的协调需求和设计、施工难度，减少使用面积，可以提高出柜率，是数据中心从传统配电设备发展为数据中心专有设备的升级。

巴拿马电源从产品推出到案例使用刚走过两三年的时间，其原理结构是否科学，产品架构、设计理念是否先进，产品性能是否安全可靠，这些都需要相当长时间的实践检验。而且，由于现实中供电系统受当地电力部门的审核，该方案在实施过程中需要增加与电力部门的沟通协调。

习题

1. 简述高压直流的技术原理。

2. 简述 240V HVDC 系统的组成。

3. 在当前应用中，可将直流 UPS 混称为高压直流 HVDC，因为两者都是输出 240V 直流不间断电压。同交流供电相比，高压直流 HVDC 有什么优点？

4. 240V 高压直流 HVDC 的供电结构有哪几种？

5. 什么是巴拿马电源？简述其工作原理和组成结构。

第 8 章 UPS 的操作、维护与保养

在数据中心中，UPS 是保证 IT 负载和其他重要负载不停电运行的最重要的电源设备。UPS 的设计、选型、厂商选择和安装调试是确保 UPS 供电系统安全、合理的首要环节，而 UPS 的操作、维护和保养则是 UPS 供电系统安全可靠运行的重要保障，它是伴随整个 UPS 生命周期的工作。在实际工作过程中，要熟练掌握 UPS 的操作方法和操作要领，确保不会因操作失误带来人为的停电事故。此外，要掌握正确的维护保养方法，降低 UPS 的故障率，提高 UPS 的利用率，以减少设备重复投资的概率，提升经济效益。

8.1 UPS 的运行操作

由于一般负载在启动瞬间存在冲击电流，虽然 UPS 内部功率元件都有一定的安全工作区，但如果冲击电流过大，还是会缩短元器件的使用寿命，甚至造成元器件的损坏。因此在使用 UPS 时，应尽量减少冲击电流带来的影响。一般来讲，UPS 在旁路工作时抗冲击能力较强，因此可利用这一特点，在开机时采用以下方式进行：先送市电给 UPS，使其处于空载工作状态，再依次增加负载，先加冲击电流较小的负载，再加冲击电流较大的负载，然后再将 UPS 转为整流逆变工作模式。

注意，在开机时千万不能带所有的负载同时开机，一般情况下也不要带载开机。

关机时，先逐个关断负载，再将 UPS 转为旁路工作模式，保持蓄电池组的浮充充电状态。如果不需要 UPS 投入，可将 UPS 关机，再将输入市电断开即可。

不同厂商、不同品牌甚至不同型号的 UPS 的操作都不尽相同，本节分别以工频机型 UPS 爱克赛 9315 和高频机型 UPS 施耐德 MGE Galaxy 7000 为例介绍 UPS 的操作方法。

8.1.1 爱克赛（Powerware）9315

爱克赛 9315 系列 UPS 属于工频机型。美国爱克赛 UPS 是在 1972 年随尼克松总统访华开始走进中国的，其开创了 UPS 在中国应用的先河。作为曾经的世界最大的 UPS 供应商之一，爱克赛可以说是行业的百年科技结晶和网络时代的领袖，2004 年被美国伊顿公司收购。

小知识 ▶

　　在伊顿电气集团发展的百年历史中，一些关键的收购行为对伊顿电气的业务成长至关重要。1994年收购西屋电气部分业务，2004年收购美国Powerware公司（爱克赛），2008年收购德国穆勒集团（Moeller）和飞瑞股份有限公司（山特UPS的母公司），2012年收购库柏工业集团（Cooper）等，伊顿电气逐渐成长为全球电气行业的领军品牌之一。

　　图8-1为爱克赛9315 200-300kVA UPS的外观，不同容量的UPS的外观和体积有所不同。

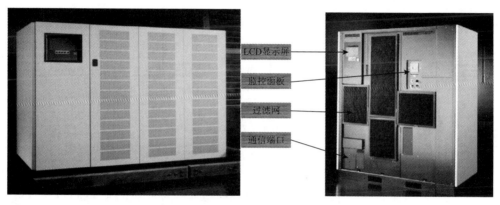

图8-1　爱克赛9315 UPS

1. 爱克赛9315 UPS的监控面板

　　爱克赛9315 UPS的监控面板由LCD液晶显示屏、操作按键、状态指示灯和紧急停机按键组成，如图8-2所示。

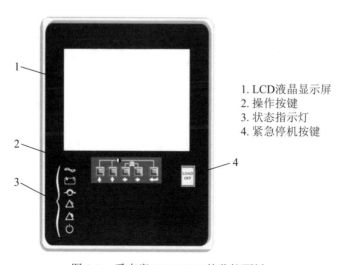

1. LCD液晶显示屏
2. 操作按键
3. 状态指示灯
4. 紧急停机按键

图8-2　爱克赛9315 UPS的监控面板

1）LCD 液晶显示屏

LCD 液晶显示屏提供人机交互界面，可以显示 UPS 的工作状态和历史记录，对巡检员和从事基础运维的人员来讲，显示屏是查看 UPS 运行数据、运行状态的重要途径。爱克赛 9315UPS 的液晶显示屏如图 8-3 所示，各品牌 UPS 的显示屏不尽相同，但可以此作为学习参考。

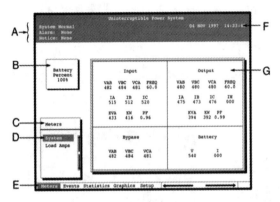

（a）液晶显示屏各功能区　　　　　　　　　（b）负载电流

图 8-3　爱克赛 9315 UPS 的液晶显示屏

在图 8-3（a）中，A 为状态显示区，显示系统是否正常、有无告警等。B 区显示的是蓄电池的可用容量。E 区是显示屏的菜单栏，通过操作图 8-2 中的"操作按键"可以选择不同的选项，据此查看相应的内容。例如，当前屏幕显示的是 System（系统）的 Meters（测量值），如图 8-3（a）的 G 区中所示，此时 G 区显示的是 UPS 的重要运行数据，包括输入电压、电流、功率以及输出电压、电流、功率、蓄电池电压等。如果选择 Load Amps，则会显示负载电流的大小，如图 8-3（b）所示。

在 E 区中选择 Events（事件）可以查看 UPS 的告警信息，包括 History（历史告警信息）和 Active（当前告警信息），这是分析掌握 UPS 的运行状态和进行故障处理的重要依据，如图 8-4 所示。

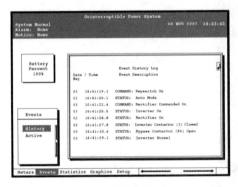
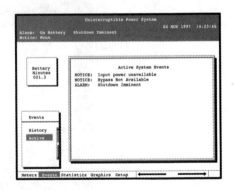

（a）历史告警信息　　　　　　　　　（b）当前告警信息

图 8-4　UPS 的告警信息

在实际工作中，需要经常查看和进行运行数据记录的就是 E 区的 Meters 和 Events

这两个选项中的内容。

2）状态指示灯

爱克赛 9315 UPS 的监控面板左下一列为背光显示的状态指示灯，可以直观地指示 UPS 的当前工作状态。各符号及含义如图 8-5 所示。

· 正常
绿灯亮 UPS工作于正常模式，并已向负载供电

· 电池
黄灯亮 UPS工作在电池模式，正常指示灯也亮

· 旁路
黄灯亮 UPS工作在旁路模式，正常指示灯熄灭

· 提示
黄灯亮 表示需要注意，有些伴有蜂鸣声

· 告警
红灯亮 表示有需要立即处理的情况。
所有告警均伴有蜂鸣声

· 后备
黄灯亮 在UPS启动和关机过程中此灯亮

图 8-5 爱克赛 9315 UPS 的状态指示灯

3）操作按键

如图 8-6 所示为爱克赛 9315 UPS 的操作按键。在监控面板上对显示屏执行相关操作时，需根据箭头指示的方向，通过各按键来完成选项的选定，最右侧的键为确认键。当 UPS 出现提示或告警时，可同时按下←和→键来消除告警或提示的蜂鸣音。

图 8-6 爱克赛 9315 UPS 的操作按键

4）紧急停机按键

紧急停机按键为一红色按钮，由一透明的塑料盖遮挡保护，防止误操作造成停机。遇到紧急情况时，可以快速按下监控面板上的红色按钮，将 UPS 关机，此时所带的受保护的负载失电。

2. 爱克赛 9315 UPS 的工作模式切换操作

在 UPS 的运行过程中，UPS 不断地监测其自身状态及输入市电的质量，通过内部精确的检测和数字逻辑控制在正常模式、电池模式、旁路模式之间自动进行切换，以保证 UPS 安全运行，为负载提供不间断电源。UPS 的工作模式切换情况具体如下：

（1）如果输入交流市电中断或超出指标范围，UPS 将自动切换至电池模式，以保证对关键负载的不间断供电。系统能够支持的后备时间由负载情况和电池容量决定，当蓄电池放电时间接近后备时间的某一值时，将转为旁路模式。当市电恢复正常时，UPS 会自动切换回正常模式。

（2）如果出现逆变器过载，UPS 将切换至旁路工作模式，当故障情况得以清除后，UPS 自动切换回正常模式，系统操作恢复正常指示。

（3）如果 UPS 出现内部故障，UPS 将自动切换至旁路模式，直至内部故障被消除并重新投入使用。

当进行蓄电池放电试验或者对 UPS 进行停电维护时，则需手动改变 UPS 的工作模式，以适应工作需要。当然，在 UPS 新安装后的运行测试或者维修维护后的运行测试中，也需要手动切换其各种工作模式，以保证测试过程的完整和测试结论正确。

爱克赛 9315 UPS 的工作模式切换操作主要通过控制面板来完成，打开监控面板所在柜体的右侧柜体的前门可以看见控制面板，如图 8-7 所示。

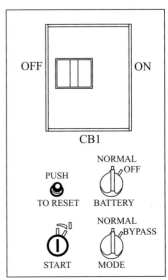

图 8-7 爱克赛 9315 UPS 的控制面板

爱克赛 9315 UPS 的工作模式切换操作具体如下。

（1）启动 UPS 至正常运行模式（整流 / 逆变模式）的操作：

■ 闭合 UPS 输入配电柜上的主输入断路器。

■ 确认 PUSH TO RESET 按钮是否按下。若没有，先按下该按钮。

■ 将 BATTERY 旋钮开关转到 NORMAL 位置。

■ 将 MODE 旋钮开关转到 NORMAL 位置。

■ 将 CB1 开关置于 ON 的位置。

■ 向右转动 START 开关上的钥匙，并保持片刻（约 3S 后松开）。

■ 整流器和逆变器相继启动，完成 UPS 的启动，为负载提供 UPS 电源。这一过程持续时间小于 1min。

■ 闭合电池柜上的断路器。

（2）从正常运行模式关机的操作：

■ 将 MODE 旋钮开关转到 BYPASS 位置，此时 UPS 转为旁路供电模式，LCD 液晶显示屏上显示 "On Bypass"。

■ 将 CB1 开关置于 OFF 的位置。

此时 UPS 转到旁路给负载供电（监控面板上"旁路"黄色指示灯亮），可对内部电路（除静态旁路外）进行检测维护或维修。

（3）从正常运行模式切换到旁路工作模式（主路转旁路）的操作：

■ 将 MODE 旋钮开关转到 BYPASS 位置。

■ 向右转动 START 开关上的钥匙，并保持片刻（约 3S 后松开）。

转换完成后，监控面板上"旁路"黄色指示灯亮，关键负载失去保护，由市电提供电源。

（4）从旁路工作模式切换回正常运行模式（旁路转主路）的操作：

■ 将MODE旋钮开关转到NORMAL位置。

■ 向右转动START开关上的钥匙，并保持片刻（约3S后松开）。

进行转换完成后，监控面板上"正常"绿色指示灯亮。

（5）进行蓄电池放电试验（负载不停电）的操作：

将控制面板上的CB1开关置于OFF位置，UPS转入电池放电状态，在监控面板上监视蓄电池的电压电流情况。当电池放电电压达到电池工作容限的下限值时，如果旁路电源在可使用范围内，UPS将切换至旁路模式继续对关键负载供电。如果旁路输入不在使用范围内，将出现一个"关断迫近"（Shutdown Imminent）的警告。根据电池容量及负载大小，警告大约在关键负载掉电前2min出现。如果输入电源恢复至正常指标范围之内，UPS可自动切换回正常模式，同时报警指示清除。但返回正常模式的过程不是瞬时的，整流器需逐步从输入市电汲取电源，最终达到正常运行模式。

（6）由蓄电池放电模式转为正常运行模式的操作：

将控制面板上的CB1开关置于ON位置。

（7）从正常运行模式切换到维修旁路的操作：

对UPS进行维护、检修和维修时，需将UPS停机或者将其转为维修旁路工作模式，严禁对运行中的UPS进行上述操作。

如图8-8所示，首先参照前面给出的操作步骤将UPS转为旁路工作模式，然后断开主输入开关，合上维修旁路开关，然后断开旁路开关和输出开关，此时负载由维修旁路的市电提供电源。

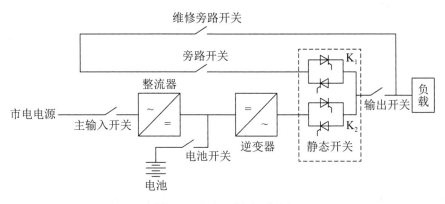

图8-8 UPS工作原理框图

8.1.2 施耐德MGE Galaxy 7000 UPS

MGE Galaxy 7000 UPS是施耐德电气公司旗下APC公司的产品，属于高频机型，其系统原理框图如图8-9所示，控制面板如图8-10所示。

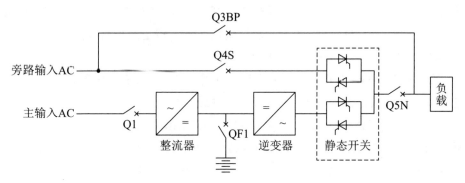

图 8-9　MGE Galaxy 7000 UPS 的系统原理框图

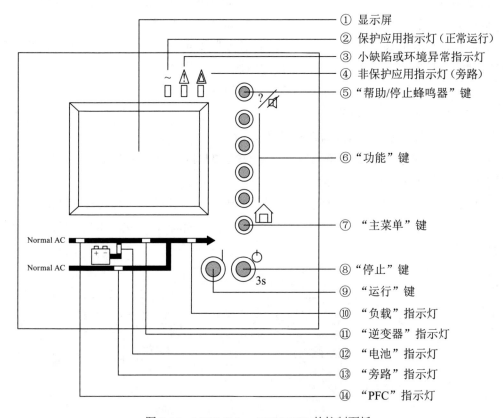

图 8-10　MGE Galaxy 7000 UPS 的控制面板

1. 首次使用 MGE Galaxy 7000 UPS 的开机步骤

开机前，MGE Galaxy 7000 UPS 的各开关状态如表 8-1 所示。

表 8-1　MGE Galaxy 7000 UPS 开机前各开关状态

Q1（主输入）	Q4S（旁路）	Q3BP（维修旁路）	Q5N（输出）	QF1（电池）
OFF	OFF	ON	OFF	OFF

对照图 8-9 和图 8-10，执行以下步骤：

（1）闭合 UPS 输入配电柜上相应的"主输入"及"旁路输入"断路器。

（2）在 UPS 上，闭合 Q4S 开关（指向 ON 的位置）。

（3）闭合 Q5N 开关（指向 ON 的位置）。确认负载供电正常。

（4）检查控制面板上的"旁路"指示灯⑬呈绿色。

（5）断开 Q3BP 开关（指向 OFF 的位置）。

（6）闭合 Q1 开关（指向 ON 的位置）。等待控制面板上的"PFC"指示灯⑭呈绿色。

（7）闭合电池柜上的断路器 QF1（指向 ON 的位置）。

（8）按下控制面板上的"运行"键⑨。负载处于被保护状态（即 UPS 处于逆变器模式）。"PFC"指示灯⑭、"逆变器"指示灯⑪和"负载"指示灯⑩应呈绿色。

2. 由负载受保护的运行模式（逆变器模式）切换到维修旁路工作模式

由负载受保护的运行模式切换到维修旁路工作模式的过程包含了主路转旁路操作，具体步骤如下：

（1）按下控制面板上的"停止"键⑧持续 3s。（或者按下"主菜单"键⑦，查看显示屏，通过"功能"键⑥在主菜单中选择"命令"—"将负载切换到旁路交流电源"选项。）此时负载由交流旁路电源（市电）供电并不再受到保护。

（2）将断路器 QF1 调到 OFF 位置。电池不再保持供电状态。

（3）打开柜门，将 Q3BP 开关闭合（调至 ON 位置）。

（4）将 Q5N 开关断开（调至 OFF 位置）。

（5）将 Q1 开关断开（调至 OFF 位置）。

（6）将 Q4S 开关断开（调到 OFF 位置）。此时负载由交流维修旁路电源供电。

在切换操作过程中，需对照原理图严格遵守操作步骤，杜绝出现 Q3BP、Q1 和 Q5N 同时闭合的情况。

3. 将 UPS 重新切换到交流市电电源

操作步骤同 1 中的开机步骤相同。

与爱克赛 9315 UPS 不同的是，MGE Galaxy 7000 UPS 的工作模式切换操作（例如主路转旁路、进行蓄电池放电试验等）除了可以通过改变各开关的工作状态来完成外，还可以通过控制面板上的菜单来完成。这也符合电子电器设备的发展趋势。在进行 UPS 的各种操作时，由于不同的 UPS 厂商的产品外观、人机操作界面及控制面板等不尽相同，因此需结合 UPS 的工作原理框图，并严格按照 UPS 厂商给出的操作步骤来进行。

在进行 UPS 工作模式切换操作时，需注意以下操作事项：

■　开机时注意屏幕上参数的变化、指示灯的显示状态和变化情况以及 UPS 内部继电器吸合的声音变化情况。

■　正常关机时指示灯的变化情况及内部继电器吸合的声音变化情况。

■　转电池模式时密切关注电池参数的变化情况，特别是电压的下降情况。

■　转旁路时先注意旁路是否有电源，以免转换失败。

小知识 ▶

　　施耐德电气有限公司作为全球电力与控制专家，拥有三大国际著名品牌，即梅兰日兰（1992 收购）、美商实快电力（Square-D）（1991 年收购）和 TE 申器（Telemecanique）（1988 年收购），2007 年，其又完成了对美国电力转换公司（APC）的收购。APC 与梅兰日兰（MGE）合并后组成了施耐德的信息技术事业部，更名为 APC by Schneider，成为关键设备供电与制冷服务市场的全球领导厂商。在 UPS 电源产品这方面，施耐德现在保留的是梅兰日兰的大机部分和 APC 的小机部分，统一使用 APC 这一品牌名称，通常被称为施耐德 APC UPS 电源或 APC UPS，梅兰日兰的三相 UPS 电源系列现发展为 APC Galaxy UPS 电源系列。梅兰日兰的小机部分后来被伊顿收购，现在用的是伊顿这一品牌名称。

　　艾默生 UPS 是与伊顿和施耐德齐名的 UPS 国际厂商。艾默生网络能源有限公司是全球领先的关键基础设施技术及全生命周期服务供应商，为信息技术及电信技术体系服务。2016 年 12 月 1 日，艾默生宣布将网络能源业务出售给白金私募基金公司，同时，艾默生网络能源有限公司正式更名为 Vertiv（维谛技术），其总部位于美国，现在 Vertiv 是为数据中心、通信网络、商业和工业环境等领域提供关键基础设施保障技术的全球供应商。

8.1.3　ECO工作模式

　　ECO 模式的字面意思就是节能环保（Economy），是 UPS 电源中最有优势的技术之一。为了响应国家发展战略和双碳目标，UPS 电源的各个厂商相继推出有 ECO 功能的 UPS 电源。ECO 模式是让 UPS 在减少电源保护的情况下运行的一种方式，目的是提高用电效率和节能。虽然是在线式，但并不是始终由 UPS 逆变器带载，当市电品质优异时，UPS 主机系统通过旁路 EMC 滤波输出向负载供电，逆变器待机空转，减少无用热量的产生，因而可以提高效率；当市电电压或频率超出一定范围时，UPS 转为双变换工作模式。但是这种模式不够稳定，例如，一旦市电突然扰动而负载来不及切回逆变器供电，就可能引起负载断电而造成损失。由于电网电压的瞬时变化是经常发生的，因此 ECO 工作模式确实存在隐患。

　　ECO 模式的优点是旁路的效率一般为 98% ～ 99%，而常用的高频机型 UPS 的效率为 94% ～ 97%。也就是说，当使用 ECO 模式时，UPS 的效率将提高 2% 至 5%。以节能 3.3% 为例，如果是 1MW 的数据中心且在 50% 负载运行，每年将可节省 10 000 美元。采用 ECO 模式的代价是 IT 负载接入市电供电，而没有经过 UPS 调节。UPS 必须不断监控市电输入，并在发现问题且该问题尚未影响到关键负载时，迅速切换到 UPS 的逆变器。

　　客观来说，ECO 模式在并机 UPS 系统中大有用武之地。ECO 模式可以节能，尽管节能量非常小。此外，这种节能是以牺牲一定程度的电源保护和可靠性为代价的。少数数据中心业主认为，为了节能值得承担这些风险和问题，而绝大多数的数据中心运营商仍以保证可用性为首要目标。

8.2　UPS 的维护与保养

在正确使用的基础上，需要对 UPS 进行定期维护与保养，以保证 UPS 的可靠运行并延长其使用寿命。

UPS 等设备的维护主要包括周期性检修、预防性维护和预测性维护三种。

周期性检修是防止发生重大意外故障的维护方法，此方法根据故障或中断历史，主动停止使用某一 UPS 设备或其子系统，然后对其进行拆卸、修理、更换零件、重新装配并恢复使用，实际上就是我们以前所称的"大修"。可以看出，周期性检修是预防性维护的方法之一。大修多用于柴油发电机组，在 UPS 的运维周期中一般较少采用。

预防性维护是为了消除设备失效和非计划性生产中断的原因而策划的定期活动，是基于时间的有计划进行的周期性检验和检修。对于 UPS 等数据中心的关键基础设施而言，要立足于预防性维护，将设备故障消灭在萌芽状态。

预测性维护也可称为预见性维护，是通过对 UPS 设备的状况实施周期性或持续监视来评价在役设备状况的一种方法或一套技术，以便预测应当进行维护的具体时间。例如下面将要讲到的对蓄电池、风扇等的维护多属于预测性维护的范畴。

8.2.1　UPS维护保养的目的

对 UPS 进行的维护保养立足于预防性维护，主要有以下几个目的：

（1）UPS 工作状况检查：主要检查 UPS 的各项功能参数是否在正常范围内。

（2）蓄电池功能测试：对不同负载率与不同生命周期的蓄电池进行放电测试，以确定蓄电池组容量及其中的单只蓄电池是否正常。

（3）现场错误纠正：通过检查测试判断 UPS 的工作参数是否正常，制定解决方案。

（4）查找故障隐患：查找现场存在的故障隐患，及时解决。

8.2.2　UPS维护保养的原则

UPS 的维护保养应遵照以下原则进行，以便使 UPS 始终保持良好的工作状态。

1. 安全第一

每次进行电源系统维护时，要遵循保人身、保供电、保设备的总体原则，因此，当处理UPS（或数据中心的任何电力系统）时，确保安全是首要考虑的问题，包括遵守设备制造商的建议，注重设施特殊的细节和标准的安全指引等。如果对于UPS系统的某些方面不熟悉，或不知道如何对其进行维护，则需找专业人士寻求帮助。即使了解数据中心的UPS系统，仍然有必要寻求相应的外界援助，以便在涉及某些潜在问题时能有头脑冷静的人给予帮助，确保安全。

2. 坚持定期维护

考虑到UPS潜在的停机时间成本，对于数据中心的UPS系统应定期进行维护（以年、半年或规定的时间框架为单位），并坚持贯彻这一维护计划。可按照MOP文件的要求进行。

3. 做好详细记录

除了安排好定期的维护计划外，数据中心还应该有一份详细的维修记录，以及在巡检过程中发现的相关设备的具体状况。当需要向数据中心的领导汇报维护成本或每次停机时间所造成的成本损失时，进行成本跟踪也是非常有益的。一份详细的任务清单（如检查电池腐蚀情况等）有助于维持一个有秩序的维护方法。当进行设备更换、不定期的维修和UPS故障排除时，所有这些文档都可以提供帮助。这些文档应该放在一个方便得到且大家都知道的位置。

4. 执行定期检查

对于UPS系统，需要由熟悉UPS操作的工作人员定期执行某些任务（这些工作人员应该具备关于UPS的基本知识）。这些重要的UPS维护工作包括以下几个方面：

（1）围绕UPS和电池（或其他能量存储设备）进行的障碍物和相关冷却设备方面的检查。

（2）确保没有发生运行异常，或UPS显示控制面板没有发出任何类似于过载或电池电量即将耗尽的警报。

（3）注意查看电池腐蚀或其他缺陷的迹象。在某些情况下，应该严格履行设备制造商的维护建议。

5. 接受可能发生的运行失败的状况

任何具有有限故障概率的设备，最终都会发生运行失败的状况。关键的UPS部件（如电池和电容器）不可能始终保持正常使用状态。所以，即使供电部门提供了完美的动力，UPS机房是完全干净的，并且UPS设备是在适当温度的理想情况下运行的，相关组件仍然会发生运行失败的状况。正因为如此，才需要对UPS系统进行维护。

6. 明确相关服务和维护的响应对象

在日常巡检的过程中发现的某些问题不能等到下次维护的时候才解决。在发生这些情况时，要确保知道联系谁能够处理，这样可以节省大量的时间和精力。这意味着数据中心必须确定一家或几家固定的服务提供商，在需要时由他们提供帮助。

7. 进行任务分配

为了避免责任不明晰而发生混乱，务必确保安排合适的专门人员负责 UPS 的维护任务。

8.2.3　UPS维护保养的常用仪器、仪表和工具

在 UPS 的维护保养工作中，需借助各种仪器、仪表和工具，在实际工作中要注意区分和辨认，并熟练运行。具体如下所述。

- 常用工具：组套工具、螺丝批、扳手等。
- 常用仪器、仪表：示波器、数字万用表、电流表、红外线测温仪或热成像仪、电池内阻测试仪。
- 安全防护工具：安全帽、安全鞋、绝缘手套、护目镜等。
- 特殊工具：力矩扳手、电能质量测试仪等。

8.2.4　UPS维护保养的内容

UPS 主机现场应放置操作指南，用于指导现场操作。对于 UPS 的各项参数设置信息，应全面记录、妥善归档保存并及时更新。UPS 的维护保养内容主要包括对 UPS 工作环境的检查以及对 UPS 自身运行状况的检查两部分。在巡视检查中，要严格遵守安全规定，遵守维护操作流程 MOP，发现问题要及时汇报并做好记录。在平时的工作中，要结合巡视检查的情况及出现的问题，评估系统或设备的状况，及时提出整改意见或确保 UPS 安全运行的建议。

1. UPS 室检查

UPS 室的检查内容具体包括：

- 检查是否有障碍物妨碍设备、控制面板的接触。
- 检查是否有障碍物影响房间的通风，房间的进风口和出风口是否通畅。
- 检查 UPS 机柜和辅助柜的接地线是否可靠连接。
- 检查房间温湿度是否符合要求。
- 检查消防设施是否完好并在位。
- 检查机房内是否有异味。
- 雨季到来之前要检查机房的防雨防汛情况，检查避雷设施和接地情况是否良好。

2. UPS外观检查

UPS外观检查的内容具体包括：

- 检查UPS的所有门板是否正常，面板按键是否可以使用。
- 检查设备的噪声和振动是否有变化。
- 检查电路板模块是否氧化。
- 检查板件和模块之间的连接（包括扁平线）绝缘是否破损，连接是否牢固可靠。
- 检查电缆连接处及断路器有无热点（可使用热成像仪或测温仪）。
- 检查UPS表面及其内部电路板是否有累积的灰尘，如果积尘较严重，应有计划地进行清洁（除尘）。
- 检查UPS是否有告警。检查UPS的告警历史记录。
- 记录UPS的运行状态和运行数据。

3. UPS日常维护保养内容——除尘

灰尘会使UPS的机械部件和开关部件产生故障，易造成通风口堵塞，板件上的灰尘可能会提高设备的工作温度，影响设备的可靠性。灰尘会降低设备的绝缘程度，造成线路板元器件引脚间的短路。

简单的除尘包括清扫沉积的灰尘和浮动的灰尘，以保持设备外观的干净。除尘时，需将UPS转换为维修旁路工作模式，可用刷子或吸尘器来清扫灰尘。如果有油污或其他不易清除的污渍，则需专业的厂家工程师提供清洁服务。

4. 蓄电池检查

蓄电池一般安放在单独的房间，并安装空调和通风设施，确保蓄电池工作在良好的环境条件下，有利于延长其寿命和保证放电能力。蓄电池检查包括以下几个方面。

1）环境检查

环境检查的内容具体包括：

- 测量和记录房间的温湿度，房间温度宜保持在25℃左右。
- 检查房间是否漏雨漏水，地板是否有积水。
- 检查房间通风情况。
- 检查消防设施是否完好并在位。

2）蓄电池外观检查

蓄电池外观检查的内容具体包括：

- 检查蓄电池外观是否有鼓包、变形和漏液。
- 检查蓄电池接线端子是否有氧化腐蚀、爬酸、渗液或烧坏现象。
- 使用热成像仪检查蓄电池组整组电池是否有热点。
- 检查蓄电池的摆放是否满足如下条件：任意两个裸露的带电端子都不会因为不注意而同时碰上；蓄电池连接方式满足要求；蓄电池端子上加装绝缘套（视端

子情形而定）。

■ 如果在装机时使用了一组电池，在更换时最好改为两组并联，单组电池最多不要超过 5 组。

3）电压、内阻的监测

一般铅酸蓄电池的真正寿命为其理论额定寿命的 60% 以下，在实际工作中，要监测蓄电池的电压和内阻，以判断其寿命情况，对于不能满足放电容量及时间的蓄电池要及时进行更换。

数据中心的蓄电池数量庞大，一般都在电池室安装了蓄电池监测系统，实时在线监测每块蓄电池的电压和内阻。在巡检时，要注意检查监测系统是否有告警信息，对于告警信息要做好记录，并分析告警原因，找出落后电池。

4）蓄电池绝缘性检查

断开蓄电池断路器，测量蓄电池正负极对蓄电池架（柜）的绝缘性。

5）定期充放电试验

对蓄电池进行定期充放电试验是维护蓄电池、确保其性能的一项重要工作。

5. 数据中心 UPS 的日常巡检

日常巡视保养工作的主要目的与周期具体如下：

■ 了解 UPS 的日常工作状况。

■ 尽早发现运行异常。

■ 确保 UPS 正常工作。

■ 巡检周期：每天 2 次，或根据实际工作需要和安排确定巡检频次。

日常巡检的具体内容包括：

■ 环境检查。

■ 场地清洁，UPS 外观检查。

■ UPS 运行数据记录。

■ UPS 运行状态记录。

■ 当增加新用电设备时，要特别关注 UPS 的带载量（需根据 UPS 是高频机型还是工频机型进行仔细计算）。

■ 检查 UPS 输出柜开关容量的利用情况，根据实际负载及时调整开关的整定值。

■ 长期运行的负荷每相负载一般应控制在额定容量的 70% 以内，尽量将三相负荷调平衡。对于不同冗余配置的 UPS 系统，需控制相应负荷在允许的范围内。

■ UPS 的单机运行故障检修：主机转维修旁路供电。

表 8-2 是某数据中心 UPS 设备巡检记录表，其中需要记录巡检人员、巡检时间及 UPS 的运行数据。

表 8-2　某数据中心 UPS 设备巡检记录表

巡检人员：　　　　　　　　　　　　　　日期：

	A1-UPS1-1									
时间 　　UPS 的运行数据	输出相电压			输出电流			有功功率（kW）	负载率（%）	电池组电压（V）	输出开关总功率（kW·h）
	V_a	V_b	V_c	I_a	I_b	I_c				
03:00										
09:00										
15:00										
21:00										

6. UPS 需重点关注的部分

在 UPS 的运行使用过程中，除了进行日常的巡视检查以便及时发现各种故障隐患外，还需要重点关注以下三个部分的内容。

1）风扇

风扇轴承属于磨损件，一般寿命为 3 ～ 5 年。现在 UPS 的风扇都是冗余配置，如果发现有少数风扇出现故障，可以不停机进行更换。当然，为了确保安全，建议将 UPS 转到维修旁路工作模式进行更换。在巡检过程中，要注意观察风扇的运行状况，巡检时发现异常声音应及时处理，并通过触试的方式检查风扇有无停转的情况。不应该等到风扇报警时才去处理，应该在安全使用期内进行定期更换。

2）滤波电容器

交、直流滤波电容在 UPS 实际寿命中起着非常重要的作用，关系到直流和交流输出电压的稳定。其理论寿命为 5 年左右，实际寿命与环境温度、工作电流谐波、浪涌等因素有关。实际使用寿命有超过 10 年的，建议 5 年以后每年检测一次，根据容量和漏电流的变化确定是否需要更新。如果忽略了对电容器的检查和及时更换，电容器会发生爆炸、外形鼓包变形、漏液、电解质干了等故障。

3）蓄电池放电试验

目前数据中心多数采用的是阀控式密封铅酸蓄电池，俗称免维护电池，实际上它仅是减少了补液（电解液或蒸馏水）的过程，降低了蓄电池室对于防酸的要求，在使用过程中，仍需对其进行检查和维护，确保其放电能力。具体如下所述：

■ 要注意监测蓄电池的电压和内阻。建议每年进行两次充放电，尽可能满负荷放电，以激活蓄电池内的活性物质。如果放电负荷小于额定负荷的 50%，单节电池的最终放电电压不要小于 10.8V。一只蓄电池故障，会造成整组蓄电池的失效。根据蓄电池的理论寿命和使用年限，需有计划地进行蓄电池的整体更换。

■ 蓄电池放电试验：自动或手动。

◇ 自动：在 UPS 面板上设置蓄电池的自动放电测试。自动放电是周期进行的。

◇ 手动：断开市电电源（整流器关闭），由蓄电池为逆变器提供直流电源，记录放电电压、放电电流和放电时间。

8.2.5 UPS维护保养内容示例

本节主要介绍数据中心常见的 UPS 维护保养内容。在数据中心，每个机房都有对应设备、系统的 SOP、MOP、EOP 文件，以保证数据中心电源及环境的可用性。运维人员必须熟悉这三个文件。其中，SOP（Standard Operating Procedure）是标准作业程序，对于 UPS 系统来说，就是将 UPS 设备的标准操作步骤和要求以统一的格式描述出来，用来指导和规范日常的运维工作；MOP（Maintenance Operating Procedure）是维护作业程序，用于规范和明确数据中心 UPS 设施运维工作中各项设施的维护保养审批流程和操作步骤；EOP（Emergency Operating Procedure）是应急操作流程，用于规范应急操作过程中的流程及操作步骤。

这些作业程序和操作流程文件对用户极为重要，可确保运维人员迅速启动，有序、有效地组织实施各项操作和应对措施。例如，有了 SOP，就可以清楚地掌握 UPS 的各种操作流程；有了 MOP，就知道该如何针对 UPS 设备进行检查和清洁维护；有了 EOP，在面对 UPS 设备异常时就不会惊慌失措，也不会只想着打电话向厂商求助，多数情况下只要根据设备的信号状态，就可以从 EOP 文件中按图索骥，发现问题症结点，然后自行排除，如果问题较严重，也可在与厂商技术人员电话沟通的过程中明确告知问题状态，使技术人员一到现场便能以最快的速度直接排除故障，而不必再费时查找故障原因。

1. UPS 维护保养内容具体示例

表 8-3 列出了某数据中心制定的 UPS 维护保养内容，表 8-4 列出了蓄电池的维护保养内容，用于指导运维人员有计划地开展日常维护保养工作。

表 8-3 UPS 维护保养内容

序号	维护周期	维护项目	维护保养内容
1	月度	电气检测	检查并记录 UPS 系统输入、输出电压、电流，电池电压、电流，负载率，UPS 系统运行状态
2		告警记录	检查并记录历史告警信息以及当前告警信息
3		工作环境	检查 UPS 进风口和内部、顶部排风口有无杂物和堵塞
4			检查 UPS 系统运行环境（灰尘、温度、湿度等）是否符合要求，工作温度 0 ～ 40℃，温度为 20℃时，湿度≤ 95%
5		开关容量	检查 UPS 输入、输出、电池断路器规格是否符合要求
6		电池开关	检查汇流柜内电池开关、保险外观及各连接端子情况
7		防雷接地	检查 UPS 系统机壳接地、防雷保护性能
8		时间校对	查看并校对 UPS 时间

续表

序号	维护周期	维护项目	维护保养内容
9	季度	温升检查	带载情况下拆开盖板测量输入、输出、电池开关、铜排端子、输入、输出交流电容、直流母线电容、功率器件（SCR、IGBT、接触器）、电感、变压器的温度
10		电气连接	检查各部件引线与端子的接线情况，查看接头处有无氧化、松动
11		过滤网	过滤网清洗更换
12	半年	内部器件检查	检查UPS内部关键功率半导体器件外观是否腐蚀或破损（SCR、IGBT）
13			检查内部电缆有无开裂焦黄，电容有无漏液鼓胀，电路板是否清洁无腐蚀
14	年度	压降检查	测量UPS系统交流、直流主要开关的压降
15		切换功能	UPS的功能切换测试
16		仪表校正	对仪表进行校正
17		零地电压	测量UPS输出端零地电压，并与前一次测量结果进行比较
18		滤波电容	检查滤波电容的性能
19		输入谐波电流测试	用电能质量分析仪测试输入谐波电流
20		设备清洁	断电情况下对UPS输入、输出配电柜、UPS风扇、过滤网散热风口进行除尘

表8-4　蓄电池维护保养内容

序号	维护周期	维护项目	维护保养内容
1	月度	电池外观	检查电池是否漏液、遗酸、鼓包变形，极柱、连接铜排有无腐蚀迹象
2		单体电压	通过监控检查蓄电池单体端电压
3		单体内阻	通过监控检查蓄电池单体内阻
4		电池组电压	测量蓄电池组总电压并与UPS显示电压、监控系统采集电压核对
5		环境温度	检查电池室环境温度（20～25℃）、湿度（30%～70%RH）
6		室内环境	检查电池室有无漏水迹象
7			检查室内有无易燃、易爆、腐蚀物品或其他杂物
8	季度	温升检查	用热成像仪测量电池、连接条、汇流排、开关的温度
9		单体电压	抽测蓄电池单体电压并与监控系统采集数据核对
10		单体内阻	抽测蓄电池单体内阻并与监控系统采集数据核对
11		电池清洁	清洁电池组表面灰尘
12		核对性放电	进行蓄电池核对性放电试验（放电30%～40%容量）
13		电池支架	检查电池支架有无松动、腐蚀迹象
14		浮充电压	抽测单体电池浮充电压

续表

序号	维护周期	维护项目	维护保养内容
15		紧固检查	检查蓄电池支架接地螺丝是否紧固
16	年度		检查蓄电池连接是否紧固
17		压降	测量蓄电池到负载端的全程压降
18		绝缘	测量汇流柜到UPS端的线路绝缘情况

2. MOP文件具体示例

表8-5至表8-7为某数据中心UPS的MOP文件中的维护保养记录表，表中详细说明了进行UPS维护保养的工作要求和操作步骤，用于指导该数据中心UPS的月度、季度和年度维护保养工作。

表8-5 UPS月度保养维护记录表

MOP编号	MOP-XXX
MOP概述	UPS月度保养维护主要针对工作环境、电网环境、UPS监控面板等内容

先提条件	执行
1. 通过相关领导及部门的变更审批流程	
2. 通报ECC监控室及基础设施运维值班人员	
3. 通报可能受到影响的机房用户	

维护工程师签字： 日期：
主管工程师签字： 日期：

安全保障	执行
1. 穿戴必备的个人防护用品，包括长袖纯棉工作服、安全鞋、护目镜、防护手套等	
2. 维护工作应至少2人配合进行，互相监护	
3. 相关组织措施和技术措施已准备完毕	

维护工程师签字： 日期：
主管工程师签字： 日期：

工具及备件要求	执行
1. MOP程序文档及维护记录表	
2. 手动工具类："十"字螺丝批组1套、"一"字螺丝批组1套、套筒扳手组1套、扳手组1套、钳子组1套等	
3. 检测仪器仪表：万用表、钳形电流表、红外热成像仪、温湿度测试仪等	
4. 维护备件及耗材，过滤网	
5. 卫生清洁工具：干抹布、软毛刷、真空吸尘器等	
6. 安全防护类：LOTO锁具、绝缘手套、绝缘鞋、标示牌等	

维护工程师签字： 日期：
主管工程师签字： 日期：

MOP 编号	MOP-XXX	

回退计划

维护作业过程中若发生异常，不可强行操作，应立即停止操作，对设备问题进行讨论、判定，采取恢复回退操作或隔离措施，待查明问题并修复完成后方可继续按照标准操作程序进行操作

步骤	操作内容	执行
1	项目一：环境检查	
2	确认维护对象（设备编号及路由）	
3	使用温湿度测试仪测量变配电室环境温湿度（温度≤28℃）	
4	检查确认设备周边无杂物堆放，无易燃易爆物品	
5	检查机房内部没有异响、异味、孔洞、漏水等情况	
6	变配电室挡鼠板完好	
7	项目二：电网环境	
8	输入电压：380V AC/400V AC/415V AC（线电压）1 输出电压：380V AC/400V AC/415V AC±1%（线电压）	
9	输入频率：50Hz	
10	项目三：监控面板	
11	监控面板上各项图形显示单元都处于正常运行状态，所有电源的运行参数都处于正常值范围内，在显示的记录内没出现任何故障和报警信息	

维护工程师签字：　　　　　　　　日期：

主管工程师签字：　　　　　　　　日期：

表 8-6　UPS季度保养维护记录表

MOP 编号	MOP-XXX	
MOP 概述	UPS季度保养维护主要包含设备清洁、模块清洁、检查UPS运行参数、测量配电室环境温湿度等内容	

先提条件	执行
1. 通过相关领导及部门的变更审批流程	
2. 通报 ECC 监控室及基础设施运维值班人员	
3. 通报可能受到影响的机房用户	

维护工程师签字：　　　　　　　　日期：

主管工程师签字：　　　　　　　　日期：

安全保障	执行
1. 穿戴必备的个人防护用品，包括长袖纯棉工作服、安全鞋、护目镜、防护手套等	
2. 维护工作应至少2人配合进行，互相监护	
3. 相关组织措施和技术措施已准备完毕	

维护工程师签字：　　　　　　　　日期：

主管工程师签字：　　　　　　　　日期：

MOP 编号	MOP-XXX

工具及备件要求	执行
1.MOP 程序文档及维护记录表	
2. 手动工具类："十"字螺丝批组 1 套、"一"字螺丝批组 1 套、套筒扳手组 1 套、扳手组 1 套、钳子组 1 套等	
3. 检测仪器仪表：万用表、钳形电流表、红外热成像仪、温湿度测试仪等	
4. 维护备件及耗材，过滤网	
5. 卫生清洁工具：干抹布、软毛刷、真空吸尘器等	
6. 安全防护类：LOTO 锁具、绝缘手套、绝缘鞋、标示牌等	

维护工程师签字：　　　　　　　　　日期：
主管工程师签字：　　　　　　　　　日期：

回退计划

维护作业过程中若发生异常，不可强行操作，应立即停止操作，对设备问题进行讨论、判定，采取恢复回退操作或隔离措施，待查明问题并修复完成后方可继续按照标准操作程序进行操作

步骤	操作内容	执行
1	项目一：环境检查	
2	确认维护对象（设备编号及路由）	
3	使用温湿度测试仪测量变配电室环境温湿度（温度≤ 28℃）	
4	检查确认设备周边无杂物堆放，无易燃易爆物品	
5	检查机房内部没有异响、异味、孔洞、漏水等情况	
6	变配电室挡鼠板完好	
7	项目二：设备清洁	
8	用干抹布擦拭 UPS 主机外壳，并清洁滤网	
9	检查模块无告警，模块风扇运行正常，用吸尘器吸取模块表面灰尘	
10	触控屏可以正常显示	
11	项目三：电压、温度检测、浅放电测试	
12	检查设备内信号线缆连接是否紧固	
13	用万用表测量设备输入电压在 360 ～ 420V，和显示屏显示的数据一致	
14	用万用表测量设备输出电压在 380±1V，和显示屏显示的数据一致	
15	用热成像仪扫描模块温度≤ 40℃	
16	浅放电测试参照《UPS 标准化操作流程 SOP》	

维护工程师签字：　　　　　　　　　日期：
主管工程师签字：　　　　　　　　　日期：

表 8-7　UPS 年度保养维护记录表

MOP 编号	MOP-XXX	
MOP 概述	UPS 年度保养维护主要包含工作环境检查、设备清洁、UPS 切换性能测试、参数核对等内容	
先提条件		**执行**
1. 通过相关领导及部门的变更审批流程		
2. 通报 ECC 监控室及基础设施运维值班人员		
3. 通报可能受到影响的机房用户		
维护工程师签字：　　　　　　　　　　　日期： 主管工程师签字：　　　　　　　　　　　日期：		
安全保障		**执行**
1. 穿戴必备的个人防护用品，包括长袖纯棉工作服、安全鞋、护目镜、防护手套等		
2. 维护工作应至少 2 人配合进行，互相监护		
3. 相关组织措施和技术措施已准备完毕		
维护工程师签字：　　　　　　　　　　　日期： 主管工程师签字：　　　　　　　　　　　日期：		
工具及备件要求		**执行**
1.MOP 程序文档及维护记录表		
2. 手动工具类："十"字螺丝批组 1 套、"一"字螺丝批组 1 套、套筒扳手组 1 套、扳手组 1 套、钳子组 1 套等		
3. 检测仪器仪表：万用表、钳形电流表、红外热成像仪、温湿度测试仪等		
4. 维护备件及耗材，过滤网		
5. 卫生清洁工具：干抹布、软毛刷、真空吸尘器等		
6. 安全防护类：LOTO 锁具、绝缘手套、绝缘鞋、标示牌等		
维护工程师签字：　　　　　　　　　　　日期： 主管工程师签字：　　　　　　　　　　　日期：		
回退计划		
维护作业过程中若发生异常，不可强行操作，应立即停止操作，对设备问题进行讨论、判定，采取恢复回退操作或隔离措施，待查明问题并修复完成后方可继续按照标准操作程序进行操作		
步骤	**操作内容**	**执行**
1	项目一：环境检查	
2	确认维护对象（设备编号及路由）	
3	使用温湿度测试仪测量变配电室环境温湿度（温度 ≤ 28℃）	
4	检查确认设备周边无杂物堆放，无易燃易爆物品	
5	检查机房内部没有异响、异味、孔洞、漏水等情况	
6	变配电室挡鼠板完好	
7	项目二：设备清洁、线缆检查	
8	UPS 转维修旁路模式，切换步骤参照《UPS 操作作业指导书 SOP》	

MOP 编号	MOP-XXX	
9	设备外部：①用干抹布擦拭 UPS 主机外壳；②如需要，更换或清洗 UPS 防尘网	
10	设备内部：用软毛刷、吸尘器对内部元器件及风扇进行清扫、除尘	
11	线缆检查：①外观检查：线缆绝缘无破损，接线端子无发黑打火痕迹；②端子紧固：紧固输入、输出电缆连接端子、接地端子	
12	项目三：UPS 工作模式切换测试、参数核对	
13	UPS 转维修旁路模式，切换步骤参照《UPS 操作作业指导书 SOP》	
14	UPS 切换至逆变模式，切换步骤参照《UPS 操作作业指导书 SOP》	
15	参数核对：触控屏可以正常显示各项输入参数、输出参数、电池参数	
16	项目四：温度、状态检查	
17	逆变器温度：热成像仪扫描逆变器温度 ≤ 40℃	
18	风扇运行检查：检查 UPS 风扇转动情况，转动无异响，无风扇损坏	
19	运行参数记录：记录三相负载率和负载功率因数	
20	输入、输出电压测量：用万用表测量设备输入电压在 380V±7%，设备输出电压在 380±1V	

维护工程师签字：　　　　　　　　　　　　　　日期：

主管工程师签字：　　　　　　　　　　　　　　日期：

8.3　UPS 的常见故障及处理方法

尽管 UPS 的供电架构设计方面已尽可能做到完善，但在 UPS 运行过程中，仍会不可避免地出现 UPS 单机故障的情形，如果不能及时处理，有可能造成故障扩大，影响数据中心供电的可靠性。表 8-8 列出了 UPS 的一些常见故障及处理方法。

表 8-8　UPS 的常见故障及处理方法

序号	故障现象	原因	解决办法
1	市电有电时，UPS 出现市电断电告警	①市电输入空开跳闸 ②输入交流线接触不良 ③市电输入电压过高、过低或频率异常 ④UPS 输入空开或开关损坏或保险丝熔断 ⑤UPS 内部市电检测电路故障	①检查输入空开 ②检查输入线路 ③如市电异常可不处理或启动发电机供电 ④更换损坏的空开、开关或保险丝 ⑤检查 UPS 市电检测回路
2	UPS 开机时，输入空开跳闸	①输入空开容量太小 ②UPS 内部短路或内部功率器件损坏 ③用户的市电空开有漏电保护	①更换输入空开 ②检查 UPS 内部整流、升压、逆变等部分的器件是否损坏 ③更换为无漏电保护的空开

序号	故障现象	原因	解决办法
3	UPS无法启动	①电池长期放置不用，电压低 ②输入交流、直流电源线未连接好 ③UPS内部开机电路故障 ④UPS内部电源电路故障或电源短路 ⑤UPS内部功率器件损坏	①将电池充足电 ②检查输入交流、直流电源线是否接触良好 ③检查UPS开机电路 ④检查UPS电源电路 ⑤检查UPS内部整流、升压、逆变等部分的器件是否损坏
4	市电正常时，UPS输出正常；市电断电后，负载也跟着断电	①电池处于欠压状态 ②UPS充电器损坏，电池无法充电 ③电池老化、损坏 ④UPS工作于旁路模式 ⑤负载未接到UPS输出 ⑥长延时机型的电池组未连接或接触不良	①在市电电压正常时对电池充足电；启动发电机对电池充电；在UPS输入端加稳压器 ②检查充电器 ③更换电池 ④查明UPS转旁路的原因（过载、逆变器故障等），将UPS恢复逆变器输出 ⑤将负载接到UPS的输出 ⑥检查电池组是否接对、接好
5	UPS在正常使用时突然出现蜂鸣器长鸣告警	①用户有大负载或大冲击负载启动 ②输出端突然短路 ③UPS内部逆变回路故障 ④UPS保护、检测电路误动作	①负载投入时按先大后小的顺序，或增大UPS的功率容量 ②检查UPS的输出是否短路 ③检查UPS逆变器 ④检查UPS内部控制电路
6	UPS工作正常但负载设备异常	①UPS地线与负载设备地线没接在同一点上 ②负载设备受到异常干扰	①检查UPS接地，必要时可在UPS的输出端零地间并一个1kΩ～3kΩ的电阻 ②将UPS地与负载地接到同一个点上 ③重新启动负载设备
7	蓄电池电压偏低，长时间充电电压仍上不去	蓄电池或充电电路故障	①检查充电电路输入、输出电压是否正常 ②若充电电路输入正常，输出不正常，断开蓄电池再测，若仍不正常则为充电电路故障 ③若断开蓄电池后充电电路输入、输出均正常，则说明蓄电池出于长期未充电、过放或已到寿命期等原因而损坏
8	UPS开机后，面板上无任何显示，UPS不工作	市电输入、蓄电池、市电检测部分及蓄电池电压检测回路故障	①检查市电输入保险丝是否烧毁 ②若市电输入保险丝完好，检查蓄电池保险丝是否烧毁 ③若蓄电池保险丝完好，检查市电检测电路工作是否正常 ④若市电检测电路工作正常，检查蓄电池电压检测电路是否正常
9	市电正常时，每次UPS开机，继电器反复动作，UPS面板电池电压过低指示灯长亮且蜂鸣器长鸣	蓄电池电压过低导致UPS启动不成功	拆下蓄电池，先进行均衡充电（所有蓄电池并联进行充电），若仍不成功，则更换蓄电池

续表

序号	故障现象	原因	解决办法
10	市电正常时,开启UPS,逆变器工作指示灯闪烁,蜂鸣器发出间断叫声,UPS只能工作在逆变状态,不能转换到市电工作状态	逆变器供电向市电供电转换部分出现故障	①检查市电输入保险丝是否损坏 ②若市电输入保险丝完好,检查市电整流滤波电路输出是否正常 ③若市电整流滤波电路输出正常,检查市电检测电路是否正常 ④若市电检测电路正常,检查逆变器供电向市电供电转换控制输出是否正常
11	UPS只能工作在市电状态而不能转为逆变供电	市电供电向逆变器供电转换部分出现故障	①检查蓄电池电压是否过低,蓄电池保险丝是否完好 ②若蓄电池部分正常,检查蓄电池电压检测电路是否正常 ③若蓄电池电压检测电路正常,检查市电供电向逆变器供电转换控制输出是否正常

表8-9是某品牌UPS的故障代码及处理方法示例,可作为UPS一般故障的判断和处理的参考。

表8-9 某品牌UPS一般故障的判断及处理方法

故障代码	原因	解决办法
0006-1	①市电异常 ②功率模块采样线路异常	用万用表检查市电电压是否在 $80\text{V} < U_\text{i} \le 176\text{V}$ 范围内,如果超过这个范围,则可能是功率模块主路检测线路故障,需更换故障模块
0020-1	电池接反	①用万用表测量电池安装极性,如果安装错误则重新安装电池 ②如果测量机柜配电单元处的电池电压正常,则怀疑功率模块电池采样线路故障,需更换功率模块
0021-1	电池放电终止	需要注意电池断路器开关柜开关是否脱扣,如脱扣,需重新闭合该开关
0530-1	①电池组接地 ②电池接地检测线路问题 ③干接点板故障	①检查电池组状态,确认正、负极是否接地或对地阻抗较小 ②检查电池接地故障测试仪是否故障,可以用更换新仪器的方式确认 ③如果系统没有选配电池接地故障测试仪,先检查UPS干接点板电池故障测试仪接地使能设置,如果设置为"允许",则先将设置变更为"禁止",再观察告警是否消除。如果告警依旧存在,则可能是干接点板故障,更换干接点板
0060-4	①负载端短路 ②模块内部短路(该故障较少出现) ③输出接地故障	①检查负载配线 ②检查输出是否接地 ③若负载配线正常且无输出接地故障,则更换功率单元或模块

续表

故障代码	原因	解决办法
0564-1	①负载量过大 ②降额导致系统额定功率减小 ③模块损坏 ④输出接地故障 ⑤负载电流峰值过高	①检查负载量是否过大 ②检查模块是否因为风扇故障导致降额 ③检查电网是否有较大的不对称负载 ④检查输出是否接地 ⑤检查负载量峰值比是否超规格 ⑥如果以上5点均无问题，则更换功率模块

当 UPS 出现故障影响供电安全时，值班运维人员须依据 EOP 文件组织实施应急处置工作。下面为某数据中心 EOP 文件中某一场景示例，展示了 UPS 出现相应故障时的应急处理流程。

1. EOP 文件示例 1

以下为某数据中心 EOP 文件中的一部分内容，描述了 IT 负载 UPS 单机或多机故障的场景及处理方法，供读者参考。

场景二：IT 负载 UPS 单机或多机故障（★★）

4.1 场景描述

如图 8-11 所示，为 2# 楼 2～4 层 IT 系统配置 16×3 台 500kVA 的 UPS，每层配置 16 台 UPS，2～4 层的 2-1 号配电室每两组 4 台 UPS 和 2-2 号配电室对应的两组 4 台 UPS 组成 2N 架构，为 IT 系统提供 A/B 两路 UPS 电源。

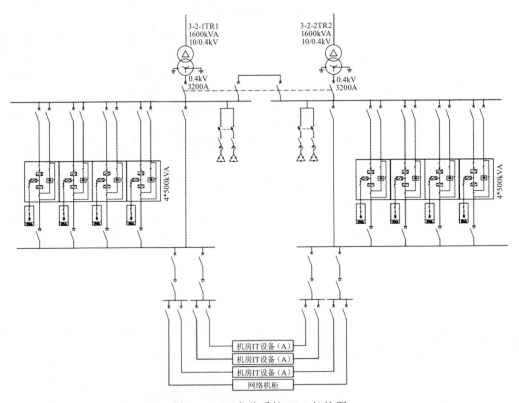

图 8-11 IT 负载系统 UPS 架构图

IT 负载 UPS 故障分单机故障和多机（二台、三台、四台）故障两种情况。

当班运维人员 4 人，1 人在 ECC 值守监控系统，3 人按计划巡视不同区域，监控突然报警配电室 IT 负载 UPS 单机或多机故障，ECC 人员通过对讲机呼叫值班长、电气岗运维人员，通知电气监控报警内容。

该事件为严重性突发事件，事件等级为二星。

4.2 ECC 指挥

4.2.1 初步原因分析及影响判断

IT 负载 UPS 单机或多机（二台、三台、四台）的整流或逆变模块故障，造成无法正常运行或无法并机逆变输出，影响下级列头柜供电。

4.2.2 汇报流程

ECC 监控员 1 名、暖通岗运维人员 1 名、电气岗运维人员 1 名、值班长 1 名。监控员执行监盘工作，在事件告警 2min 内派事件单，并通服给其他值班员及值班长。值班长在 5min 内将事件告警信息上报运维经理、运维主管，并与现场处理人员通过对讲机保持联系，掌握事件进程和处理结果，及时向上级汇报。值班长和一名电气岗运维人员现场查看报故障 UPS 界面告警信息。

4.2.3 指挥口令

ECC 指挥人员应具备掌握全局的能力，应将报警内容完整复述给现场处理故障人员。

4.3 现场处理过程

4.3.1 现场检查核实

运维人员现场查看 UPS 界面告警信息，查看 IT 负载 UPS 是单机故障还是多机（二台、三台、四台）故障，并确认故障原因是 UPS 主机部件损坏，汇报运维经理、运维主管并联系厂家进行维修处理。

4.3.2 现场处理方法

现场查看报故障 UPS 界面告警信息，如果无法复位，则确定为 UPS 部件故障，并按照 UPS 负载率决定 UPS 的工作模式，将故障 UPS 隔离出来，查看下级负载供电正常，最后联系厂家进行处理。

4.3.3 现场处理步骤

现场处理步骤具体如下：

（1）运维人员巡检发现或动环监控告警 IT 负载并机 UPS 故障。

（2）查看 UPS 告警信息，进行故障复位，若故障无法复位，则确认为 UPS 单机或多机故障。

（3）如 UPS 为一两台故障，需计算该并机系统总负载，该总负载若不大于剩余 UPS 容量的一半（45%），则将故障 UPS 退出并机系统，负载由另两台 UPS 继续供电。

（4）如该总负载大于剩余容量的一半（45%），则将该 UPS 整个并机系统转维修旁路，负载由维修旁路继续供电。

（5）如 UPS 为三台故障，则一种情况为负载容量大于单机容量而使整个系统转静态旁路；另一种情况为负载容量不大于单机容量，剩余这台UPS不会转静态旁路，正常工作，这种情况又分为以下两种具体情形：

- 负载容量不大于单机容量，但是大于单机容量的45%，则运维人员将单机转静态旁路工作，再将整个系统转维修旁路，负载由维修旁路继续供电。
- 负载容量小于单机容量的45%，负载由剩余的单机UPS继续供电，运维人员将故障UPS退出并机系统进行维修。

（6）如并机系统四台UPS全部故障，则系统转静态旁路工作，运维人员再转维修旁路，负载由维修旁路继续供电。

（7）检查UPS主机，判断故障类型（整流、逆变故障等），分析故障产生原因，联系厂家进行现场支援，并恢复UPS系统。

（8）事件闭环后编写事件报告。

2. EOP文件示例2

以下为某数据中心EOP文件中的一部分内容，描述了UPS外部断路器故障的场景及处理方法，供读者参考。

场景四：UPS外部断路器故障（框架断路器）（★★）

UPS外部断路器分为UPS外部输入断路器和UPS外部输出断路器，UPS外部输入断路器分为UPS外部主输入断路器、UPS外部旁路输入断路器、UPS外部维修旁路输入断路器。

场景：一台断路器故障。

6.1 场景描述

情况一：

当班运维人员4人，1人在ECC值守监控系统，3人按计划巡视不同区域，监控报警XX机房XX UPS外部输入断路器跳闸告警。

情况二：

当班运维人员4人，1人在ECC值守监控系统，3人按计划巡视不同区域，监控报警XX机房XX UPS外部输出断路器跳闸告警。

另外，外部维修旁路故障是指UPS负载已经切换到维修旁路供电模式下发生断路器故障。

ECC值守人员通过对讲机呼叫值班长及其他电气岗运维人员，通知电气监控报警内容。

该事件为严重性事件，事件等级为二星。

6.2 ECC指挥

6.2.1 初步原因分析及影响判断

初步判断为断路器本体故障，影响下级UPS工作，影响下级列头柜、弱电设备或动力设备供电。

6.2.2 汇报流程

ECC 监控员 1 名、暖通岗运维人员 1 名、电气岗运维人员 1 名、值班长 1 名。监控员执行监盘工作，在事件告警 2min 内派事件单，并通报给其他值班员及值班长。值班长在 5min 内将事件告警信息上报运维经理、运维主管，并与现场处理人员通过对讲机保持联系，掌握事件进程和处理结果，及时向上级汇报。

6.2.3 指挥口令

ECC 指挥人员应具备掌握全局的能力，应将报警内容完整复述给现场处理故障人员。

6.3 现场处理过程

6.3.1 现场检查核实

情况一：

运维人员现场查看是 UPS 外部主输入断路器还是 UPS 外部旁路输入断路器或 UPS 外部维修旁路输入断路器故障，检查发现 UPS 整流器关机、蓄电池逆变放电或者静态旁路故障等告警信息。

情况二：

运维人员现场查看 UPS 外部输出断路器跳闸，UPS 负载由另一路承担。

故障由 ECC 人员汇报值班长，值班长汇报上级主管和运维经理。

6.3.2 现场处理方法

运维人员现场查看故障断路器已分闸，将其摇出至分离位，在附件中找到一台同款的低压断路器替代。查看另一路供电正常，下级负载 UPS、列头柜供电正常。排查故障断路器本体及二次控制线，将故障原因排查出来并处理。

6.3.3 现场处理步骤

现场处理步骤具体如下：

（1）运维人员巡检发现或监控系统报 UPS 外部输入或输出断路器故障，确认故障断路器已分闸，将其摇出至分离位。

（2）检查运行正常一侧的变压器与对应 UPS 正常。

（3）对于弱电系统 UPS：

■ 如果是 UPS 的外部主输入断路器故障，则将 UPS 切换到内部维修旁路供电。

■ 如果是 UPS 的外部输出断路器故障，则将 UPS 切换到维修供电模式。

（4）对于暖通动力系统 UPS，如果单台外部断路器故障：

■ 如果是 UPS 的外部主输入或旁路输入断路器故障，看剩余 UPS 的负荷率是否大于 90%，如果大于则将 UPS 并机系统切换到外部维修旁路供电，如果小于则仍然保持 UPS 并机系统供电，只将故障断路器对应的那台 UPS 退出运行。

■ 如果是 UPS 的外部维修输入断路器故障，则在故障处理前闭合 3 台内部维修旁路开关，故障修复后，在确认外部维修断路器闭合的情况下，再断开 3 台内部维修旁路开关。

■ 如果是 UPS 的外部输出断路器故障，则看剩余 UPS 的负荷率是否大于或小于全部 UPS 负荷的 90% 容量，如果大于则将 UPS 系统切换到外部维修旁路供电，如果小于则仍然保持 UPS 并机系统供电，只将故障断路器对应的那台 UPS 退出运行，检修故障断路器。

（5）对于 IT 负载 UPS，如果单台外部断路器故障：

■ 如果是 UPS 的外部主输入断路器故障，剩余 UPS 仍然能够承担动力负荷，尽快在附件中找到一台同款的低压断路器替代故障断路器。

■ 如果是 UPS 的外部维修输入断路器故障，则在故障处理前闭合 4 台内部维修旁路开关，故障修复后，在确认外部维修断路器闭合的情况下，再断开 4 台内部维修旁路开关。

（6）排查 UPS 外部输入或输出断路器故障原因，如果现场故障解决则恢复原工作模式。

（7）如果现场不能解决故障问题，联系厂家支援，尽快排除故障。

（8）事件闭环后编写事件报告。

习题

1. 运维人员必须掌握的三个文件（SOP、MOP 和 EOP）的含义分别是什么？

2. 著名的三大 UPS 国际品牌是什么？

3. UPS 的工作模式主要有哪几种？

4. 什么是 UPS 的 ECO 工作模式？

5. 进行 UPS 巡检时，需要读取的 UPS 运行数据从哪里得到？

6. 什么是预防性维护？什么是预测性维护？

7. 简要列举 UPS 维护保养的常用仪器、仪表和工具。

8. 在进行 UPS 维护的过程中，需对 UPS 重点关注的部分包括哪几方面？

9. 简述进行 UPS 维护保养的原则。

10. UPS 维护保养的内容包括哪些？

11. UPS 在正常使用时突然出现蜂鸣器长鸣告警，试分析原因，并给出解决办法。

12. 试分析 UPS 无法启动的原因并给出解决办法。

13. 如图 8-11 所示，某数据机房 IT 系统配置 16 台 500kVA 的 UPS，其中 2-1 号配电室每两组 4 台和 2-2 号配电室对应的两组 4 台 UPS 组成 2N 架构，为 IT 系统提供 A/B 两路 UPS 电源。当班运维人员 4 人，1 人在 ECC 值守监控系统，3 人按计划巡视不同区域，监控突然报警配电室 IT 负载 UPS 单机或多机故障。试给出处置方法。

第 9 章　EPS 和其他电源

目前数据中心的电源还是以交流 UPS 为主，直流 UPS 并未普及，但代表了未来数据中心电源系统的发展趋势。而广泛应用的交流 UPS 主要是双变换在线式 UPS，这是一种静止变换式 UPS。UPS 的技术发展日新月异，其结构和理念也在不断发展。除了 UPS 外，还有类似于 UPS 的电源形式——EPS，其也是数据中心必不可少的电源。

9.1　EPS 简介

EPS（Emergency Power Supply），即应急电源，是当今重要建筑物（例如数据中心）中为了电力保障和消防安全而采用的一种应急电源，是在建筑物发生火情或其他紧急情况下为应急照明等各种灯具（含单进单出型 220V 金属卤素灯、钠灯）提供集中供电的应急电源装置。

EPS 以解决应急照明、事故照明、消防设施等一级负荷供电设备为主要目标，提供一种符合消防规范的具有独立回路的应急供电系统，该系统能够在应急状态下提供紧急供电，用来解决照明用电，或在只有一路市电缺少第二路电源的情况下使用，或代替发电机组构成第二电源，或在需要第三电源的场合使用。它的适用范围广、负载适应性强、安装方便、效率高。在应急事故、照明等用电场所，它与转换效率较低且长期连续运行的 UPS 不间断电源相比，具有更高的性价比。

9.1.1　EPS的出现背景

人们对应急电源的认识一般停留在建筑物内为逃生目的而沿逃生通道设置的指示灯或应急灯，这些灯分布点多而分散，又没有监控和定期检测，损坏后不能及时修复，在突发事件来临时经常起不到应急作用。

随着人们观念的转变和安全意识的提高，目前已逐渐用集中供电的应急照明电源取代分散的应急灯。近年来，许多重大突发事件的发生均由停电故障引起，造成重大的经济损失和严重的政治影响。电力故障常具有突发性，不以人们的意志为转移，即使电网设施再先进，意外的断电也在所难免，因此应急供电更加必要。同时，火灾与停电几乎是孪生兄弟,在有火警的情况下要保证抽水泵能及时投入工作,在断掉市电的情况下仍有照明等。但发电机安装场合受限,于是在后备式UPS的启发下,EPS应运而生。它的作用是,在紧急情况下,市电断电后,EPS能及时将备用电源供上,使抽水电动机或备用照发挥作用,同时解决电力保障和消防安全的首要问题。

对于某些重大工程和特别重要的场所,为满足其应急供电需要和确保万无一失,必须配置科学的、完善的、可靠的应急电源系统,这也成为规划设计和建设数据中心的标准配置。这就是由单个应急灯→集中照明电源→具备电力保障和消防安全的应急电源→高可靠的应急电源系统的发展过程。

9.1.2 EPS的系统组成和工作原理

1.EPS应急电源的系统组成

EPS应急电源主要采用的是SPWM(交流脉宽调制)技术,系统主要包括整流充电器、蓄电池组、逆变器、旁路开关和系统控制器等部分,如图9-1所示。其中逆变器是核心,通常采用DSP或单片CPU对逆变部分进行SPWM调制控制,在市电不正常时,将蓄电池组存储的直流电变换成输出波形良好的交流电,给负载设备提供稳定持续的电力。整流器的作用是将交流电变成直流电,实现对蓄电池的充电及作为逆变器模块的输入电源。旁路开关保证负载在市电与逆变器输出之间的顺利切换。系统控制器对整个系统进行实时监控,可发出告警信号和接收远程联动控制信号,同时可通过串行接口与计算机或路由器连接,实现对供电系统的微机监控和远程监控。系统内部设计了电池检测、分路检测回路等,采用后备式运行方式。

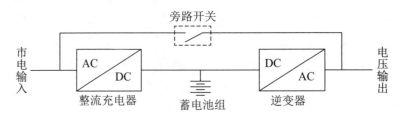

图9-1 EPS的基本组成

2.EPS应急电源的工作原理

EPS应急电源是允许短时电源中断的应急电源装置,采用单体逆变技术,集充电器、蓄电池、逆变器及控制器于一体。系统内部设计了电池检测、分路检测回路,在功能上相当于一个后备式UPS。其基本工作原理如图9-2所示。

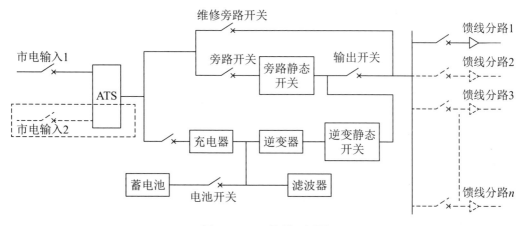

图 9-2 EPS 的原理框图

EPS 的工作原理具体如下：

（1）当市电正常时，由市电经由 EPS 的交流旁路和静态开关所组成的供电系统向用户的各种应急负载供电，同时进行市电检测及蓄电池充电管理，然后再由电池组向逆变器提供直流能源。充电器是一个仅须向蓄电池组提供相当于 9% 蓄电池组容量（A·h）的充电电流的小功率直流电源，它并不具备直接向逆变器提供直流电源的能力。同时，在 EPS 的逻辑控制板的调控下，逆变器停止工作，处于自动关机状态。在此条件下，用户负载实际使用的电源是来自电网的市电，因此，EPS 应急电源，也是通常所说的逆变器，一直工作在睡眠状态，可以有效地达到节能的效果。

（2）当市电供电中断或市电电压超限（±15% 或 ±20% 额定输入电压）时，通过静态开关立即投切至逆变器供电，在电池组所提供的直流能源的支持下，此时用户负载所使用的电源是通过 EPS 的逆变器转换的交流电源，而不是来自市电。

（3）当市电电压恢复正常工作时，EPS 的控制中心发出信号对逆变器执行自动关机操作，同时还通过它的静态开关执行从逆变器供电向交流旁路供电的切换操作。此后，EPS 在经交流旁路供电通路向负载提供市电的同时，还通过充电器向电池组充电。

（4）EPS 除用于应急照明系统外，其中的三相智能化变频应急电源主要是为一级负荷中的电动机提供一种可变频的应急电源系统，该产品解决了电动机的应急供电及其启动过程中对供电设备的冲击影响。智能化应急电源可接受消防联动信号、建筑智能总线信号控制，并可设定优先级，防止越级控制。

9.1.3 EPS与UPS的差别

EPS 的功能决定了它就是一个后备式的 UPS。EPS 和 UPS 的差别主要体现在以下几个方面。

1. 应用和安全规范不同

我国 EPS 的发展起源于电网突发故障时，为确保电力保障和消防联动的需要，它能即时提供逃生照明和消防应急电源，保护用户生命或身体免受伤害，因此 EPS 电源是主要用于消防行业的用电设备，强调能够持续供电这一功能，其产品技术要求受公安部消防认证监督，并接受安装现场消防验收。而 UPS 一般用于精密仪器负载（如计算机、服务器等 IT 行业设备），要求供电质量较高，强调逆变切换时间、输出电压、频率稳定性、输出波型的纯正性等要求，用来保障用户设备或业务免受经济损失，其产品技术要求受信息产业部认证。两者适用的安全规范明显不同，因而具有不同的价值观。

由于 UPS 是在线式使用，出现故障可以及时报警，并有市电作后备保障，使用者能及时掌握并排除故障，不会造成更大的损失。而 EPS 是离线式使用，是最后一道供电保障，因而其可靠性设计要求更高，不能简单地理解为后备式 UPS。如果 EPS 在市电故障时不能通过蓄电池应急供电，则 EPS 如同虚设，造成的后果将不堪设想。

2. 技术设计指标不同

UPS 的供电对象是计算机及网络设备，各设备的输入功率因数差别不大，所以标准规定 UPS 的负载功率因数一般为 0.8，现在多为 0.9 以上。而 EPS 的供电对象则是电力保障及消防安全，负载性质为感性、容性及整流式非线性负载兼而有之，其负载功率因数就不能设定为 0.8 或 0.9。有些负载是市电停电后才投入工作的，因而要求 EPS 能提供较强的抗冲击电流的能力，这就要求 EPS 的输出动态特性要好，抗过载能力更强。因此，EPS 与 UPS 各组成部分的技术设计指标是不同的。

3. 结构不同

如图 9-3 所示为 EPS 和 UPS 在电路结构上的区别。从电路结构上看，它们的不同之处有两点：①旁路开关；② AC/DC 变换器。UPS 的旁路开关由于需要保证零切换时间，所以通常都采用静态开关，如图 9-3（a）所示；而对 EPS 的旁路开关则不一定要做这样的要求，因为当异常情况发生时，不论是抽水泵还是照明，并不苛求这零点几秒的时间，因此就省去了一套测量和控制电路，而代之以简单的控制电路。AC/DC 变换器对 UPS 来说是一个非常重要的环节，它负担着将交流变成直流的任务，中、大容量的 UPS 利用整流器一方面为电池充电，同时还向逆变器提供充足的能量，因此该整流器的容量甚至比逆变器还要大。而 EPS 则不然，平常它只须给电池充电就可以了，而且一般对给电池充电的电流大小也无要求，它不像 UPS 那样必须要求电池在几个小时内充到 90%，以便停电事故在几个小时后接踵而来时能够及时使用。EPS 的充电是长时间的，短则几天，长则几个月甚至几年，而且放电后也无几个小时将电池充到 90% 的要求，原因是不可设想火灾几个小时后会再次发生。因此，EPS 的 AC/DC 变换器容量很小，一般只是同容量 UPS 变换器的几分之一，甚至更小。如果 EPS 的整流器采用闸流管的话，这又省去了一大套电路，因此，EPS 的电路结构要比 UPS 的简单得多。

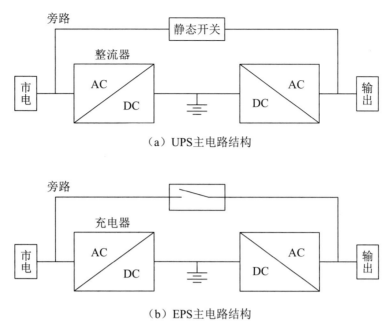

（a）UPS主电路结构

（b）EPS主电路结构

图 9-3　EPS 和 UPS 主电路结构的比较

此外，EPS 电源的逆变器冗余量大，进线柜和出线柜都在 EPS 内部，电机负荷有变频启动。设备外壳和导线有阻燃措施，有多路互投功能，可与消防联动。UPS 电源的逆变器冗余相对较小，与消防无关，无须阻燃，无互投功能。

4. 功能不同

EPS 和 UPS 两者都具有市电旁路及逆变电路，均能提供两路输出电源，它们在功能上的区别是：EPS 电源具有持续供电功能，一般对逆变切换时间要求不高，特殊场合的应用具有一定要求，有多路输出且对各路输出及单个蓄电池具有监控检测功能。EPS 为保证节能，选择市电优先，日常着重旁路供电，市电停电时才转为逆变供电，电能利用率高。UPS 电源（如在线式）仅有一路总输出，一般强调三大功能：①稳压稳频；②对切换时间要求极高的不间断供电；③可净化市电。因此，UPS 选择逆变优先，日常着重整流 / 逆变的双变换电路供电，逆变器故障或超载时才转为旁路供电，电能利用率不高（工频机型一般为 80% ～ 90%，高频机型可达 95%）。不过在电网及供电较完善的国家或地区，为了节能，部分使用 UPS 的场所已被逆变切换时间极短（小于 9ms）的 EPS 取代。当然，EPS 和 UPS 两者在整流 / 充电器和逆变器的设计指标方面是有差异的。

在欧美等国，由于并网供电，电力充足，同时供电质量良好，加上用电设备规范，不会在电网上造成较大的电网污染，因此，许多场合并不建议使用双变换在线式 UPS，而是推荐使用节能 ECO（Economy Control Operation）工作状态的 UPS，即平常由市电供应负载，在市电不正常时，再由蓄电池放电经逆变器逆变输出交流电为负载供电。在欧洲，此类具有节能工作状态的 UPS 称作 CPS（Center Power Supply），其被广泛采用的原因是双变换在线式工作方式的 UPS 在市电正常时，其 AC/DC、DC/AC 的能量转换效率约为 90%（当然，现在高频机型 UPS 的效率可达 95% 以上），而节能工作状态下的 UPS（即 CPS）或 EPS 在市电正常时，其能量转换效率高达 99%，而且并网市电的可用率可达 99.99% 以上，即只有 0.01% 的停电机率，因此使用 CPS（或 EPS）供电的节能效果是非常显著的。同时，EPS 的逆变器虽处于启动状态，但不输出功率，类似休眠状态，相比于 UPS 的逆变器连续输出功率，EPS 逆变器的寿命将大大延长。其实，EPS 的高端产品就是休眠状态下的 UPS。

在市电正常时，EPS 除了输出电源的质量不及 UPS 外，在市电并网时能满足大部分用电设备的要求。由于人们关心节电以及高可靠性这两大因素，在大多数情况下，EPS 是优于 UPS 的。如果电网质量良好，供电可靠，用电设备规范，在我国许多场合下有可能用 EPS 取代双变换在线式 UPS，而不是用 UPS 代替 EPS。当然，对某些非常关键的设备，例如数据中心的 IT 服务器及网络设备等，仍需用双变换在线式 UPS。

9.1.4 EPS系统的设计

随着人们安全意识的提高、EPS 应急电源应用优势的凸现以及国内消防行业、建筑电气设计行业的大力提倡与推广，EPS 有可能如同灭火器一样，在全国要求强制配置。在实践中，应根据不同的使用场合设计高可靠的 EPS 系统。

1. EPS 的类别

EPS 应急电源的规格很多，主要有以下类别：
- 按输入方式：单相 220V 和三相 380V。
- 按输出方式：单相、三相及单、三相混合输出。
- 按安装形式：落地式、壁挂式和嵌墙式。
- 按容量：从 0.5kW 到 800kW 的各个级别。
- 按服务对象：动力负载和应急照明。
- 按备用时间：一般有 90～120min，如有特殊要求还可按设计要求配置备用时间。

EPS 广泛适用于市电中断时各类一级和特别重要负荷的交流应急供电，如各类建筑的工作供电和消防供电、医院安全供电、交通系统（高速公路、隧道、地铁、轻轨、民用机场）的供电、各类不能断电的生产、实验设备的供电。在设计时，需根据不同的需要选择合适类别的 EPS。

2. 对 EPS 的基本要求

按 GB 17945—2010《消防应急照明和疏散指示系统》的规定，为确保大楼的应急照明系统能正常运行，对 EPS 提出如下基本要求：

（1）要求负责向普通应急照明灯供电 EPS 的供电中断时间≤ 5s，但对于高危险工作区及关键工作区的应急照明而言，则要求 EPS 的供电中断时间≤ 0.25s。

（2）为尽可能地利用市电，当市电电压在 187 ～ 242V（220V，−15%，+10%）的范围内不允许 EPS 进入逆变器供电状态。

（3）要求 EPS 配置足够容量的电池组，以便在市电供电中断时，至少确保应急照明灯可以继续工作 90min 以上。

（4）EPS 中的充电器对电池组的最长充电时间小于 24H，最大充电电流小于 $0.4C$ A。

3. EPS 容量选型原则

因电动机的启动冲击，与其配用的集中应急电源容量按以下容量选配：

（1）电动机变频启动时，应急电源容量可按电动机容量的 1.2 倍选配。

（2）电动机软启动时，应急电源容量应不小于电动机容量的 2.5 倍。

（3）电动机 Y- △启动时，应急电源容量应不小于电动机容量的 3 倍。

（4）电动机直接启动时，应急电源容量应不小于电动机容量的 5 倍。

（5）混合负载中，最大电机的容量假设小于总负载容量的 1/7。

4. EPS 选型容量计算方法

EPS 带不同类型的负载时，其选型时的容量计算遵循不同的原则和计算方法。

（1）YJ 系列（消防照明）EPS 应急电源或 YJS 系列（消防混合动力）EPS 应急电源带应急灯具负载的容量计算方法具体如下。

①负载为电子镇流器日光灯：EPS 容量 = 电子镇流器日光灯功率之和 ×1.1。

②负载为电感镇流器日光灯：EPS 容量 = 电感镇流器日光灯功率之和 ×1.5。

③负载为金属卤化物灯或金属钠灯：EPS 容量 = 金属卤化物灯或金属钠灯功率之和 ×1.6。

（2）YJS 系列 EPS 应急电源带混合负载的容量计算方法具体如下。

①当 EPS 带多台电动机且都同时启动时，EPS 的容量应遵循如下原则：

EPS 容量 = 变频启动电动机功率之和＋软启动电动机功率之和 ×2.5＋星三角启动电动机功率之和 ×3＋直接启动电动机功率之和 ×5。

②当 EPS 带多台电动机且分别单台启动时（不是同时启动），EPS 的容量应遵循如下原则：

EPS 容量 = 各个电动机功率之和，但必须满足以下条件：

■ 上述电动机中直接启动的最大的单台电动机功率是 EPS 容量的 1/7。

■ 星三角启动的最大的单台电动机功率是 EPS 容量的 1/4。

■ 软启动的最大的单台电动机功率是 EPS 容量的 1/3。

■ 变频启动的最大的单台电动机功率不大于 EPS 的容量。

如果不满足上述条件，则应按上述条件中的最大数调整 EPS 的容量。电动机启动时的顺序为：首先是直接启动，其次是星三角启动，然后是软启动，最后是变频启动。

③综上，当 YJS 系列 EPS 应急电源带混合负载时，EPS 的容量应遵循如下原则：

EPS 容量 = 所有负载总功率之和，但必须满足以下条件，若不满足，再按其中最大的容量确定 EPS 的容量。

- 负载中直接同时启动的电动机功率之和是 EPS 容量的 1/7。
- 负载中星三角同时启动电动机功率之和是 EPS 容量的 1/4。
- 负载中软启动同时启动的电动机功率之和是 EPS 容量的 1/3。
- 负载中变频启动同时启动的电动机功率之和不大于 EPS 的容量。
- 同时启动的电动机当量功率之和不大于 EPS 的容量。

其中，电动机功率容量 = 直接启动的电动机总功率 ×5 ＋星三角同时启动的电动机总功率 ×3 ＋软启动同时启动的电动机总功率 ×2.5 ＋变频启动且同时启动的电动机总功率。

若电动机前后启动时间相差大于 1min 均不视为同时启动。

- 同时启动的所有负载（含非电动机负载）的当量功率之和不大于 EPS 的容量。

其中，同时启动的所有负载的功率之和 = 同时启动的非电动机负载的总功率 × 功率因数 ＋ 同时启动的电动机负载的当量总功率。

5. 确定高可靠的设计模式

EPS 应急电源会采用高可靠的设计模式来提高 EPS 逆变器、蓄电池组供电的可靠性，具体如下所述。

（1）提高 EPS 逆变器供电的可靠性，具体做法为：

- EPS 主机采用一体化线路设计方案，保证各个功能部件的硬件匹配与软件的协调。
- 采用 EPS 的逆变器处于启动工作状态，但不输出功率。这样可利用自动检测软件对逆变器各工作点进行反复自动巡检，有异常立即报警，及时排除故障隐患。同时，逆变器能随时跟踪市电相位，确保快速转换。
- 采用高可靠的自动切换输出开关（STS）代替落后的、不可靠的磁电式开关，使市电/逆变能快速可靠地转换（转换时间 <9ms）。
- 双路输入电源互投装置可采用磁电式自动/手动转换开关（ATS），使整个系统的技术指标分配合理化。

（2）提高蓄电池组供电的可靠性，具体做法为：

使用设计寿命长、能忍受较恶劣环境的高质量品牌的蓄电池。

9.1.5 EPS应急电源的维护

EPS 应急电源的维护主要包括以下几个方面。

1. 场地的维护

场地的维护具体包括：

- 温度：检查室内是否通风透气、室温多高。EPS 所配的蓄电池环境温度应符合消防行业要求，不高于30℃。温度对蓄电池的使用寿命影响较大，25℃以上，每升高9℃，蓄电池的使用寿命减半，因此有条件的单位应装上空调。

- 防火防爆：EPS必须远离火源及易燃易爆品，平常一般的杂物不要堆放于EPS放置的室内，既不利于防火安全，也容易引来鼠类藏匿，啃咬电缆线进而引发事故。
- 防潮：春夏季节潮湿的空气易使EPS内部控制电路板上结露，从而使EPS出现控制故障，因此春夏季节室内应尽量防潮。
- 防尘：室内灰尘不能太多太脏，灰尘一般带正电荷，如果EPS控制板上积压太多灰尘就可能造成控制板故障。
- 放置点：不能靠窗户太近，以防水浸、雨淋、日晒。

2. 市电输入端的维护

经常检测市电电压是否正常，零、火线是否错位，尤其是EPS前端具有双路市电或带有备用发电机组的电网，更要经常检查第一路主电与第二路备用电供电的零、火线是否一致，如发现错位必须立刻纠正，否则易引起EPS故障。

EPS前端装有防雷器的用户应定期检查防雷器及接地线是否正常。鼠类较多的场地一般应于输入输出电缆线外加装防护套管。

3. EPS输出回路的线路维护

根据EPS各输出断路器的现状判断输出回路是否短路，使用钳流表等检测各回路是否超载，用手触电缆的方式感知电缆的温度是否异常，从而判断线径是否合适或太小。

4. 联动方式

EPS应急电源消防联动设计有三种方式：总输出联动设计方式、逆变输出联动设计方式、冷起动联动设计方式。这些消防联动设计的目的只有一个，即实现紧急情况下，在消防控制室通过联动控制台就可以控制EPS应急输出操作。

随着社会的进步和发展，环境要求的不断提高，消防安全也越来越受到人们重视。EPS以其特有的优越性将被越来越多的人认识并采用。EPS应急电源作为一种可靠的绿色应急供电电源，可以采用类似于柴油发电机的配电方案，灵活地运用在各种重要场合，作为末端应急备用电源，为照明、消防安全提供更有力的保障。

9.2 磁悬浮飞轮储能系统简介

目前我们所讨论的数据中心在用的UPS一般指的是静态的双变换在线式UPS，实际上旋转发电机式UPS也在发展。世界各国的超级工业厂房及数据中心都非常重视电力的质量，不允许发生电力系统故障，这是保证设备正常运行的重要因素。静态双变换在线式 UPS 出现和发展之后，美国的 Active Power 公司推出了一种磁悬浮飞轮储能智能系统。这个系统输出的是直流不间断电源，它的原理是通过磁力轴承悬浮飞轮在真空无摩擦损耗的环境下不停地高速旋转而产生动能，然后将其转化为电能，而且无噪声，在需要的时候再用飞轮带动发电机发电。

9.2.1 磁悬浮飞轮储能系统的特点

磁悬浮飞轮储能系统的应用之一是为不间断电源提供能源。当不间断电源系统配备的蓄电池的电能耗尽或发生故障时，由飞轮高速旋转而产生的储备电能便在非常短的时间内替代原来系统所需的电力能源，使其不会断电，从而避免了停电事故的发生。相较于普通的铅酸蓄电池或锂电池等，不间断电源系统的可靠性与安全性更高，这就减少了维修费用及运行过程中的其他费用。

磁悬浮飞轮储能系统具有以下优点：

- 高度储能，占用空间小。
- 工作效率高，可达 99%。
- 成本低，没有环境条件限制。
- 数字调控、智能化自我检测。
- 150s 快速充电。
- 具有高压输入保护程式。
- 具有电压程序设置、输出 / 输入 / 配电程序设置。
- 无噪声运行。
- 使用寿命长，可达 20 年。
- 安装简单，不需要任何特别的配电单元，可与不同种类的不间断电源组合。

9.2.2 磁悬浮飞轮储能系统的配置与解决方案

磁悬浮飞轮储能系统主要有三种配置方案。

1. 充分增加供电电源可靠性及延长蓄电池寿命的配置

图 9-4 是用磁悬浮飞轮储能系统来充分增加供电电源可靠性及延长蓄电池寿命的配置。从图中可以看出，这种配置可以延长蓄电池寿命，因为它连接在电池和 UPS 之间，一方面可以为电池充电，在电池能量耗尽时又可以代替电池向逆变器提供能量。蓄电池的服务寿命是和放电次数相关的，由于磁悬浮飞轮储能系统的引入，形成了直流系统的冗余供电，充分强化了供电系统的可靠性，又由于该系统具有强大的储能作用，使得整个 UPS 系统具有了应付强电压设备、电网短路和雷击电流的能力。从原理图中也可看出，该系统的接入不需用特定的连接点，安装容易。

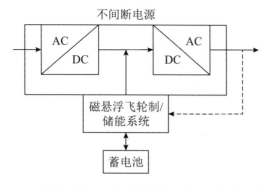

不间断电源

图9-4 充分增加供电电源可靠性及延长蓄电池寿命的配置

2. 避免瞬时电压及电流的干扰的配置

如图9-5所示，UPS系统可以用磁悬浮飞轮储能系统代替蓄电池。这个系统在储能状态下相当于一个容量很大的电容器，无论是电压还是电流的干扰都可以在这里被吸收，也避免了在电池电路中容易发生的一些事故。由于该系统取消了受环境条件影响较大的电池，因此使用的温度范围有所扩大，例如运行温度范围可达到 $-20\text{℃} \sim 40\text{℃}$，而电池在 -20℃ 时一般就不能提供能量了，而在 40℃ 时又会导致电池寿命缩短，因此该系统也适用于户外及室内。由于没有电池，其体积也相应减小，从而占地面积非常小。

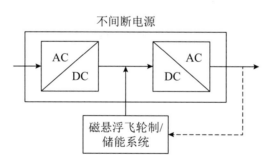

不间断电源

图9-5 避免瞬时电压及电流的干扰的配置

3. 不间断电源的配置

如图9-6所示为用磁悬浮飞轮储能系统实现不间断电源的配置，同样，该系统用磁悬浮飞轮储能系统代替了蓄电池，适用于任何不间断电源的直流供电，体积减小，安装所需占用的空间相应减少，而且系统使用的温度范围扩大，适用于户外及室内。单一系统为3600kW，是电池的 $800 \sim 900$ 倍。

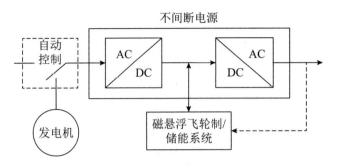

图 9-6　不间断电源的配置

9.2.3　磁悬浮飞轮储能系统的运行参数

磁悬浮飞轮储能直流电源系统简称 CSDC（Clean Source DC）。CSDC 特有的使用性能可由以下四项可执行程序来界定它的应用功能。用户可根据自己的要求决定采用哪一种应用功能，也可随意定制任何从 300 ～ 600V 的直流电压（一般不间断电源的直流母线电压为 360 ～ 600V）。

1. UPS 的浮充电压

该浮充电压值需参考 UPS 的整流器输出电压值或充电器参数，如图 9-7 中的 ab 段。例如，对于 32 节 12V 电池的系统，电池组的额定电压是 384V，浮充电压为 432V；对于 33 节 12V 电池的系统，电池组的额定电压是 396V，浮充电压为 446V；等等。一般来说，每个 2V 单体电池的浮充电压设置为 2.25V。

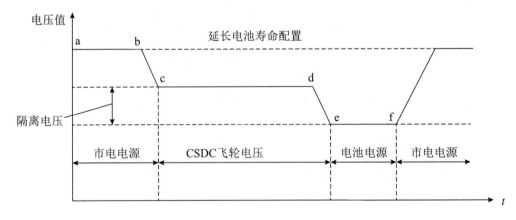

图 9-7　可控电压设置变化图

2. 后备供电电压

一般是当市电停电的那一刻（即图 9-7 中的 b 点），直流供电电压进入过渡状态。如果过渡时间很短，则磁悬浮飞轮储能系统很快进入供电状态（即图 9-7 中的 c 点开始），直接支持逆变器要求载入的直流电压与电流水平。

3. CSDC 的平均及稳定的供电电压

如果磁悬浮飞轮储能系统此时退出供电，则又转为电池供电（即图 9-7 中的 ef 段）。

4. 市电恢复

当市电电压恢复到后备供电电压以上时，磁悬浮飞轮储能系统重新投入，使磁悬浮飞轮恢复到随时供电的状态。

图 9-7 中所示的隔离电压指的是磁悬浮飞轮储能直流电源系统的电压和电池额定电压之间的差值，在此二者之间不存在中间电压值。

9.3 储能系统的应用前景

在能源转型的大背景下，控制传统能源和发展清洁能源成为"开源节流"的主要手段。作为互联网大脑的数据中心必须保证用电的安全性和连续性，以保证互联网系统正常工作，而且数据中心还具有用电设备架设集中、持续运转等特点，需要空调辅助控制温度，保障平稳运行，这就导致数据中心成为能耗超高的领域，用电量达全球的 3%。据统计，中国数据中心的电费占数据中心运维总成本的 60% ~ 70%，而在"互联网＋"、云计算、物联网等新兴领域的蓬勃发展及带动下，我国的数据中心产业快速发展，保持平均每年 30% 左右的增速，预计未来仍将保持快速增长的势头，为数字经济的发展奠定了坚实的基础，但数据中心的能耗也随之快速提高。统计显示，我国数据中心年用电量已占全社会用电的 2% 左右。绿色节能、降低能耗已经成为数据中心行业的发展方向。

提升绿色能源使用比率，提高能源利用效率，研发绿色节能技术是数据中心产业链相关企业从多种角度、多个层面上进行的节能减碳的实践，而从用电能耗的角度来看，储能系统可谓极为契合绿色发展的需要。若在数据中心适当配置储能系统，一方面可作为备用电源为数据中心提供电力保障，同时还可以充分发挥其削峰填谷的作用，协助节省电费、降低能耗，实为一举多得。例如，新兴的锂电池储能系统可以与 UPS 系统结合，共同通过电力储能，还可以帮助数据中心进行节能管理，而且储能设备还可以与电网进行友好互动，通过电力需求响应完成削峰填谷电力负荷管理，为数据中心创造收益。

在双碳目标下，储能系统进入数据中心将成为发展趋势。随着锂电池等储能技术成本的下降，光伏＋储能系统供电可能会成为数据中心的新型解决方案。

习题

1. 什么是 EPS？
2. 简述 EPS 的系统组成和工作原理。
3. 简述 EPS 和 UPS 的差别。
4. 磁悬浮飞轮储能系统的优点有哪些？
5. 储能系统有哪些优点？应用前景如何？

参考文献

[1] 王其英 . 云机房供配电系统规划设计与运维 [M]. 北京：中国电力出版社，2016.

[2] 王其英，刘秀荣 . 新型不停电电源（UPS）的管理使用与维护 [M]. 北京：人民邮电出版社，2005.

[3] 张颖超，杨贵恒，常思浩，等 . UPS 原理与维修 [M]. 北京：化学工业出版社，2011.

[4] 吕科 . 京东数据中心构建实战 [M]. 北京：机械工业出版社，2018.

[5] 钟景华，等 . 中国数据中心运维管理指针 [M]. 北京：机械工业出版社，2017.